建筑工程施工技术及应用研究

王文丹　侯振涛　王旭兵　著

吉林科学技术出版社

图书在版编目（ＣＩＰ）数据

建筑工程施工技术及应用研究 / 王文丹，侯振涛，
王旭兵著. -- 长春 : 吉林科学技术出版社，2024．6．
ISBN 978-7-5744-1564-5

Ⅰ．TU74

中国国家版本馆CIP数据核字第2024YD3295号

建筑工程施工技术及应用研究

著　王文丹　侯振涛　王旭兵
出 版 人　宛　霞
责任编辑　刘　畅
封面设计　南昌德昭文化传媒有限公司
制　　版　南昌德昭文化传媒有限公司
幅面尺寸　185mm×260mm
开　　本　16
字　　数　310千字
印　　张　14.25
印　　数　1~1500册
版　　次　2024年6月第1版
印　　次　2024年12月第1次印刷

出　　版　吉林科学技术出版社
发　　行　吉林科学技术出版社
地　　址　长春市福祉大路5788号出版大厦A座
邮　　编　130118
发行部电话/传真　0431-81629529 81629530 81629531
　　　　　　　　　81629532 81629533 81629534
储运部电话　0431-86059116
编辑部电话　0431-81629510
印　　刷　三河市嵩川印刷有限公司

书　　号　ISBN 978-7-5744-1564-5
定　　价　75.00元

甘肃荣铖建设工程有限公司简介

甘肃荣铖建设工程有限公司是公航旅建设集团旗下房屋建筑、装饰装修类一级子公司国有企业。2015年3月成立，注册资本10亿元。经过近年来的发展，公司现拥有建筑工程施工总承包壹级资质、建筑装修装饰工程专业承包一级资质、建筑幕墙工程专业承包二级资质、地基基础工程专业承包二级资质、钢结构工程专业承包二级资质、建筑机电安装工程专业承包二级资质、防水防腐保温工程专业承包二级7项资质，可承揽房屋建筑、装饰装修、建筑幕墙安装、土石方、钢结构、园林工程等建筑施工业务。

自成立以来，公司先后承揽了一大批具有社会影响力的大型工程，并以过硬的工程质量、精细化的过程管控、良好的合同履约能力和双赢的和商理念赢得社会各界一致好评，承揽项目先后荣获全国"安康杯"竞赛活动"先进集体"、"建设工程文明工地"、"绿色施工示范工程"、"工程建设QC小组"、"高质量发展重大项目"、"青年安全生产示范岗"等多项国家、省、市级及各类优秀建筑工程奖。公司多次荣获甘肃省公航旅建设集团"先进单位"、"甘肃省房屋市政工程本质安全体系建设示范性企业"、"国家级新区10周年先进集体"等光荣称号。公司党支部被公航旅集团公司评为"标准化先进党支部"，被省政府国资委评为"先进基层党组织"。

公司倍加珍惜每一份荣誉，坚持"拓新致远、品牌致胜"的企业宗旨，充分利用社会资源和甘肃省公路航空旅游投资集团有限公司平台优势，对银行、政府、企业、高校等各类资源进行整合，构成"政企合作"，"银企合作"、"校企合作"、"企业战略合作"等多种形式的"多赢模式"，不断将优秀施工产品贡献社会，与社会各界优势互补、同创辉煌。

前　言

　　随着建筑业市场日新月异的变化，建筑技术、施工科技知识日益跟不上时代的步伐，尤其是老建筑行业的新老交替、大量的农民工参加、纯理论教育的模式，建筑行业急需注入新的血液和采取与时俱进的教育方式。建筑工程施工技术是建筑工程专业的一门主要专业课程，它的任务是研究建筑工程施工的工艺原理、施工方法、操作技术、施工机械选用等方面的一般规律，在内容上力求符合国家现行规范、标准的要求；力求拓宽专业面、扩大知识面，以适应市场经济的需要，满足建筑工程专业教学的要求；力求运用有关专业理论和技能，解决工程实际问题；力求通过对施工新技术、新工艺的学习，培养学生的创新意识以及解决工程实践问题的能力。

　　建筑施工技术涉及面广，综合性、实践性强，其发展又日新月异。建筑施工技术在各方面都面临更新，为适应地方培养应用型高级技术人才的需要，我们着眼于写作一本具有实用性、创新性、先进性的立体化书籍，主要特点是注重理论联系实际。本书内容编排从建筑施工实际出发，按施工工艺的顺序分成土方工程、地基与基础工程、砌筑工程、混凝土结构工程、结构安装工程、装饰工程及水电安装等施工，书中最后研究了BIM 技术在建筑施工项目管理中的应用。本书写作以新颁布的施工验收规范的分部分项工程划分为主线，重点突出主要分部分项工程的施工工艺流程和施工验收标准两大内容，其中施工工艺流程包括施工准备、工序流程及操作要点、常见质量通病预防等主要内容。由于施工技术发展较快，新规范、规程更新也较快，本书力求紧扣当前施工实践。

　　在本书的策划和编写过程中，参阅了国内外大量文献和资料，从中得到启示；同时也得到了有关领导、同事、朋友及学生的大力支持与帮助。在此致以衷心的感谢！由于网络技术发展非常快，本书的选材和写作还有一些不尽如人意的地方，加上作者学识水平和时间所限，书中难免存在缺点和谬误，敬请同行专家及读者指正，以便进一步完善提高。

目　录

第一章 土方工程

第一节 土方施工基本知识

任何建筑物都要建在土石基础上，因此土方工程是建筑物及其他工程中不可缺少的施工工程。土方工程包括土方开挖、运输和填筑等施工过程，有时还要进行排水、降水和土壁支护等准备工作。在建筑工程中，最常见的土方工程有：场地平整、基坑开挖、填筑压实和基坑回填等。

一、土方工程的种类

土方工程是建筑施工中主要分部工程之一，通常也是建筑工程施工过程中的第一道工序。土方工程根据施工内容和方法不同，一般可以分为以下几种。

（一）土方填筑

土方填筑是对低注处用上方分层填平，包括大型土方填筑，基坑、基槽、管沟回填等，前者与场地平整同时进行，后者在地下工程施工完后进行。对土方填筑，要求严格选择土料、分层填筑、分层压实。

（二）地下大型土方开挖

地下大型土方开挖是指在地面以下为人防工程、大型建筑物的地下室、深基础及大型设备基础等施工而进行的土方开挖。它涉及降低地下水位、边坡稳定及支护、邻近建筑物的安全防护等问题。因此，在开挖土方前，应进行认真研究，制定切实可行的施工技术措施。

（三）基坑（槽）及管沟开挖

基坑（槽）及管沟开挖是指在地面以下为浅基础、桩承台及地下管道等施工而进行的土方开挖，其特点是要求开挖的断面、标高、位置准确，受气候影响较大。因此，施工前必须做好施工准备，制订合理的开挖方案，以加快施工进度，保证施工质量。

（四）场地平整

场地平整是将天然地面改造成所要求的设计平面，其特点是面广量大、工期长、施工条件复杂，受气候、水文、地质等多种因素影响。因此，施工前应深入调查，掌握各种详细资料，根据施工工程的特点、规模，拟订合理的施工方案，并尽可能采用机械化施工，为整个工程的后续工作提供一个平整、坚实、干燥的施工场地，为基础工程施工做好准备。

二、土方工程的施工特点

（一）工程量大

由于建筑产品的体积庞大，所以土方工程的工程量也大，通常为数百甚至数千立方米以上。

（二）劳动繁重，施工条件复杂

土方工程一般都在露天的环境下作业，所以施工条件艰苦。人工开挖土方，工人劳动强度大，工作繁重。土方施工经常受各地气候、水文、地质、地下障碍物等因素的影响，不可确定的因素也较多，施工中有时会遇到各种意想不到的问题。

（三）危险性大

土方工程施工有一定的危险性，应加强对施工过程中安全工作的领导。特别是在进行爆破施工时，飞石、冲击波、烟雾、震动、哑炮、塌方和滑坡等，对建筑物和人畜都会造成一定危害，有时甚至还会出现伤亡事故。

因此，在组织土方工程施工前，应详细分析施工条件，核对各项技术资料，进行现场调查并根据现场条件制订出技术可行、经济合理的施工方案。土方施工要尽量避开雨季，如不能避开则要做好防洪和排水工作。

三、土的工程分类

土的种类繁多，其分类方法也很多。在土方工程施工中，根据土的开挖难易程度，将土分为松软土、普通土、坚土、砂砾坚土、软石、次软石、坚石、特坚石八类，前四类为土，后四类为石。正确区分和鉴别土的种类，可以合理地选择施工方法和准确地套用公式定额计算土方工程费用。

四、土的工程性质

土有多种工程性质，其中影响土方工程施工的有土的质量密度、可松性、含水量和渗透性等。

（一）土的天然含水量

土的天然含水量 ω 是土中水的质量与固体颗粒质量之比，即

$$w = \frac{m_w}{m_s} \times 100\%$$

（1-1）

式中：ω —— 为土的天然含水量（%）；

m_w —— 为土中水的质量（kg）；

m_s —— 为固体颗粒的质量（kg）。

土的含水量表示土的干湿程度，土的含水量在 5% 以内，称为干土；土的含水量在 5% ~ 30%，称为潮湿土；土的含水量大于 30%，称为湿土。

（二）土的天然密度和干密度

土在天然状态下单位体积的质量，称为土的天然密度。土的天然密度用表示：

$$\rho = \frac{m}{V}$$

（1-2）

式中：ρ —— 为土的天然密度（g／cm^3 或 kg／m^3）；

m —— 为土的总质量（kg）；

V —— 为土的天然体积（m^3）。

单位体积中土的固体颗粒的质量称为土的干密度，土的干密度用 ρ_d 表示：

$$\rho_d = \frac{m_s}{V}$$

（1-3）

式中：ρ_d —— 为土的干密度（kg／m^3）；

m_s —— 为土中固体颗粒质量（kg）；

V —— 为土的天然体积（m^3）。

土的干密度越大，表示土越密实。工程上常把土的干密度作为评定土体密实程度的标准，以控制填土工程的压实质量。土的干密度 ρ_d 与土的天然密度 ρ 之间有如下关系：

$$\rho_d = \frac{\rho}{1+w}$$

（1-4）

（三）土的可松性

土具有可松性，即自然状态下的土经开挖后，其体积因松散而增大，以后虽经回填压实，仍不能恢复其原来的体积。土的可松性程度用可松性系数表示，即

$$K_s = \frac{V_2}{V_1}$$

（1-5）

$$K_s' = \frac{V_3}{V_1}$$

（1-6）

式中：K_s—— 为最初可松性系数；

K_s'—— 为最终可松性系数；

V_1—— 为土在天然状态下的体积（m^3）；

V_2—— 为土经开挖后的松散体积（m^3）；

V_3—— 为土经回填压实后的体积（m^3）。

土的可松性对确定场地设计标高、土方量的平衡调配、计算运土机具的数量和弃土坑的容积，以及计算填方所需的挖方体积等均有很大影响。

（四）土的渗透性

土的渗透性是指土体被水透过的性质。土的渗透性用渗透系数 K 表示。地下水在土中的渗流速度可运用达西定律计算，即

$$V=Ki$$

（1-7）

式中：V—— 为水在土中的渗流速度（m / d 或 cm / s）；

i—— 为水力坡度；

K—— 为土的渗透系数（m / d 或 cm / s）。

渗透系数 K 值反映出土的透水性强弱，它直接影响降水方案的选择和涌水量计算的准确性，可通过室内渗透试验或现场抽水试验确定。

（五）土的休止角

土的休止角也称为土的安息角，是指在某一状态下的土体可以稳定的坡度，即保持边坡稳定时，该边坡与地面的水平夹角。由于各类土的颗粒之间的摩擦力和黏聚力不同，不同土类的休止角也有很大差异。土壁在满足休止角条件下能保持基本稳定，因此，水工建筑物中的大坝和永久性土工建筑物，为了保持其土壁的稳定，常取用休止角作为其

边坡的坡度角。

五、土方机械的选择与合理配置

(一)土方机械的选择

通常应根据工程特点和技术条件提出几种可行方案,然后进行技术经济分析比较,选择效率高、综合费用低的土方机械进行施工,一般选用土方施工单价最小的机械。在大型建设项目中,土方工程量很大,而现有的施工机械的类型及数量常常有一定的限制,此时必须将现有机械进行统筹分配,以使施工费用最小。一般可以用线性规划的方法来确定土方施工机械的最优分配方案。

(二)选择土方机械的要点

第一,当地形起伏不大、坡度在 20° 以内、挖填平整土方的面积较大、土的含水量适当、平均运距短(一般在 1km 以内)时,采用铲运机较为合适;如果土质坚硬或冬季冻土层厚度超过 100 ~ 150mm,必须由其他机械辅助翻松再移运。当一般土的含水量大于 25% 或黏土含水量超过 30% 时,铲运机会陷车,必须将水疏干后再施工。

第二,地形起伏大的山区丘陵地带,一般挖土高度在 3m 以上,运输距离超过1000m,工程量较大且集中,一般可采用正(反)铲挖掘机配合自卸汽车进行施工,并在弃土区配备推土机平整场地。当挖土层厚度在 5 ~ 6m 以上时,可在挖土段的较低处设置倒土漏斗,用推土机将土推入漏斗中,并用自卸汽车在漏斗下装土并运走。漏斗上口尺寸为 3.5m 左右,由钢框架支承,底部预先挖平以便装车,漏斗左右及后侧土壁应加以支护。也可以用挖掘机或推土机开挖土方并将土方集中堆放,再用装载机把土装到自卸汽车上运走。

第三,开挖基坑时,如土的含水量较小,可结合运距、挖掘深度,分别选用推土机、铲运机或正铲(或反铲)挖掘机配以自卸汽车进行施工。当基坑深度为 1 ~ 2m、基坑不太长时,可采用推土机;对长度较大、深度在 2m 以内的线状基坑,可用铲运机;当基坑较大、工程量集中时,可选用正铲挖掘机。如地下水位较高,又不采用降水措施,或土质松软,可能造成机械陷车,则采用反铲、拉铲或抓铲挖掘机配以自卸汽车施工较为合适。移挖作填以及基坑和管沟的回填,运距在 100m 以内时可用推土机。

第二节 土方开挖及机械

一、土方开挖

（一）土方开挖前的准备工作

土方工程施工前通常须完成下列准备工作：施工场地的清理；地面水的排除；临时道路的修筑；油燃料和其他材料的准备；供电与供水管线的敷设；临时停机棚和修理间等的搭设；土方工程的测量放线和施工组织设计的编制等。

1. 场地清理

场地清理包括清理地面及地下的各种障碍。在施工前应拆除旧有房屋和古墓，拆迁或改建通信设施、电力设备、上（下）水道以及地下建筑物，迁移树木，去除耕植土及河塘淤泥等。此项工作由业主委托有资质的拆卸（拆除）公司或建筑施工公司完成，发生的费用由业主承担。

2. 排除地面水

场地内低洼地区的积水必须排除，同时应注意雨水的排除，使场地保持干燥，以利于土方施工。地面水的排除一般采用排水沟、截水沟、挡水土坝等措施。

应尽量利用自然地形来设置排水沟，使水直接排至场外或流向低洼处用水泵抽走。主排水沟最好设置在施工区域的边缘或道路的两旁，其横断面和纵向坡度应根据最大流量确定。一般排水沟的横断面尺寸不小于 $0.5m \times 0.5m$，纵向坡度一般不小于 2%。在场地平整过程中，要使排水沟保持畅通，必要时应设置涵洞。山区的场地平整施工，应在较高一面的山坡上开挖截水沟。在低洼地区施工时，除开挖排水沟外，必要时还应修筑挡水土坝，以阻挡雨水的流入。

3. 修筑临时设施

修筑好临时道路及供水、供电等临时设施，并做好材料、机具及土方机械的进场工作。

4. 土方工程的测量和放灰线

放灰线时，可用装有石灰粉末的长柄勺靠着木质板侧面，边撒边走，在地上撒出灰线，标出基础挖土的界线。

（1）基槽放线

根据房屋主轴线控制点，首先将外墙轴线的交点用木桩测设在地面上，并在桩顶钉上钢钉作为标志；房屋外墙轴线测定以后，再根据建筑物平面图，将内部开间所有轴线都一一测出；最后根据中心轴线用石灰在地面上撒出基槽开挖边线；同时，在房屋四周设置龙门板或者在轴线延长线上设置轴线控制桩（又称引桩），以便基础施工时复核轴线位置。附近若有建筑物，也可用经纬仪将轴线投测在建筑物的墙上。恢复轴线时，只要将经纬仪安置在某轴线一端的控制桩上，瞄准另一端的控制桩，该轴线即可恢复。为了控制基槽开挖深度，当快挖到槽底设计标高时，可用水准仪根据地面 ±0.000 水准点，在基槽壁上每隔 2～4m 及拐角处打一水平桩（作为清理槽底和打基础垫层、控制高程的依据）。测设时，应使桩的上表面与槽底设计标高间的距离为整分米数。

（2）柱基放线

在基坑开挖前，从设计图上核对基础的纵、横轴线编号和基础施工详图，根据柱子的纵、横轴线，用经纬仪在矩形控制网上测定基础中心线的端点，同时在每个柱基中心线上，测定基础定位桩，在每个基础的中心线上设置四个定位木桩，其桩位与基础开挖线的距离为 0.5～1.0m。若基础之间的距离不大，可每隔 1～2 个或几个基础打一定位桩，但两定位桩的间距不宜超过 20m，以便拉线恢复中间柱基的中线。在桩顶上钉钉，标明中心线的位置，然后按施工图上柱基的尺寸和已经确定的挖土边线的尺寸，放出基坑上口挖土灰线，标出挖土范围。当基坑挖到一定深度时，应在坑壁四周距离坑底设计高程 0.3～0.5m 处测设几个水平桩，作为基坑修坡和检查坑深的依据。

大基坑开挖时，根据房屋的控制点用经纬仪放出基坑四周的挖土边线。

（二）基坑（槽、沟）降水

在开挖基坑或沟槽时，土壤的含水层常被切断，导致地下水不断地渗入坑内。雨期施工时，地面水也会流入坑内。为了保证施工的正常进行，防止边坡塌方和地基承载能力下降，必须做好基坑降水工作。基坑降水方法可分为明排水法（如集水井、明渠等）和人工降低地下水水位法两种。

1. 明排水法

施工现场常采用的方法是截流、疏导、抽取。截流是将流入基坑的水流截住；疏导是将积水疏干；抽取是在基坑或沟槽开挖时，在坑底设置集水井，并沿坑底的周围或中央开挖排水沟，使水由排水沟流入集水井内，然后用水泵抽出坑外。

四周的排水沟及集水井一般应设置在基础范围以外，地下水水流的上游。基坑面积较大时，可在基础范围内设置盲沟排水。根据地下水水量、基坑平面形状及水泵能力，集水井每隔 20～40m 设置一个。

集水井的直径或宽度一般为 0.6～0.8m；其深度随着挖土的加深而增加，要始终低于挖土面 0.7～1.0m，井壁可用竹、木等简易加固。当基坑挖至设计标高后，井底应低于坑底 1～2m，并铺设 0.3m 碎石滤水层，以免在抽水时将泥砂抽出，并防止井底的土被搅动。必要时坑壁可用竹、木等材料加固。

2. 人工降低地下水水位法

人工降低地下水水位就是在基坑开挖前，预先在基坑四周埋设一定数量的滤水管（井），在基坑开挖前和开挖过程中，利用真空原理，不断抽出地下水，使地下水水位降低到坑底以下，从根本上解决地下水涌入坑内的问题；防止边坡由于受地下水流的冲刷而引起塌方；使坑底的土层消除地下水水位差引起的压力，也防止坑底土上冒；没有了水压力，可使板桩减少横向载荷；由于没有地下水的渗流，也就防止了流砂现象的产生。降低地下水水位后，由于土体固结，还能使土层密实，增加地基土的承载能力。

细颗粒（颗粒粒径为 0.005 ~ 0.05mm）、均匀颗粒、松散（土的天然孔隙比大于 75%）、饱和的土容易发生流砂现象，但出现流砂现象的重要条件仍是动水压力的大小。因此，防治流砂应着眼于减小或消除动水压力。

防治流砂的方法主要有水下挖土法、打板桩法、抢挖法、地下连续墙法、枯水期施工法及井点降水法等。

（1）水下挖土法

水下挖土法即不排水施工，使坑内外的水压互相平衡，不致形成动水压力，如沉井施工，不排水下沉，进行水中挖土、水下浇筑混凝土等，是防治流砂的有效措施。

（2）打板桩法

打板桩法是将板桩沿基坑周围打入不透水层，以起到截住水流的作用；或者打入坑底面一定深度，这样将地下水引至桩底以下才流入基坑，不仅增加了渗流长度，而且改变了动水压力的方向，从而达到减小动水压力的目的。

（3）抢挖法

抢挖法即抛大石块、抢速度施工，如在施工过程中发生局部的或轻微的流砂现象，可组织人力分段抢挖，挖至标高后，立即铺设芦席并抛大石块，增加土的压重以平衡动水压力，力争在产生流砂现象前，将基础分段施工完毕。

（4）地下连续墙法

地下连续墙法是沿基坑的周围先浇筑一道钢筋混凝土的地下连续墙，从而起到承重、截水和防止流砂的作用。地下连续墙也是深基础施工的可靠支护结构。

（5）枯水期施工法

枯水期施工法即选择枯水期间施工，由于此时地下水水位低，坑内外水位差小，动水压力减小，从而可预防和减轻流砂现象。

（6）井点降水法

以上几种方法都有较大的局限，应用范围窄，而采用井点降水法可将地下水水位降到基坑底以下，使动水压力方向朝下，增大土颗粒间的压力，则无论对细砂、粉砂，都一劳永逸地消除了流砂现象。井点降水法是避免流砂危害的常用方法。

3. 井点降水的种类

井点降水有两类：一类为轻型井点；另一类为管井井点。其中，轻型井点的应用最为广泛。各种井点降水方法一般根据土的渗透系数、降水深度、设备条件及经济性选用。

4. 一般轻型井点设备

轻型井点设备由管路系统和抽水设备组成，管路系统包括滤管、井点管、弯联管及总管等。滤管为进水设备，通常采用长为 1.0 ～ 1.5m、直径为 38mm 或 51mm 的无缝钢管，管壁钻有直径为 12 ～ 18mm 的呈梅花形排列的滤孔，滤孔面积为滤管表面积的 20% ～ 25%。骨架管外面包以两层孔径不同的滤网，内层为 30 ～ 50孔／cm 的黄铜丝或尼龙丝布的细滤网，外层为 3 ～ 10孔／cm 的同样材料的粗滤网或棕皮。为使流水畅通，在骨架管与滤管之间用塑料管或梯形铅丝隔开，塑料管沿骨架管绕成螺旋形。滤网外面再绕一层粗钢丝保护网，滤管下端为一铸铁塞头。滤管上端与井点管连接。

井点管为直径 38mm 或 51mm、长 5 ～ 7m 的钢管，可整根或分节组成。井点管的上端用弯联管与总管相连。集水总管为直径 100 ～ 127mm 的无缝钢管，每段长 4m，其上装有与井点管连接的短接头，间距为 0.8 ～ 1.6m。

常用的抽水设备有真空泵、射流泵和隔膜泵井点设备。

一套抽水设备的负荷长度（即集水总管长度）为 100 ～ 120m。常用的 W5、W6 型干式真空泵，其最大负荷长度分别为 100m 和 120m。

5. 轻型井点的布置

井点系统的布置应根据基坑大小与深度、土质、地下水水位高低与流向、降水深度要求等确定。

（1）平面布置

当基坑或沟槽宽度小于 6m，且降水深度不超过 5m 时，可用单排线状井点布置在地下水水流的上游一侧，两端延伸长度不小于坑槽宽度。

如基坑或沟槽宽度大于 6m 或土质不良，则用双排线状井点布置，位于地下水流上游一排井点管的间距应小些，下游一排井点管的间距可大些。面积较大的基坑宜用环状井点布置，有时也可布置成 U 形，以利于挖土机和运土车辆出入基坑。井点管距离基坑壁一般应为 0.7 ～ 1.2m，以防局部发生漏气。井点管间距一般为 0.8m、1.2m、1.6m，由计算或经验确定。井点管应在总管四角部位适当加密。

（2）高程布置

轻型井点的降水深度，从理论上讲可达 10.3m，但由于管路系统的水头损失，其实际降水深度一般不超过 6m。

如果大于 6m，则应降低井点管抽水设备的埋置面，以适应降水深度要求，即将井点系统的埋置面接近原有地下水水位线（要事先挖槽），在个别情况下甚至稍低于地下水水位（当上层土的土质较好时，先用集水井排水法挖去一层土，再布置井点系统），以便充分利用抽吸能力，使降水深度增加。井点管露出地面的长度一般为 0.2 ～ 0.3m，以便与弯联管连接。滤管必须埋在透水层内。

当一级轻型井点达不到降水要求时，可采用二级轻型井点降水，即先挖去第一级井点所疏干的土，再在其底部装设第二级井点。

6. 井点管的埋设与使用

（1）井点管的埋设

轻型井点的施工，大致包括下列几个过程：准备工作、井点系统的埋设、使用及拆除。准备工作包括井点设备、动力、水源及必要材料的准备，排水沟的开挖，附近建筑物的标高观测以及防止附近建筑物沉降措施的实施。

埋设井点管的程序为：先排放总管，再埋设井点管，用弯联管将井点管与总管接通，然后安装抽水设备。

井点管的埋设一般用水冲法进行，并分为冲孔与埋管两个过程。

冲孔时，先用起重设备将冲管吊起并插在井点的位置上，然后开动高压水泵，将土冲松，冲管则边冲边沉。冲孔直径一般为300mm，应保证井管四周有一定厚度的砂滤层，冲孔深度宜比滤管底深0.5m左右，以防冲管拔出时部分土颗粒沉于底部而触及滤管底部。

井孔冲成后，立即拔出冲管，插入井点管，并在井点管与孔壁之间迅速填灌砂滤层，以防孔壁塌土。砂滤层的填灌质量是保证轻型井点顺利抽水的关键。一般宜选用干净粗砂，填灌均匀，并填至滤管顶上1~1.5m，以保证水流畅通。

井点填砂后，在地面下0.5~1.0m内须用黏土封口，以防漏气。

井点管埋设完毕后，应接通总管与抽水设备进行试抽水，检查有无漏水、漏气，出水是否正常，有无淤塞等现象，如有异常情况，须检修好后方可使用。

（2）井点管的使用

使用轻型井点时，应保证连续不断地抽水，并准备双电源。若时抽时停，滤网易堵塞，也容易抽出土粒，使水混浊，并引起附近建筑物地面由于土粒流失而沉降开裂。正常出水规律是"先大后小，先混后清"，抽水时需要经常观测真空度，以判断井点系统工作是否正常，真空度一般应不低于55.3~66.7kPa。造成真空度不够的原因较多，但通常是管路系统漏气，应及时检查并采取措施。

若井点管淤塞，一般通过听管内水流声响，手扶管壁有振动感，夏、冬季手摸管子有夏冷、冬暖感等简便方法检查。若发现淤塞井点管太多，严重影响降水效果，应逐根用高压水反向冲洗或拔出重埋。

地下构筑物竣工并回填土后，方可拆除井点系统。拔出井点管多借助倒链、起重机等，所留孔洞用砂或土填实，对地基有防渗要求的，地面上2m应用黏土填实。

7. 回灌井点法

轻型井点降水有许多优点，在基础施工中得到广泛应用，但其影响范围较大，影响半径可达百米甚至数百米，且会导致周围土壤固结而引起地面沉陷；特别是在弱透水层和压缩性大的黏土层中降水时，由于地下水流造成的地下水水位下降、地基自重应力增加和土层压缩等原因，会产生较大的地面沉降；又由于土层的不均匀性和降水后地下水水位呈漏斗曲线，四周土层的自重应力变化不一而导致不均匀沉降，使周围建筑基础下沉或房屋开裂。

因此，在建筑物附近进行井点降水时，为防止降水影响或损害区域内的建筑物，必须阻止建筑物下地下水的流失。除可在降水区域和原有建筑物之间的土层中设置一道固体抗渗屏障（如水泥搅拌桩、灌注桩加压密注浆桩、旋喷桩、地下连续墙）外，常用回灌井点补充地下水的方法来保持地下水水位。回灌井点就是在降水井点与要保护的已有建（构）筑物之间打一排井点，在井点降水的同时，向土层中灌入足够数量的水，形成一道隔水帷幕，使井点降水的影响半径不超过回灌井点的范围，从而阻止回灌井点外侧的建（构）筑物下的地下水流失，这样就可以避免因降水使地面发生沉降或减少沉降值。

为了防止降水和回灌两井相通，回灌井点与降水井点之间应保持一定的距离，一般不宜小于6m，否则，基坑内水位无法下降，失去降水的作用。回灌井点的深度一般以控制在长期降水曲线下1m为宜，并应设置在渗透性较好的土层中。

为了观测降水及回灌后四周建筑物、管线的沉降情况及地下水水位的变化情况，必须设置沉降观测点及水位观测井，并定时测量和记录，以便及时调节灌、抽量，使灌、抽基本达到平衡，确保周围建筑物或管线等的安全。

二、土方开挖机械

土方工程的施工过程包括土方开挖、运输、填筑与压实等。由于土方工程量大、劳动繁重，施工时应尽可能采用机械化、半机械化施工，以减少体力劳动、加快施工进度、降低工程造价。常用土方施工机械及其施工方法如下。

（一）推土机

推土机是土方工程施工的主要机械之一，是在履带式拖拉机上安装推土铲刀等工作装置而成的机械。按铲刀的操作机构不同，推土机分为索式和液压式两种。索式推土机的铲刀借本身自重切入土中，在硬土中切土深度较小；液压式推土机由于用液压操纵，能使铲刀强制性地切入土中，切入深度较大。同时，液压式推土机的铲刀还可以调整角度，具有更大的灵活性，是目前常用的一种推土机。

推土机操作灵活，运转方便，所需工作面较小，行驶速度快，易于转移，能爬30°左右的缓坡，因此应用范围较广，适用于开挖一至三类土，多用于下列情况：挖土深度不大的场地平整，开挖深度不大于1.5m的基坑，回填基坑和沟槽，堆筑高度在1.5m以内的路基、堤坝，平整其他机械卸置的土堆，推送松散的硬土、岩石和冻土，配合铲运机进行助铲，配合挖土机施工，为挖土机清理余土和创造工作面。另外，将铲刀卸下后，它还能牵引其他无动力的土方施工机械，如拖式铲运机、松土机、羊足碾等，进行其他土方施工。

推土机的运距宜在100m以内，效率最高的推运距离为40 ~ 60m。为提高生产率，推土机可采用下述方法施工：

1. 下坡推土

推土机顺地面坡势沿下坡方向推土，借助机械往下的重力作用，增大铲刀的切土深度和运土数量,提高推土机的能力,缩短推土时间,一般可提高 30% ~ 40% 的作业效率;但坡度不宜大于 15°,以免后退时爬坡困难。

2. 槽形推土

当运距较远、挖土层较厚时,利用已推过的土槽再次推土,可以减少铲刀两侧土的散漏,作业效率可提高 10% ~ 30%。槽深以 1m 左右为宜,槽间土填宽约为 0.5m。

另外,推运疏松土壤且运距较大时,还应在铲刀两侧装置挡板,以增加铲刀前土的体积,减少土向两侧的散失。在土层较硬的情况下则可在铲刀前面装置活动松土齿,当推土机倒退回程时,即可将土翻松,减少切土时的阻力,从而提高切土运行速度。

3. 并列推土

对于大面积的施工区,可用 2 ~ 3 台推土机并列推土,推土时,两铲刀宜相距 15 ~ 30cm,这可以减少土的散失且增大推土量,提高 15% ~ 30% 的生产率。但平均运距不宜超过 50 ~ 75m,也不宜小于 20m,且推土机数量不宜超过 3 台,否则倒车不便,行驶不一致,反而影响作业效率。

4. 分批集中,一次推送

当运距较远而土质又比较坚硬时,由于切土的深度不大,宜采用多次铲土、分批集中、一次推送的方法,使铲刀前保持满载,以提高作业效率。

(二)铲运机

铲运机是一种能够独立完成铲土、运土、卸土、填筑、整平的土方机械,按行走机构可分为拖式铲运机和自行式铲运机两种。

拖式铲运机由拖拉机牵引,自行式铲运机的行驶和作业都靠自身的动力设备。

铲运机的工作装置是铲斗,铲斗前方有一个能开启的斗门,铲斗前设有切土刀片。切土时,铲斗门打开,铲斗下降,刀片切入土中。铲运机前进时,被切入的土挤入铲斗;铲斗装满土后,提起土斗,放下斗门,将土运至卸土地点。

铲运机对道路条件要求较低,操作灵活,作业效率较高,适用于一至三类土的直接挖、运,常用于坡度在 20° 以内的大面积土方的挖、填、平整和压实,大型基坑、沟槽的开挖,路基和堤坝的填筑,不适合在砾石层、冻土地带及沼泽地区使用。铲运机在进行坚硬土开挖时,要有推土机助铲或用松土机配合。

在土方工程中,常使用的铲运机的铲斗容量为 2.5 ~ 8m³;自行式铲运机适用于运距为 800 ~ 3500m 的大型土方工程施工,运距在 800 ~ 1500m 时作业效率最高;拖式铲运机适用于运距为 80 ~ 800m 的土方工程施工,运距在 200 ~ 350m 时作业效率最高,如果采用双联铲运或挂大斗铲运,其运距可增加到 1000m。运距与生产率密切相关,因此,在规划铲运机的运行路线时,应力求符合运距经济的要求。为提高作业效率,一般采用下述方法:

1. 合理选择铲运机的开行路线

在场地平整施工中,铲运机的开行路线应根据场地挖、填方区分布的具体情况合理选择，这与提高铲运机的生产率有很大关系。铲运机的开行路线一般有以下几种：

（1）环形路线

当地形起伏不大、施工地段较短时，多采用环形路线。环形路线每一循环只完成一次铲土和卸土、挖土和填土交替；挖填之间距离较短时，则可采用大循环路线，一个循环能完成多次铲土和卸土，这样可减少铲运机的转弯次数，提高作业效率。

（2）"8"字形路线

施工地段较长或地形起伏较大时，多采用"8"字形路线。采用这种开行路线时，铲运机在上下坡时是斜向行驶，受地形坡度限制小；一个循环中两次转弯方向不同，可避免机械行驶时的单侧磨损；一个循环完成两次铲土和卸土，减少了转弯次数及空车行驶距离，也可缩短运行时间，提高作业效率。

需要注意的是，铲运机应避免在转弯时铲土，否则，铲刀可能因受力不均引起翻车事故。因此，为了充分发挥铲运机的效能，保证其能在直线段上铲土并装满土斗，要求铲土区应有足够的最小铲土长度。

2. 下坡铲土

铲运机利用地形进行下坡推土，借助铲运机的重力，加深铲斗切土深度，缩短铲土时间；但纵坡不得超过25°、横坡不大于5°，且铲运机不能在陡坡上急转弯，以免翻车。

3. 跨铲法

铲运机间隔铲土，预留土埂。这样，在间隔铲土时由于形成一个土槽，减少了向外撒土量；铲土埂时，铲土阻力减小。一般土槽高度不大于300mm，宽度不大于拖拉机两履带间的净距。

4. 推土机助铲

地势平坦、土质较坚硬时，可用推土机在铲运机后面顶推，以增大铲刀切土能力，缩短铲土时间，提高作业效率。推土机在助铲的空隙可兼做松土或平整工作，为铲运机创造作业条件。

5. 双联铲运法

当拖式铲运机的动力有富余时，可在拖拉机后面串联两个铲斗进行双联铲运。对坚硬土层，可用双联单铲，即一个土斗铲满后，再铲另一斗土；对松软土层，则可用双联双铲，即两个土斗同时铲土。

6. 挂大斗铲运

在土质松软地区，可改挂大型铲土斗，以充分利用拖拉机的牵引力，提高工效。

（三）单斗挖土机

单斗挖土机是基坑（槽）土方开挖常用的一种机械。按其行走装置的不同，可分为履带式和轮胎式两类。根据工作的需要，其工作装置可以更换。按其工作装置的不同，单斗挖土机可分为正铲、反铲、拉铲和抓铲四种。

13

1. 正铲挖土机

（1）作业特点及方式

正铲挖土机的挖土特点是：前进向上，强制切土。它适用于开挖停机面以上的一至三类土，且须与运土汽车配合完成整个挖运任务，挖掘力大、作业效率高。开挖大型基坑时须设坡道，使挖土机在坑内作业。因此，其适宜在土质较好、无地下水的地区工作；当地下水水位较高时，应采取降低地下水水位的措施，把基坑土疏干。

正铲挖土机根据挖土机的开挖路线与汽车相对位置的不同，其卸土方式可分为侧向卸土和后方卸土两种。

①侧向卸土

即挖土机沿前进方向挖土，运输车辆停在侧面卸土（可停在停机面上或高于停机面）。此法挖土机卸土时动臂转角小，运输车辆行驶方便，故作业效率高，应用较广。

②后方卸土

即挖土机沿前进方向挖土，运输车辆停在挖土机后方装土。此法挖土机卸土时动臂转角大、生产率低，运输车辆要倒车进入，一般在基坑窄而深的情况下采用。

（2）正铲挖土机的工作面

挖土机的工作面是指挖土机在一个停机点进行挖土的工作范围。工作面的形状和尺寸取决于挖土机的性能和卸土方式。根据挖土机作业方式的不同，挖土机的工作面分为侧工作面与正工作面两种。

①挖土机侧向卸土方式就构成了侧工作面

其根据运输车辆与挖土机的停放标高是否相同又分为高卸侧工作面（车辆停放处高于挖土机停机面）及平卸侧工作面。

②挖土机后方卸土方式则形成正工作面

正工作面的形状和尺寸是左右对称的。其右半部与平卸侧工作面的右半部相同。

（3）正铲挖土机的开行通道

在正铲挖土机开挖大面积基坑时，必须对挖土机作业时的开行路线和工作面进行设计，确定出开行次序和次数，此过程称为开行通道。当基坑开挖深度较小时，可布置一层开行通道，基坑开挖时，挖土机开行三次。第一次开行采用正向挖土、后方卸土的作业方式，为正工作面；挖土机进入基坑要挖坡道，坡道的坡度为 1∶8 左右。

当基坑宽度稍大于正工作面的宽度时，为了减少挖土机的开行次数，可加宽工作面，使挖土机按"之"字形路线开行。

2. 反铲挖土机

反铲挖土机的挖土特点是：后退向下，强制切土。其挖掘力比正铲挖土机小，能开挖停机面以下的一至三类土（其中机械传动反铲挖土机只宜挖一、二类土）。反铲挖土机无须设置进出口通道，适用于一次开挖深度在 4m 左右的基坑、基槽、管沟，也可用于地下水水位较高的土方开挖；在深基坑开挖中，依靠止水挡土结构或井点降水，反铲挖土机通过下坡道，采用台阶式接力方式挖土也是常用方法。反铲挖土机可以与自卸汽车配合将土运走，也可弃土于坑槽附近。

沟端开挖时，挖土机停在基坑（槽）的端部，向后倒退挖土，汽车停在基槽两侧装土。其优点是挖土机停放平稳，装土或甩土时回转角度小，较宽时，可多次开行挖土。

沟侧开挖时，挖土机沿基槽的一侧移动挖土，挖土方向与挖土机移动方向垂直，所以稳定性较差，采用沟端开挖或挖土无须运走时采用。

3. 拉铲挖土机

拉铲挖土机的土斗用钢丝绳悬挂在挖土机长臂上，挖土时土斗在自重作用下落到地面切入土中。其挖土特点是：后退向下，自重切土。其挖土深度和挖土半径均较大，能开挖停机面以下的一、二类土，但不如反铲挖土机动作灵活、准确。拉铲挖土机适用于开挖较深较大的基坑（槽）、沟渠，挖取水中泥土以及填筑路基、修筑堤坝等。

4. 抓铲挖土机

机械传动抓铲挖土机在挖土机臂端用钢丝绳吊装一个抓斗，使用时用钢丝绳将装有刀片并由传动装置带动的特制开闭式抓斗下到地面抓土，再用钢丝绳吊至堆土上方，把土卸下。其挖土特点是：直上直下，自重切土。由于其挖掘力较小，能开挖停机面以下的一、二类土，适用于开挖软土地基基坑，窄而深的基坑、深槽、深井采用抓铲挖土机效果尤为理想。抓铲挖土机还可用于疏通旧有渠道以及挖取水中淤泥，或装卸碎石、矿渣等松散材料等。另外，还可以采用液压传动抓铲挖土机，其挖掘力和精度都优于机械传动抓铲挖土机。

第三节　土方填筑与压实

一、土料选择与填筑要求

（一）土料选择

选择填方土料应符合设计要求。如设计无要求时，应符合下列规定：

第一，碎石类土、砂土（使用细、粉砂时应取得设计单位同意）和爆破石碴，可用作表层以下的填料。

第二，含水量符合压实要求的黏性土，可用作各层填料；碎块草皮和有机质含量大于8%的土，仅用于无压实要求的填方工程；淤泥和淤泥质土一般不能用作填料，但在软土或沼泽地区，经过处理其含水量符合压实要求后，可用于填方中的次要部位；含盐量符合规定的盐渍土，一般可以使用，但填料中不得含有盐晶、盐块或含盐植物的根茎。

第三，碎石类土或爆破石碴用作填料时，其最大粒径不得超过每层铺填厚度的2／3（当使用振动碾时，不得超过每层铺填厚度的3／4）。铺填时，大块料不应集中，且不得填在分段接头处或填方与山坡连接处。填方内有打桩或其他特殊工程时，块（漂）石填料的最大粒径不应超过设计要求。

（二）填筑要求

土方填筑前，要对填方的基底进行处理，使之符合设计要求。如设计无要求，应符合下列规定：

第一，基底上的树墩及主根应清除，坑穴应清除积水、淤泥和杂物等，并分层回填夯实。基底为杂填土或有软弱土层时，应按设计要求加固地基，并妥善处理基底的空洞、旧基、暗塘等。

第二，如填方厚度小于 0.5m，还应清除基底的草皮和垃圾，当填方基底为耕植土或松土时，应将基底碾压密实。

第三，在水田、沟渠或池塘填方前，应根据具体情况采用排水疏干、挖出淤泥，抛填石块、砂砾等方法处理后再进行填土。

应根据工程特点、填料种类、设计压实系数、施工条件等合理选择压实机具，并确定填料含水量的控制范围、铺土厚度和压实遍数等参数。

填土应分层进行，并尽量采用同类土填筑。当选用不同类别的土料时，上层宜填筑透水性较强的土料，下层宜填筑透水性较差的土料。不能将各类土混杂使用，以免形成水囊。压实填土的施工缝应错开搭接，在施工缝的搭接处应适当增加压实遍数。

当填方位于倾斜的地面时，应先将基底斜坡挖成阶梯状，阶宽不小于 1m，然后分层回填，以防填土侧向移动。

填方土层应接近水平地分层压实。再测定压实后土的干密度并检验其压实系数和压实范围，符合设计要求后才能填筑上层。由于土的可松性，回填高度应预留一定的下沉高度，以备行车碾压和自然因素作用下土体逐渐沉落密实。其预留下沉高度（以填方高度为基数）：砂土为 1.5%，亚黏土为 3% ~ 3.5%。

如果回填土湿度大，又不能采用其他土换填，可以将湿土翻晒晾干、均匀掺入干土后再回填。

冬雨季进行填土施工时，应采取防雨、防冻措施，防止填料（粉质黏土、粉土）受雨水淋湿或冻结，并防止出现"橡皮土"。

二、填土的压实方法

填土压实方法有碾压、夯实和振动三种，此外还可利用运土工具压实。

（一）碾压法

碾压法是用沿着表面滚动的鼓筒或轮子的压力压实土壤。一切拖动和自动的碾压机具，如平滚碾、羊足碾和气胎碾等的工作方法都属于同一原理。适用范围：主要用于大面积填土。

常用碾压工具介绍如下：

1. 平碾

适用于碾压黏性和非黏性土。平碾又叫压路机，它是一种以内燃机为动力的自行式压路机，按碾轮的数目，有两轮两轴式和三轮两轴式。

平碾按重量分有轻型（5t 以下）、中型（8t 以下）、重型（10～15t），在建筑工地上多用中型或重型光面压路机。

平碾的运行速度决定其生产率，在压实填方时，碾压速度不宜过快，一般碾压速度不超过 2km／h。

2. 羊足碾

羊足碾和平碾不同，它是碾轮表面上装有许多羊蹄形的碾压凸脚，一般用拖拉机牵引作业。

羊足碾有单桶和双桶之分，桶内根据要求可分别空桶、装水、装砂，以提高单位面积的压力，增强压实效果。由于羊足碾单位面积压力较大，压实效果、压实深度均较同重量的光面压路机高，但工作时羊足碾的碾压凸脚压入土中，又从土中拔出，致使上部土翻松，不宜用于无黏性土、砂及面层的压实。一般羊足碾适用于压实中等深度的粉质黏土、粉土、黄土等。

（二）夯实法

夯实法是利用夯锤自由下落的冲击力来夯实土壤，主要用于小面积的回填土。夯实机具类型较多，有木夯、石夯、蛙式打夯机以及利用挖土机或起重机装上夯板后的夯土机等。其中蛙式打夯机轻巧灵活、构造简单，在小型土方工程中应用最广。

夯实法的优点是可以夯实较厚的土层。采用重型夯土机（如 1t 以上的重锤）时，其夯实厚度可达 1～1.5m。但木夯、石夯或蛙式打夯机等夯土工具，其夯实厚度则较小，一般均在 200mm 以内。

人力打夯前应将填土初步整平，打夯要按一定方向进行，一夯压半夯，夯夯相接，行行相连，两遍纵横交叉，分层夯打。

夯实基槽及地坪时，行夯路线应由四边开始，然后再夯向中间。用蛙式打夯机等小型机具夯实时，一般填土厚度不宜大于 25cm，打夯之前对填土应初步平整，打夯机应依次夯打，均匀分布，不留间隙。

基（坑）槽回填应在两侧或四周同时进行回填与夯实。

（三）振动法

振动法是将重锤放在土层的表面或内部，借助于振动设备使重锤振动，土壤颗粒即发生相对位移达到紧密状态。此法用于振实非黏性土效果较好。

近年来，又将碾压和振动结合而设计和制造出振动平碾、振动凸块碾等新型压实机械。

振动平碾适用于填料为爆破碎石碴、碎石类土、杂填土或粉土的大型填方；振动凸块碾则适用于粉质黏土或黏土的大型填方。当压实爆破石碴或碎石类土时，可选用 8～15t 重的振动平碾，铺土厚度为 0.6～1.5m，宜静压、后振压，碾压遍数应由现场

17

试验确定，一般为 6 ~ 8 遍。

三、影响填土压实质量的因素

（一）压实功的影响

填土压实后的密度与压实机械在其上所施加的功有一定的关系。当土的含水量一定，在开始压实时，土的密度急剧增加，待到接近土的最大密度时，压实功虽然增加许多，而土的密度则变化甚小。在实际施工中，对于砂土只需碾压 2 ~ 3 遍，对亚砂土只需 3 ~ 4 遍，对亚黏土或黏土只需 5 ~ 6 遍。

（二）含水量的影响

土的含水量对填土压实有很大影响，较干燥的土，由于土颗粒之间的摩擦阻力大，填土不易被夯实。而含水量较大，超过一定限度，土颗粒间的空隙全部被水充填而呈饱和状态，填土也不易被压实，容易形成橡皮土。只有当土具有适当的含水量，土颗粒之间的摩擦阻力由于水的润滑作用而减小，土才易被压实。为了保证填土在压实过程中具有最优的含水量，当土过湿时，应予翻松晾晒或掺入同类干土及其他吸水性材料。如土料过干，则应预先洒水湿润。土的含水量一般以手握成团、落地开花为宜。

（三）铺土厚度的影响

土在压实功的作用下，其应力随深度增加而逐渐减少，在压实过程中，土的密实度也是表层大，并随深度增加而逐渐减少，超过一定深度后，虽经反复碾压，土的密实度仍与压实前一样。各种不同压实机械的压实影响深度与土的性质、含水量有关，所以，填方每层铺土的厚度，应根据土质、压实的密实度要求和压实机械性能确定。

四、填土压类的质量控制与检验

（一）填土压实的质量控制

填土经压实后必须达到要求的密实度，以避免建筑物产生不均匀沉降。填土密实度以设计规定的控制干密度 ρ_d 作为检验标准，土的控制干密度 ρ_d 与最大干密度 ρ_{max} 之比称为压实系数 λ_c。

填土压实的最大干密度一般在实验室由击实试验确定，再根据相关规范规定的压实系数即可算出填土控制干密度 ρ_d 值。在填土施工时，土的实际干密度 ρ_d 大于或等于控制干密度 ρ_d 时，即

$$\rho_d \cdots \rho_d = \lambda_c \rho_{max}$$

$$（1-8）$$

则符合质量要求。

式中：λ_c——要求的压实系数；

ρ_{max}——土的最大干密度（g／m^3）。

（二）填土压实的质量检验

第一，填土施工过程中应检查排水措施、每层填筑厚度、含水量控制和压实程序。

第二，填土经夯实或压实后，要对每层回填土的质量进行检验，一般采用环刀法（或灌砂法）取样测定土的干密度，符合要求后才能填筑上层土。

第三，按填土对象不同，规范规定了不同的抽取标准：基坑回填，每100～500m取样一组（每个基坑不少于一组）；基槽或管沟，每层按长度20～50m取样一组；室内填土，每层按100～500m取样一组；场地平整填方每层按400～900m取样一组。取样部位在每层压实后的下半部，用灌砂法取样应为每层压实后的全部深度。

第四，每项抽检之实际干密度应有90%以上符合设计要求，其余10%的最低值与设计值的差不得大于0.08g／cm3，且应分散，不得集中。

第五，填土施工结束后应检查标高、边坡坡高、压实程度等，均应符合相关规范标准规定。

五、土方质量要求与安全措施

（一）土方工程质量要求

①土质符合设计，并严禁扰动。②基底处理符合设计或规范。③填料符合设计和规范。④检查排水措施、每层填筑厚度、含水量控制和压实程度。⑤回填按规定分层压实。密实度符合设计和规定。⑥外形尺寸的允许偏差和检验方法，应符合标准规范规定。⑦标高、边坡坡度、压实程度等应符合标准规范的规定。

（二）土方工程安全措施

①开挖时两人间距 > 2.5m，挖土机间距 > 10m。严禁挖空底脚施工。②按要求放坡。注意土壁的变动、支撑的稳固程度和墙壁的变化。③深度 > 3m，吊装设备距坑边 ≥ 1.5m，起吊后垂直下方不得站人，坑内人员戴安全帽。④手推车运土，不得翻车卸土；翻斗汽车运土，道路坡度、转弯半径符合安全规定。⑤深基坑上下有阶梯、开斜坡道。基坑四周设栏杆或悬挂危险标志。⑥基坑支撑应经常检查，发现松动变形立即修整。⑦基坑沟边 1m 以内不得堆土、堆料和停放机具，1m 以外堆土，其高度不宜超过 1.5m。

第二章　地基与基础工程

第一节　地基处理及加固

地基处理加固是按照上部结构对地基的要求，对地基进行必要的地基加固或改良，提高地基土的承载力，保证地基稳定，减少建筑物的沉降或不均匀沉降。任何建筑物都必须有可靠的地基和基础，这是因为建筑物承受的各种作用（包括各种荷载、各种外加变形或约束变形等）最终将通过基础传给地基，因此，地基加固、地基处理就成为基础工程施工中的一项重要内容。

一、换土地基

当建筑物（构筑物）基础下的持力层为软弱土层或地面标高低于基底设计标高，并不能满足上部结构对地基强度和变形的要求，而软弱土层的厚度又不是很大时，常采用换填法处理。即将基础下一定范围内的土层挖去，然后换填密度大、强度高的砂、碎石、灰土、素土以及粉煤灰、矿渣等性能稳定、无侵蚀性的材料，并分层夯（振、压）实至设计要求的密实度。换土法的处理深度通常控制在 3m 以内时较为经济合理。

换填法适用于处理淤泥、淤泥质土、湿陷性土、膨胀土、冻胀土、素填土、杂填土以及暗沟、暗塘、古井、古墓或拆除旧基础后的坑穴等浅层地基处理。对于承受振动荷载的地基，不应选择换填垫层法进行处理。

根据换填材料的不同，可将换土分为砂石（砂砾、碎卵石）垫层、土垫层（素土、灰土)、粉煤灰垫层、矿渣垫层等。

(一)砂垫层和砂石垫层

1. 材料要求

(1)砂

宜采用中砂或粗砂,要求颗粒级配良好、质地坚硬;当采用粉细砂或石粉(粒径小于 0.075mm 的部分不超过总重的 9%)时,应掺入不少于总重 30%、粒径 20~50mm 的碎石或卵石,但要分布均匀;砂中有机质含量不超过 5%,含泥量应小于 5%,兼做排水垫层时,含泥量不得超过 3%。

(2)砂石

宜采用天然级配的砂砾石(或卵石、碎石)混合物,最大粒径不宜大于 50mm,不得含有植物残体、垃圾等杂物,含泥量不大于 5%。

2. 构造要求

砂地基和砂石地基的厚度一般根据地基底面处土的自重应力与附加应力之和不大于同一标高处软弱土层的容许承载力确定。地基厚度一般不宜大于 3m,也不宜小于 0.5m。地基宽度除要满足应力扩散的要求外,还要根据地基侧面土的容许承载力来确定,以防止地基向两边挤出。关于宽度的计算,目前还缺乏可靠的理论方法,在实践中常常按照当地某些经验数据(考虑地基两侧土的性质)或经验方法确定。一般情况下,地基的宽度应沿基础两边各放出 200~300mm,如果侧面地基土的土质较差,还要适当增加。

3. 施工要点

(1)基层处理

砂或砂石地基铺设前,应将基底表面浮土、淤泥、杂物清除干净,槽侧壁按设计要求留出坡度。铺设前应验槽,并做好验槽记录。

当基底表面标高不同时,不同标高的交接处应挖成阶梯形,阶梯的宽高比宜为 2:1,每阶的高度不宜大于 500mm,并应按先深后浅的顺序施工。

(2)抄平放线、设标桩

在基槽(坑)内按 5m×5m 网格设置标桩(钢筋或木桩),控制每层砂或砂石的铺设厚度。

(3)混合料拌和均匀

采用人工级配砂砾石,应先将砂和砾石按配合比过斗计量,拌和均匀,再分层铺设。

(4)分层铺设,分层夯(压、振)实

①砂和砂石地基每层铺设厚度、砂石最优含水量控制及施工机具、方法的选用,振(夯、压)要做到交叉重叠 1/3,防止漏振、漏压。夯实、碾压遍数,振实时间应通过试验确定。用细砂做垫层材料时,不宜用振捣法或水撼法,以免产生液化现象。②砂或砂石地基铺设时,严禁扰动下卧层及侧壁的软弱土层,防止被践踏、受冻或受浸泡,降低其强度。如下卧层表面有厚度较小的淤泥或淤泥质土层,当挖除困难时,经设计人

员同意可采取挤淤处理方法：即先在软弱土面上堆填块石、片石等，然后将其压入以置换和挤出软弱土，最后再铺筑砂或砂石地基。③砂或砂石地基应分层铺设、分层夯（压）实、分层做密实度试验。每层密实度试验合格（符合设计要求）后再铺筑下一层砂或砂石。④当地下水位较高或在饱和的软弱基层上铺设砂或砂石地基时，应加强基层内及外侧四周的排水工作，防止引起砂或砂石地基中砂的流失和基坑边坡的破坏；宜采取人工降低地下水位措施，使地下水位降低至基坑底 500mm 以下。⑤当采用插振法施工时，以振捣棒作用部分的 1.25 倍为间距（一般为 400 ~ 500mm）插入振捣，依次振实，以不再冒气泡为准。应采取措施控制注水和排水。每层接头处应重复振捣，插入式振捣棒振完后所留孔洞应用砂填实；在振捣第一层时，不得将振捣棒插入下卧土层或基槽（坑）边坡内，以避免使软土混入砂或砂石地基而降低地基强度。

4. 砂和砂石地基施工质量标准

①砂、石等原材料质量、配合比应符合设计要求，砂、石应搅拌均匀。②施工过程中必须检查分层厚度，分段施工时搭接部分的压实情况、加水量、压实遍数、压实系数。③施工结束后，应检验砂石地基的承载力。

（二）灰土垫层

1. 材料要求

（1）土料

宜采用就地挖出的黏性土料或塑性指数大于 4 的粉土，土内有机杂物的含量不宜大于 5%。土料使用前应过筛，其粒径不得大于 15mm。土料施工时的含水量应控制在最佳含水量（由室内击实试验确定）的 ±2% 范围内。

（2）熟石灰

应采用生石灰块（块灰的含量不少于 70%），在使用前 3 ~ 4d 用清水予以熟化，充分消解成粉末，并过筛。其最大粒径不得大于 5mm，并不得夹有未熟化的生石灰块及其他杂质。

（3）采用生石灰粉代替熟石灰

在使用前按体积比预先与黏土拌和并洒水堆放 8h 后方可铺设。生石灰粉质量应符合现行行业标准的规定。生石灰粉进场时应有生产厂家的产品质量证明书。

2. 构造要求

灰土地基厚度确定原则同砂地基。地基宽度一般为灰土顶面基础砌体宽度加 2.5 倍灰土厚度之和。

3. 施工要点

（1）基土清理

①铺设素土、灰土前先检验基土土质，清除松散土并打两遍底夯，要求平整干净。如有积水、淤泥，应清除或晾干。②如局部有软弱土层或古墓（井）、洞穴、暗塘等，应按设计要求进行处理；并办理隐蔽验收手续和地基验槽记录。

（2）弹线、设标志

做好测量放线，在基坑（槽）、管沟的边坡上钉好水平木桩；在室内或散水的边墙上弹上水平线；或在地坪上钉好标准水平木桩。作为控制摊铺素土、灰土厚度的标准。

（3）灰土拌和

①灰土的配合比应符合设计要求，一般为 2 : 8 或 3 : 7（石灰：土，体积比）。②灰土拌和，多采用人工翻拌，通过标准斗计量，控制配合比。拌和时采取土料、石灰边掺边用铁锹翻拌，一般翻拌不少于三遍。灰土拌和料应拌和均匀，颜色一致，并保持一定的湿度，最优含水量为 14% ～ 18%。现场以手握成团、两指轻捏即碎为宜。如土料水分过大或不足时，应晾干或洒水湿润。

（4）分层摊铺与夯实

①素土、灰土每层（一步）摊铺厚度可按照不同的施工方法选用。每层灰土的夯打遍数，应根据设计要求的干密度由现场夯（压）试验确定。②素土、灰土分段施工时，不得在墙角、柱基及承重窗间墙下接缝。上下两层素土、灰土的接缝距离不得小于500mm，接缝处应切成直槎，并夯压密实。当素土、灰土地基标高不同时，应做成阶梯形，每阶宽不小于 500mm。③素土、灰土应随铺填随夯压密实，铺填完的素土、灰土不得隔日夯压；夯实后的素土灰土，3d 内不得受水浸泡，在地下水位以下的基坑（槽）内施工时，应采取降、排水措施。

（5）干密度、压实系数检测试验

素土、灰土应逐层用环刀取样测出其干密度，并计算压实系数，应符合设计要求。试验报告中应绘制每层的取样点位置图。

施工结束后，应按设计要求和规定的方法检验素土、灰土地基的承载力。

（6）找平验收

素土、灰土最上一层完成后，应拉线或用靠尺检查标高和平整度，超高处用铁锹铲平，低洼处应及时补打素土、灰土。

4. 灰土地基施工质量标准

①灰土土料、石灰或水泥（当用水泥替代灰土中的石灰时）等材料及配合比应符合设计要求，灰十应搅拌均匀。②施工过程中应检查分层铺设的厚度、分段施工时上下两层的搭接长度、夯实时加水量、夯压遍数、压实系数。③施工结束后，应检验灰土地基的承载力。

二、夯实地基

（一）重锤夯实地基

重锤夯实是利用起重机械将夯锤（2 ～ 3t）提升到一定高度，然后自由落下，重复夯击基土表面，使地基表面形成一层比较密实的硬壳层，从而使地基得到加固。适于地下水位 0.8m 以上、稍湿的黏性土、砂土、饱和度 S，不大于 60 的湿陷性黄土、杂填土以及分层填土地基的加固处理。重锤表面夯实的加固深度一般为 1.2 ~ 2.0m。湿陷性黄土地基经重锤表面夯实后，透水性有显著降低，可消除湿陷性，地基土密度增大，强度可提高 30%；对杂填土则可以减少其不均匀性，提高承载力。

1. 机具设备

（1）起重机械

起重机械可采用带有摩擦式卷扬机的履带式起重机、打桩机、龙门式起重机或悬臂式桅杆起重机等。起重机械的起重能力：如采用自动脱钩时，应大于夯锤质量的 1.5 倍；如直接用钢丝绳悬吊夯锤时，应大于夯锤质量的 3 倍。

（2）夯锤

夯锤形状宜为截头圆锥体，可用 C20 钢筋混凝土制作，其底部可填充废铁并设置钢底板以使重心降低。锤重宜为 1.5 ~ 3.0t，底直径为 1.0 ~ 1.5m，落距一般为 2.5 ~ 4.5m，锤底面单位静压力宜为 15 ~ 20kPa。吊钩宜采用半自动脱钩器，以减少吊索的磨损和机械振动。

2. 施工要点

①地基重锤夯实前应在现场进行试夯，选定夯锤质量、底面直径和落距，以便确定最后下沉量及相应的最少夯击遍数和总下沉量，最后下沉量是指最后两击的平均下沉量，对黏性土和湿陷性黄土取 10 ~ 20mm，对砂土取 5 ~ 10mm，以此作为控制停夯的标准。②采用重锤夯实分层填土地基时，每层的虚铺厚度以相当于锤底直径为宜，夯击遍数由试夯确定。③基坑的夯实范围应大于基础底面，每边应超出基础边缘 300mm 以上，以便于底面边角夯打密实。夯实前基坑（槽）底面应高出设计标高，预留土层的厚度一般为试夯时的总下沉量再加 50 ~ 100mm。④夯实时地基土的含水量应控制在最佳含水量范围以内。如果土的表层含水量过大，可采用铺撒吸水材料（如干土、碎砖、生石灰等）、换土或其他有效措施；如果含水量过低，应待水全部渗入土中一昼夜后方可夯击。⑤在大面积基坑或条形基槽内夯击时，应按一夯接一夯顺序进行。在一次循环中同一夯位应连夯两遍，下一循环的夯位，应与前一循环错开 1 / 2 锤底直径，落锤应平稳，夯位应准确。在独立柱基坑内夯击时，可采用先周边后中间或先外后里的跳打法进行。基坑（槽）底面标高不同时，应按先深后浅的顺序逐层夯击。⑥夯实完毕后，应将基坑（槽）表面修正至设计标高。保证地基在不冻的状态下进行夯击，否则应将冻土层挖去或将土层融化。若基坑挖好后不能立即夯实，应采取防冻措施。

3. 质量检查

重锤夯实完后应检查施工记录，除应符合试夯最后下沉量的规定外，还应检查基坑（槽）表面的总下沉量，以不小于试夯总下沉量的 90% 为合格；也可在地基上选点夯击，检查最后下沉量。检查点数的要求为：独立基础每个不少于 1 处；基槽每 20m 不少于 1 处；整片地基每 50m² 不少于 1 处。检查后如质量不合格，应进行补夯，直至合格为止。

（二）强夯地基

强夯法是用起重机械将大吨位夯锤起吊到高处，自由落下，对土体进行强力夯实，以提高地基强度，降低地基的压缩性，其影响深度一般在 10m 以上。强夯法是在重锤夯实法的基础上发展起来的，但在作用机理上，两者又有本质区别。强夯法是用很大的冲击能，使土中出现冲击波和很大的应力，迫使土中孔隙压缩，土体局部液化，夯击点周围产生裂隙，形成良好的排水通道，土体迅速固结。

强夯法适用于碎石土、砂土、低饱和度粉土、黏性土、湿陷性黄土、杂填土以及"围海造地"地基、工业废渣、垃圾地基等的处理；也可用于防止粉土及粉砂的液化，消除或降低大孔土的湿陷性等级；对于高饱和度淤泥、软黏土、泥炭、沼泽土，如采取一定技术措施也可采用，还可用于水下夯实。但对淤泥和淤泥质土地基，强夯处理效果不佳，应慎重。另外，强夯法施工时振动大、噪声大，对邻近建筑物的安全和居民的正常生活有一定影响，所以在城市市区或居民密集的地段不宜采用。

1. 机具设备

（1）起重机械

起重机宜选用起重能力为 150kN 以上的履带式起重机，也可采用专用三角起重架或龙门架做起重设备。起重机械的起重能力为：当直接用钢丝绳悬吊夯锤时，应大于夯锤的 3 ~ 4 倍；当采用自动脱钩装置，起重能力取大于 1.5 倍锤重。

（2）夯锤

夯锤可用钢材制作，或用钢板为外壳，内部焊接钢筋骨架后浇筑 C30 混凝土制成。夯锤底面有圆形和方形两种，圆形不易旋转，定位方便，稳定性和重合性好，应用较广。锤底面积取决于表层土质，对砂土一般为 3 ~ 4m^2，黏性土或淤泥质土不宜小于 6m^2。夯锤中宜设置若干个上下贯通的气孔，以减少夯击时空气阻力。

（3）脱钩装置

脱钩装置应具有足够强度，且施工灵活。常用的工地自制自动脱钩器由吊环、耳板、销环、吊钩等组成，系由钢板焊接制成。

2. 施工要点

（1）强夯处理地基的施工，应符合下列规定：

强夯夯锤质量宜为 10 ~ 60t，其底面形式宜采用圆形，锤底面积宜按土的性质确定，锤底静接地压力值宜为 25 ~ 80kPa，单击夯击能高时，取高值；单击夯击能低时，取低值，对于细颗粒土宜取低值。锤的底面宜对称设置若干个上下贯通的排气孔，孔径宜为 300 ~ 400mm

（2）强夯法施工可按下列步骤进行：

①清理并整平施工场地；②标出第一遍夯点位置，测量夯点地面高程；③夯机就位，起吊吊钩至设计落距高度，将吊钩牵引钢丝绳固定，锁定落距；④将夯锤平稳提起置于夯点位置，测量夯前锤顶高程；⑤起吊夯锤至预定高度，夯锤自动脱钩下落夯击夯点；⑥测量锤顶高程，记录夯坑下沉量；⑦重复步骤⑤~⑥，按设计的夯击数和控制标准，

完成一个夯点的夯击；⑧夯锤移位到下一个夯点，重复步骤②～⑤，完成第一遍全部夯点的夯击；⑨用推土机将夯坑填平或推平，用方格网测量场地高程，计算本遍场地夯沉量；⑩在规定的间歇时间后，按以上步骤完成全部夯击遍数；⑪满足间歇时间后，进行满夯施工。

（3）强夯置换法施工可按下列步骤进行：

①清理并平整施工场地，当表层土松软时，铺设一层厚度为 1.0～2.0m 的硬质粗粒料施工垫层；②标出第一遍夯点位置，用白灰撒出夯位轮廓线，并测量夯点地面高程；③夯机就位，起吊吊钩至设计落距高度，将吊钩牵引钢丝绳固定，锁定落距；④将夯锤平稳提起置于夯点位置，测量夯前锤顶高程；⑤起吊夯锤至预定高度，夯锤自动脱钩下落夯击夯点，并逐击记录夯坑深度。当夯坑过深发生提锤困难时停夯，向坑内填料至与坑顶齐平，记录填料数量并如此重复直至满足规定的夯击次数及控制标准，完成一个墩体的夯击。当夯点周围软土挤出，影响施工时，可随时清除，并在夯点周围铺垫碎石，继续施工；⑥按由内而外、隔行跳打原则，完成本遍全部夯点的施工；⑦用方格网测量场地高程，计算本遍场地抬升量。当抬升量超过场地设计标高时，应用推土机将超高的部分推除；⑧在规定的间隔时间后，按上述步骤完成下遍夯点的夯击。⑨强夯置换处理地基，必须通过现场试验确定其适用性和处理效果。

（4）满夯施工可按下列步骤进行：

①平整场地；②测量场地高程，放出一遍满夯基准线；③起重机就位，将夯锤置于基准线端；④按照夯印搭接 1/4 锤径的原则逐点夯击，完成规定的夯击数；⑤逐排夯击，完成一遍满夯，用方格网测量场地高程；⑥场地整平；⑦测量场地高程，放出二遍满夯基准线；⑧按以上步骤完成第二遍满夯；⑨平整场地（如果满夯为一遍完成，步骤⑦～⑨略去）。

（5）满夯整平后的场地应用压路机将虚土层碾压密实，并用方格网测量场地高程。

（6）采用真空降水时，真空泵排气量不应小于 100L/s，系统真空度应达到 65～90kPa，单级降水深度应达到 6～8m。每套系统所带的井管数量由设计真空度高低而定。埋设降水井管时，井孔深度应比井管深 0.5～0.6m，井管与井壁之间应及时用中粗砂回填灌实，并用黏土封孔口，防止漏气。

（7）降水联合低能级强夯法施工可按下列步骤进行：

①平整场地，安装设置降排水系统及封堵系统，并预埋孔隙水压力计和水位观测管，进行第一遍降水；②监测地下水位变化，当达到设计水位并稳定至少两天后，拆除场区内的降水设备，保留封堵系统，然后按夯点布点位置进行第一遍强夯；③一遍夯后即可插设降水管，安装降水设备，进行第二遍降水；④按照设计的强夯参数进行第二遍强夯施工；⑤重复步骤③、④，直至达到设计的强夯遍数；⑥全部夯击结束后，进行推平和碾压。

3. 施工质量检验及监测

（1）施工质量偏差控制应符合下列规定：

①夯点测量定位允许偏差 ±50mm；②夯锤就位允许偏差 ±150mm；③满夯后场地整平平整度允许偏差 ±100mm。

（2）施工过程中应有专人负责下列质量检验和监测工作强夯置换施工中可采用超重型或重型圆锥动力触探检测置换墩的着底情况。

（3）施工与竣工后的场地均应设置良好的排水系统，防止场地被雨水浸泡，并应符合下列规定：

①在夯区周围根据地形情况开挖截水沟或砌筑围堰，保证外围水不流入夯区内，在夯区内，规划排水沟和集水井。夯坑内有积水，可采用小水泵和软管及时将水抽排在夯区外；②当天打完的夯坑应及时回填，并整平压实；③当遇暴雨，夯坑积水，长期遭受雨水浸泡、冻融时，将会导致地基强度严重降低，丧失地基处理加固的效果。必须将水排除后，挖净坑底淤土，使其晾干或填入干土后方可继续夯击施工。

三、挤密地基

（一）砂石桩法

1. 一般规定

①砂石桩地基处理方法适用于挤密松散砂土、粉土、黏性土、素填土、杂填土等地基。②采用砂石桩处理地基应补充设计、施工所需的有关技术资料。对黏性土地基，应有地基土的不排水抗剪强度指标；对砂土和粉土地基应有地基土的天然孔隙比、相对密实度或标准贯入击数、砂石料特性、施工机具及性能等资料。③用砂石桩挤密素填土和杂填土等地基的设计及质量检验，应符合规范有关规定。

2. 施工要点

（1）沉管施工

①饱和黏性土地基上对变形控制不严的工程及以处理砂土液化为目的的工程，可采用沉管施工工艺。②沉管施工导致地面松动或隆起时，砂石桩施工标高应比基础底面高0.5～1m。③砂石桩的施工顺序，对砂土地基宜从外围或两侧向中间进行，对黏性土地基宜从中间向外围或隔排施工，以挤密为主的砂石桩同一排应间隔进行；在已有建（构）筑物邻近施工时，应背离建（构）筑物方向进行。④砂石桩沉管工艺有振动沉管法（简称振动法）和锤击沉管法（简称锤击法）两种。桩尖可采用混凝土预制桩尖或活瓣桩尖。将钢管沉至设计深度后，从进料口往桩管内灌入砂石，边振动边缓慢拔出桩管（锤击沉管采用边拔管边人工敲打管壁），或在振动拔管的过程中，每拔0.5m高停拔，振动20～30s，或将桩管压下然后再拔，以便将落入桩孔内的砂石压实成桩，并可使桩径扩大。⑤施工前应进行成桩挤密试验，桩数不少于3根，振动法应根据沉管和挤密情况，确定填砂量、提升速度、每次提升高度、挤压次数和时间、电机工作电流等，作为控制质量

标准，以保证挤密均匀和桩身的连续性。⑥灌料时，砂石含水量应加以控制，对饱和土层，砂可采用饱和状态；对非饱和土或杂填土，或能形成直立的桩孔壁的土层，含水量可采用7%～9%。⑦对灌料不足的砂石桩可采用全复打灌料。当采用局部复打灌料时，其复打深度应超过软塑土层底面1m以上。复打时，管壁上的泥土应清除干净，前后两次沉管的轴线应一致。

（2）取土施工

①该方法仅适用于微膨胀性土、黏性土、无地下水的粉土及层厚不超过1.5m的砂土地基。②成孔机就位，桩位偏差不大于50mm。③卷扬机提起取土器至一定高度，松开离合开关使取土器自由下落，然后提起取土器取出泥土。④重复本款第③项的取土过程至设计标高。⑤用不低于10kN的柱锤夯底，然后灌入砂石料，每灌入0.5m厚用锤夯实。

3. 质量检验

①施工前应检查砂石料的含泥量及有机质含量、样桩的位置。②施工中检查每根砂石桩的桩位、灌砂量、标高、垂直度等。③施工结束后，应检验被加固地基的强度或承载力。

（二）水泥粉煤灰碎石桩（CFG桩）法

水泥粉煤灰碎石桩（Cement Flyash Gravel pile），简称CFG桩，是近年发展起来的处理软弱地基的一种新方法。它是在碎石桩的基础上掺入适量石屑、粉煤灰和少量水泥，加水搅拌后制成具有一定强度的桩体，由桩、桩间土和褥垫层一起组成复合地基的地基处理方法。其骨料仍为碎石，用掺入石屑来改善颗粒级配；掺入粉煤灰来改善混合料的和易性，并利用其活性减少水泥用量；掺入少量水泥使其具一定黏结强度。它不同于碎石桩，碎石桩是由松散的碎石组成，在荷载作用下将会产生鼓胀变形，当桩间土为强度较低的软黏土时，桩体易产生鼓胀破坏，并且碎石桩仅在上部约3倍桩径长度的范围内传递荷载，超过此长度，增加桩的长度，承载力提高并不显著，故此碎石桩加固黏性土地基，承载力提高幅度不大（为20%～60%）。而CFG桩是一种低强度混凝土桩，可充分利用桩间土的承载力共同作用，并可传递荷载到深层地基中去，具有较好的技术性能和经济效果。

1. 一般规定

①水泥粉煤灰碎石桩法适用于处理黏性土、粉土、砂土和已自重固结的素填土等地基，对淤泥质土应按地区经验或通过现场试验确定其适用性。②水泥粉煤灰碎石桩应选择承载力相对较高的土层作为桩端持力层。③水泥粉煤灰碎石桩复合地基设计时应进行地基变形验算。

2. 施工要点

（1）振动沉管灌注成桩

①桩机就位须平整、稳固，沉管与地面保持垂直，如采用混凝土桩尖，须埋入地面以下300mm。②混合料配制：按经试配符合设计要求的配合比进行配料，用混凝土

搅拌机加水搅拌，搅拌时间不少于 2min，加水量由混合料坍落度控制，一般坍落度为 30 ～ 50mm。③在沉管过程中用料斗在管顶投料口向桩管内投料，待沉管至设计标高后须尽快投料，以保证成桩标高、密实度要求。④当混合料加至与钢管投料口齐平后，沉管在原地留振 10s 左右，即可边振边拔管，每提升 1.5 ～ 2.0m，留振 20s。桩管拔出地面确认成桩质量符合设计要求后，用粒状材料或黏土封顶。⑤沉管灌注成桩施工拔管速度应按匀速控制，拔管速度应控制在 1.2 ～ 1.5m／min，如遇淤泥土或淤泥质土，拔管速度可适当放慢。

（2）长螺旋钻孔压灌成桩

①桩机就位，调整沉管与地面垂直，垂直度偏差不大于 1.5%。②控制钻孔或沉管入土深度，确保桩长偏差在 ±100mm 范围内。③钻至设计标高后，停钻开始泵送混合料，当钻杆芯管内充满混合料后，边送料边开始提钻，提钻速率宜掌握在 2 ～ 3m／min，应保持孔内混合料高出钻头 0.5m。④管内泵压混合料成桩施工，应准确掌握提拔钻杆时间，混合料泵送量应与拔管速度相配合，遇到饱和砂土或饱和粉土层，不得停泵待料，严禁先提钻后泵料。⑤成桩过程应连续进行，尽量避免因待料而中断成桩，因特殊原因中断成桩，应避开饱和砂土、粉土层。⑥搅拌好的混合料通过溜槽注入到泵车储料斗时，须经一定尺寸的过滤栅，避免大粒径或片状石料进入储料斗，造成堵管现象。⑦为防止堵管，应及时清理混合料输送管。应及时检查输送管的接头是否牢靠、密封圈是否被破坏，钻头阀门及排气阀门是否堵塞。⑧长螺旋钻孔、管内泵压混合料成桩施工的坍落度宜为 160 ～ 200mm。

（3）施工时

桩顶标高应高出设计标高，高出长度应根据桩距、布桩形式、现场地质条件和施打顺序等综合确定，一般不应小于 0.5m。

（4）成桩过程中

抽样做混合料试块，每台机械每台班应做两组（3 块）试块（边长 150mm 立方体），标准养护，测定其立方体 28d 抗压强度。

（5）冬期施工时

混合料入孔温度不得低于 5℃，对桩头和桩间土应采取保温措施。

（6）褥垫层厚度宜为 150 ～ 300mm，出设计确定

施工时虚铺厚度（h）：$h=\Delta H/\lambda$（其中 λ 为夯填度），一般取 0.87 ～ 0.90。虚铺完成后宜采用静力压实法至设计厚度；当基础底面下桩间土的含水量较小时，也可采用动力夯实法。对较干的砂石材料，虚铺后可适当洒水再进行碾压或夯实。

3. 质量验收

①水泥、粉煤灰、砂石碎石等原材料应符合设计要求。②施工中应检查桩身混合料的配合比、坍落度和提拔钻杆速度（或提拔套管速度）、成孔深度、混合料灌入量等。③施工结束后，应对桩顶标高、桩位、桩体质量、地基承载力以及褥垫层的质量做检查。

（三）振冲法

振冲法又称振动水冲法，是以起重机吊起振冲器，启动潜水电机带动偏心块，使振动器产生高频振动，同时启动水泵，通过喷嘴喷射高压水流，在边振边冲的共同作用下，将振动器沉到土中的预定深度。经清孔后，从地面向孔内逐段填入碎石，使其在振动作用下被挤密实，达到要求的密实度后即可提升振动器。如此反复直至地面，在地基中形成一个大直径的密实桩体与原地基构成复合地基，提高地基承载力，减少沉降，是一种快速、经济有效的加固方法。

振冲法适用于处理砂土、粉土、粉质黏土、素填土和杂填土等地基。对于地基不排水抗剪强度不小于 20kPa 的饱和黏性土和饱和黄土地基，应在施工前通过现场试验确定其实用性。不加填料振冲加密适用于处理粘粒含量不大于 10% 的中砂、粗砂地基。

振冲法根据加固机理和效果可分为振冲置换法和振冲密实法两类。

1. 振冲置换法

振冲置换法是利用振冲器或沉桩机，在软弱黏性土地基中成孔，再在孔内分批填入碎石或卵石等材料制成桩体。桩体和原来的黏性土构成复合地基，从而提高地基承载力，减小压缩性。碎石桩的承载力和压缩量在很大程度上取决于周围软土对碎石桩的约束作用。如周围的土过于软弱，对碎石桩的约束作用就差。

2. 振冲密实法

振冲密实法是利用专门的振冲器械产生的重复水平振动和侧向挤压作用，使土体的结构逐步被破坏，孔隙水压力迅速增大。由于结构被破坏，土粒向低势能位置转移，使土体由松变密。振冲密实法适用于黏粒含量小于 10% 的粗砂、中砂地基。

四、地基局部处理

（一）松土坑的处理

当松土坑的范围较小（在基槽范围内）时，可将坑中松软土挖除，使坑底及坑壁均见天然土为止，然后采用与天然土压缩性相近的材料回填。例如：当天然土为砂土时，用砂或级配砂石分层夯实回填；当天然土为较密实的黏性土时，用 3：7 灰土分层夯实回填；如为中密可塑的黏性土或新近沉积黏性土时，可用 1：9 或 2：8 灰土分层夯实回填。每层回填厚度不大于 200mm。

当松土坑的范围较大（超过基槽边沿）或因各种条件限制，槽壁挖不到天然土层时，则应将该范围内的基槽适当加宽，采用与天然土压缩性相近的材料回填。如用砂土或砂石回填时，基槽每边均应按 1：1 坡度放宽；如用 1：9 或 2：8 灰土回填时，基槽每边均应按 0.5：1 坡度放宽；用 3：7 灰土回填时，如坑的长度不大于 2m，基槽可不放宽，但灰土与槽松土坑在基槽内所占的长度超过 5m 时，将坑内软弱土挖去，如坑底土质与一般槽底土质相同，也可将此部分基础落深，做 1：2 踏步与两端相接，每步高度不大于 0.5m、长度不小于 1.0m。

如深度较大时，用灰土分层回填至基槽底标高。对于较深的松土坑（如深度大于槽宽或大于 1.5m 时），槽底处理后，还应适当考虑加强上部结构的强度和刚度，以抵抗由于可能发生的不均匀沉降而引起的应力。常用的加强方法是：在灰土基础上 1 ~ 2 皮砖处（或混凝土基础内）、防潮层下 1 ~ 2 皮砖处及首层顶板处各配置 3 ~ 4 根直径为 8 ~ 12mm 的钢筋，跨过该松土坑两端各 1m。

松土坑埋藏深度很大时，也可部分挖除松土（一般深度不小于槽宽的 2 倍），分层夯实回填，并加强上部结构的强度和刚度；或改变基础形式，如采用梁板式跨越松土坑、桩基础穿透松土坑等方法。

当地下水位较高时，可将坑中软弱的松土挖去后，用砂土、碎石或混凝土分层回填。

（二）砖井或土井的处理

当井内有水并且在基础附近时，可将水位降低到可能程度，用中、粗砂及块石、卵石等夯填至地下水位以上 500mm。如有砖砌井圈时，应将砖砌井圈拆除至坑（槽）底以下 1m 或更多些，然后用素土或灰土分层夯实回填至基底（或地坪底）。

当枯井在室外，距基础边沿 5m 以内时，先用素土分层夯实回填至室外地坪下 1.5m 处，将井壁四周砖圈拆除或松软部分挖去，然后用素土或灰土分层夯实回填。

当枯井在基础下（条形基础 3 倍宽度或柱基 2 倍宽度范围内），先用素土分层夯实回填至基础底面下 2m 处，将井壁四周松软部分挖去，有砖井圈时，将砖井圈拆除至槽底以下 1 ~ 1.5m，然后用素土或灰土分层夯实回填至基底。当井内有水时按上述方法处理。

当井在基础转角处，若基础压在井上部分不多，除用以上方法回填处理外，还应对基础加强处理，如在上部设钢筋混凝土板跨越或采用从基础中挑梁的办法解决；若基础压在井上部分较多，用挑梁的办法较困难或不经济时，可将基础沿墙长方向向外延长出去，使延长部分落在天然土上，并使落在天然土上的基础总面积不小于井圈范围内原有基础的面积，同时在墙内适当配筋或用钢筋混凝土梁加强。

当井已淤填，但不密实时，可用大块石将下面软土挤密，再用上述方法回填处理。若井内不能夯填密实，可在井内设灰土挤密桩或在砖井圈上加钢筋混凝土盖封口，上部再回填处理。

（三）局部软硬土的处理

当基础下局部遇基岩、旧墙基、老灰土、大块石、大树根或构筑物等，均应尽可能挖除，采用与其他部分压缩性相近的材料分层夯实回填，以防建筑物由于局部落于较硬物上造成不均匀沉降而使建筑物开裂；或将坚硬物凿去 300 ~ 500mm 深，再回填土砂混合物夯实。

当基础一部分落于基岩或硬土层上、一部分落于软弱土层上时，应将基础以下基岩或硬土层挖去 300 ~ 500mm 深，填以中、粗砂或土砂混合物做垫层，使之能调整岩土交界处地基的相对变形，避免应力集中出现裂缝；或加强基础和上部结构的刚度来克服地基的不均匀变形。

第二节　浅基础与桩基础

一、浅基础

基础是建筑物埋在地面以下的承重构件，用以承受建筑物的全部荷载，并将这些荷载及其自重一起传给下面的地基。基础是建筑的重要组成部分，因此基础应满足以下要求：①强度要求；②耐久性要求；③经济性要求。

建筑物室外设计地坪至基础底面的垂直距离，称基础埋深。其中埋置深度在 5m 以内，或者基础埋深小于基础宽度的基础称为浅基础。

浅基础根据使用材料性能不同可分为无筋扩展基础（刚性基础）和扩展基础（柔性基础）。

（一）无筋扩展基础

无筋扩展基础是指用砖、石、混凝土、灰土、三合土等材料组成的，且不须配置钢筋的墙下条形基础或柱下独立基础。这种基础的特点是抗压性能好，整体性、抗拉性能、抗弯性能、抗剪性能差。它适用于地基坚实、均匀，上部荷载较小，六层和六层以下（三合土基础不宜基础埋深超过四层）的一般民用建筑和墙承重的轻型厂房。

无筋扩展基础的截面形式有矩形、阶梯形、锥形等墙下及柱下基础截面形式。

为保证无筋扩展基础内的拉应力及剪应力不超过基础的允许抗拉、抗剪强度，一般基础的刚性角及台阶宽高比应满足设计及施工规范要求。

1. 砖基础

用于基础的砖，其强度等级应在 MU7.5 以上，砂浆强度等级一般应不低于 M5。基础墙的下部要做成阶梯形。这种逐级放大的台阶形式习惯上称之为大放脚，其具体砌法有两皮一收和二一间隔收两种。

基础施工前，应先行验槽并将地基表面的浮土及垃圾清除干净。在主要轴线部位设置引桩控制轴线位置，并以此放出墙身轴线和基础边线。在基础转角、交接及高低踏步处应预先立好皮数杆。基础底标高不同时，应从低处砌起，并由高处向低处搭接。砖砌大放脚通常采用一顺一丁砌筑方式，最下一皮砖以丁砌为主。水平灰缝和竖向灰缝的厚度应控制在 10mm 左右，砂浆饱满度不得小于 80%，错缝搭接，在丁字及十字接头处要隔皮砌通。

2. 混凝土基础

混凝土基础也称为素混凝土基础，它具有整体性好、强度高、耐水等优点。按截面形式可分为矩形截面和锥形截面。

3. 毛石基础

毛石基础采用不小于 M5 砂浆砌筑，其断面多为阶梯形。基础墙的顶部要比墙或柱身每侧各宽 100mm 以上，基础墙的厚度和每个台阶的高度不应该小于 400mm，每个台阶挑出宽度不应大于 200mm。

毛石基础砌筑时，第一皮石块应坐浆，并大面向下。砌体应分皮卧砌、上下错缝、内外搭接，按规定设置拉结石，不得采用先砌外边后填心的砌筑方法。阶梯处，上阶的石块应至少压下阶石块的 1／2。石块间较大的空隙应填塞砂浆后用碎石嵌实，不得采用先放碎石后灌浆或干填碎石的方法。

（二）浅埋式钢筋混凝土基础

1. 条形基础

条形基础是指基础长度远远大于宽度的一种基础形式。按上部结构分为墙下条形基础和柱下条形基础。基础的长度大于或等于 10 倍基础的宽度。条形基础的特点是，布置在一条轴线上且与两条以上轴线相交，有时也和独立基础相连，但截面尺寸与配筋不尽相同。另外横向配筋为主要受力钢筋，纵向配筋为次要受力钢筋或者是分布钢筋。主要受力钢筋布置在下面。条形基础的抗弯和抗剪性能良好，可在竖向荷载较大、地基承载力不高的情况下采用，因为高度不受台阶宽高比的限制，故适宜于"宽基浅埋"的场合下使用，其横断面一般呈倒 T 形。

（1）构造要求

①锥形基础（条形基础）边缘高度 A 不宜小于 200mm；阶梯形基础的每阶高度宜为 300～500mm。②垫层厚度一般为 100mm，混凝土强度等级为 C10，基础混凝土强度等级不宜低于 C15。③底板受力钢筋的最小直径不宜小于 8mm，间距不宜大于 200mm。当有垫层时钢筋保护层的厚度不宜小于 35mm，无垫层时不小于 70mm。④插筋的数目与直径应与柱内纵向受力钢筋相同。

（2）施工要点

①基坑（槽）应进行验槽，局部软弱土层应挖去，用灰土或砂砾分层回填夯实至基底相平。基坑（槽）内浮土、积水、淤泥、垃圾、杂物应清除干净。验槽后地基混凝土应立即浇筑，以免地基土被扰动。②垫层达到一定强度后，在其上弹线、支模。铺放钢筋网片时底部用与混凝土保护层同厚度的水泥砂浆垫塞，以保证位置正确。③在浇筑混凝土前，应清除模板上的垃圾、泥土和钢筋上的油污等杂物，模板应浇水加以湿润。④基础混凝土宜分层连续浇筑完成。阶梯形基础的每一台阶高度内应分层浇捣，每浇筑完一台阶应稍停 0.5～1.0h，待其初步获得沉实后，再浇筑上层，以防止下台阶混凝土溢出、在上台阶根部出现烂脖子，台阶表面应基本抹平。⑤锥形基础的斜面部分模板应随混凝土浇捣分段支设并顶压紧，以防模板上浮变形，边角处的混凝土应注意捣实。严禁斜面部分不支模，用铁锹拍实。

2. 杯形基础

当采用装配式钢筋混凝土柱时，在基础中应预留安放柱子的孔洞，孔洞的尺寸应比柱子断面尺寸大一些。柱子放入孔洞后，柱子插入杯口部分的表面应凿毛，柱子与杯口之间的空隙应用细石混凝土（比基础混凝土强度高一级）充填密实，这种基础称为杯形基础。

杯形基础根据基础本身的高低和形状分为两种：一种叫普通杯口基础；另一种叫高杯口基础。一般高杯口基础用于基础埋深较大的情况。

（1）构造要求

①柱的插入深度应满足锚固长度的要求（一般为20倍纵向受力钢筋直径）和吊装时柱的稳定性(不小于吊装时柱长的0.05倍)的要求。②预制钢筋混凝土柱（包括双肢柱）和高杯口基础的连接与一般杯口基础构造相同。

（2）施工要点

杯形基础除参照板式基础的施工要点外，还应注意以下几点：

①混凝土应按台阶分层浇筑，对高杯口基础的高台阶部分按整段分层浇筑。②杯口模板可做成二半式的定型模板，中间各加一块楔形板，拆模时，先取出楔形板，然后分别将两半杯口模板取出。为便于周转宜做成工具式的，支模时杯口模板要固定牢固并压浆。③浇筑杯口混凝土时，应注意四侧要对称均匀进行，避免将杯口模板挤向一侧。④施工时应先浇筑杯底混凝土并振实，注意在杯底一般有50mm厚的细石混凝土找平层，应仔细留出。待杯底混凝土沉实后，再浇筑杯口四周混凝土。基础浇捣完毕，在混凝土初凝后终凝前将杯口模板取出，并将杯口内侧表面混凝土凿毛。⑤施工高杯口基础时，可采用后安装杯口模板的方法施工，即当混凝土浇捣接近杯口底时，再安装固定杯口模板，继续浇筑杯口四周混凝土。

3. 筏形基础

当建筑物上部荷载较大而地基承载能力又比较弱时，用简单的独立基础或条形基础已不能适应地基变形的需要，这时常将墙或柱下基础连成一片，使整个建筑物的荷载承受在一块整板上，这种满堂式的板式基础称筏形基础。筏形基础由于其底面积大，故可减小基底压强，同时也可提高地基土的承载力，并能更有效地增强基础的整体性，调整不均匀沉降。

筏形基础是由整板式钢筋混凝土板或由钢筋混凝土底板、梁整体两种类型组成，适用于有地下室或地基承载能力较低而上部荷载较大的基础。筏形基础在外形和构造上如倒置的钢筋混凝土楼盖，分为梁板式和平板式两类。

（1）构造要求

①混凝土强度等级不宜低于C20，钢筋无特殊要求，钢筋保护层厚度不少于35mm。②基础平面布置应尽量对称，以减小基础荷载的偏心距。底板厚度不宜少于200mm，梁的截面积和板厚按计算确定，梁顶高于底板顶面不小于300mm，梁宽不小于250mm。③底板下一般宜设厚度为100mm的C10混凝土垫层，每边伸出基础底板不

小于 100mm。

（2）施工要点

①施工前，如地下水位较高，可采用人工降低地下水位至基坑底不少于 500mm，以保证在无水情况下进行基坑开挖和基础施工。②施工时，可采用先在垫层上绑扎底板、梁的钢筋和柱子锚固插筋，浇筑底板混凝土，待达到 25% 的设计强度后，再在底板上支设梁模板，继续浇筑完梁部分的混凝土；也可采用底板和梁模板一次同时支好，混凝土一次连续浇筑完成，梁的侧模板采用支架支承并固定牢固。③混凝土浇筑时一般不留施工缝，必须留设时，应按施工缝要求处理，并应设置止水带。④基础浇筑完毕，表面应覆盖和洒水养护，并防止地基被水浸泡。

4. 箱形基础

箱形基础是由钢筋混凝土的底板、顶板和若干纵横墙组成的，形成中空箱体的整体结构，共同来承受上部结构的荷载。箱形基础整体空间刚度大，对抵抗地基的不均匀沉降有利，一般适用于高层建筑或在软弱地基上造的上部荷载较大的建筑物。当基础的中空部分尺寸较大时，可用作地下室。

（1）构造要求

①箱形基础在平面布置上尽可能对称，以减少荷载的偏心距，防止基础过度倾斜。②混凝土强度等级不应低于 C20，基础高度一般取建筑物高度的 1 / 12 ～ 1 / 8，不宜小于箱形基础长度的 1 / 18 ～ 1 / 16，并且不小于 3m。③底、顶板的厚度应满足柱或墙冲切验算要求，并根据实际受力情况通过计算确定。底板厚度一般取隔墙间距的 1 / 10 ～ 1 / 8，为 300 ～ 1000mm，顶板厚度为 200 ～ 400mm，内墙厚度不宜小于 200mm，外墙厚度不小于 250mm。④为保证箱形基础的整体刚度，平均每平方米基础面积上墙体长度应不小于 400mm，或墙体水平截面不小于基础面积的 1 / 10，其中纵墙配置量不小于墙体总配置量的 3 / 5。

（2）施工要点

①基坑开挖，如果地下水较高，应采取措施降低地下水位至基坑底以下 500mm 处，并尽量减少对基坑底土的扰动。当采用机械开挖基坑时，在基坑底面以上 200 ～ 400mm 厚的土层，应采用人工挖除并清理，基坑验槽后，应立即进行基础施工。②施工时，基础底板、内外墙和顶板的支模、钢筋绑扎和混凝土浇筑，可采取分块进行的方法，其施工缝的留设位置和处理应符合钢筋混凝土工程施工及验收规范有关要求，外墙接缝应设止水带。③基础的底板、内外墙和顶板宜连续浇筑完毕。为防止出现温度收缩裂缝，一般应设置贯通后浇带，带宽不宜小于 800mm，在后浇带处钢筋应贯通，顶板浇筑后，相隔 2 ～ 4 周，用比设计强度提高一级的细石混凝土将后浇带填灌密实，并加强养护。④基础施工完毕，应立即进行回填土。停止降水时，应验算基础的抗浮稳定性，抗浮稳定系数不宜小于 1.2，如不能满足时，应采取有效措施，如继续抽水直至上部结构荷载加上后能满足抗浮稳定系数要求为止，或在基础内采取灌水或加重物等，防止基础上浮或倾斜。

二、桩基础

桩基础是一种常用的深基础形式，当地基浅层土质不良，采用浅基础无法满足结构物地基强度、变形及稳定性方面的要求，且又不适宜采取地基处理措施时，往往需要考虑桩基础。

（一）桩基础的作用及分类

1. 桩基础的作用

桩基由置于土中的桩身和承接上部结构的承台两部分组成。桩基的主要作用是将上部结构的荷载通过桩身与桩端传递到深处承载力较大的土层上，或使软弱土层挤压，以提高土壤的承载力和密实度，从而保证建筑物的稳定性并减少地基沉降。

绝大多数桩基的桩数不止一根，而将各根桩在上端（桩顶）通过承台连成一体。根据承台与地面的相对位置不同，一般有低承台桩基与高承台桩基之分。前者的承台底面位于地面以下，而后者则高出地面以上。一般说来，采用高承台桩基主要是为了减少水下施工作业和节省基础材料，常用于桥梁和港口工程中。而低承台桩基承受荷载的条件比高承台桩基好，特别是在水平荷载作用下，承台周围的土体可以发挥一定的作用。

在一般房屋和构筑物中，大都使用低承台桩基。

2. 桩基础的分类

（1）按承载性质分

①摩擦型桩

摩擦型桩又可分为摩擦桩和端承摩擦桩。摩擦桩是指在极限承载力状态下，桩顶荷载由桩侧阻力承受的桩；端承摩擦桩是指在极限承载力状态下，桩顶荷载由桩侧及桩尖共同承受的桩。

②端承型桩

端承型桩又可分为端承桩和摩擦端承桩。端承桩是指在极限承载力状态，桩顶荷载由桩端阻力承受的桩；摩擦端承桩是指在极限承载力状态下，桩顶荷载主要由桩端阻力承受的桩。

（2）按桩的使用功能分

竖向抗压桩、竖向抗拔桩、水平受荷载桩、复合受荷载桩。

（3）按桩身材料分

混凝土桩、钢桩、组合材料桩。

（4）按成桩方法分

非挤土桩（如干作业法桩、泥浆护壁法桩、挤土灌注桩、套筒护壁法桩）、部分挤土桩（如部分预钻孔打入式预制桩等）、挤土桩（如挤土灌注桩、挤土预制桩等）。

（5）按桩制作工艺分

预制桩和现场灌注桩，现在使用较多的是现场灌注桩。

（二）预制钢筋混凝土桩

钢筋混凝土预制桩是在预制构件厂或施工现场预制，用沉桩设备在设计位置上将其沉入土中。特点是坚固耐久，不受地下水或潮湿环境影响，能承受较大荷载，施工机械化程度高，进度快，能适应不同土层施工。

钢筋混凝土实心桩断面一般呈方形。桩身截面一般沿桩长不变。实心方桩截面尺寸一般为200mm×200mm～600mm×600mm。截面边长不宜小于200mm。预应力混凝土预制桩的截面边长不宜小于300mm。限于桩架高度，现场预制桩的长度一般在27m以内。限于运输条件，工厂预制桩桩长一般不超过12m，否则应分节预制，然后在打桩过程中予以接长。接头不宜超过2个。

混凝土管桩为中空，一般在预制厂用离心法成型，常用桩径（即外径）为 $\phi300mm$、$\phi400mm$、$\phi500mm$。

1. 桩的制作、起吊、运输和堆放

（1）桩的制作

管桩及长度在10m以内的方桩在预制厂制作，较长的方桩在打桩现场制作。

现场预制钢筋混凝土桩工艺流程：现场制作场地压实、整平→场地地坪浇筑→支模→扎钢筋→浇混凝土→养护至30%强度拆模→支间隔端头模板、刷隔离剂、绑钢筋→浇间隔桩混凝土→制作第二层桩→养护至70%强度起吊→达100%强度后运输、堆放。

钢筋混凝土实心桩所用混凝土的强度等级不宜低于C30（30N／mm²）。预应力混凝土桩所用混凝土的强度等级不宜低于C40，主筋根据桩断面大小及吊装验算确定，一般为4～8根，直径12～25mm，箍筋直径为6～8mm，间距不大于200mm，打入桩桩顶2～3d长度范围内箍筋应加密，并设置钢筋网片。桩尖处可将主筋合拢焊在桩尖辅助钢筋上，在密实砂和碎石类土中，可在桩尖处包以钢板桩靴，加强桩尖。

浇筑混凝土时，应注意浇筑且由桩顶向桩尖连续进行，严禁中断。

桩中的钢筋应严格保证位置的正确，桩尖应对准纵轴线，钢筋骨架主筋连接宜采用对焊或电弧焊，主筋接头配置在同一截面内的数量不得超过50%，相邻两根主筋接头截面的距离应不大于35d（主筋直径），且不小于500mm。桩顶1m范围内不应有接头。

（2）桩的起吊、运输和堆放

打桩前，桩从制作处运到现场，并应根据打桩顺序随打随运。桩的运输方式，在运距不大时，可用起重机吊运；当运距较大时，可采用轻便轨道小平台车运输。严禁在场地上直接推拉桩体。

钢筋混凝土预制桩在混凝土达到设计强度的70%方可起吊；达到设计强度的100%才能运输和打桩。

桩在起吊和搬运时，吊点应符合设计规定。吊点位置的选择随桩长而异，节长小于等于20m时宜采用两点捆绑法，大于20m时采用四吊点法。钢丝绳与桩之间应加衬垫，以免损坏棱角。起吊时应平稳提升，吊点同时离地。经过搬运的桩，还应进行质量检验。

桩在施工现场的堆放场地必须平整、坚实。堆放时应设垫木，垫木的位置与吊点位

置相同，各层垫木应上、下对齐，堆放层数不宜超过 4 层。打桩前的准备工作：清除障碍，包括高空、地上、地下的障碍物；整平场地，在建筑物基线以外 4 ~ 6m 范围内的整个区域，或桩机进出场地及移动路线上打桩试验，了解桩的沉入时间、最终沉入度、持力层的强度、桩的承载力等抄平放线，在打桩现场设置水准点（至少 2 个），用作抄平场地标高和检查桩的入土深度，按设计图纸要求定出桩基础轴线和每个桩位检查桩的质量，不合格的桩不能运至打桩现场。检查打桩机设备及起重工具；铺设水电管网，进行设备架立组装和试打桩；准备好桩基工程沉桩记录和隐蔽工程验收记录表格，并安排好记录和监理人员等。

2. 锤击沉桩施工

锤击沉桩是利用桩锤下落时的瞬时冲击机械能，克服土体对桩的阻力，使其静力平衡状态遭到破坏，导致桩体下沉，达到新的静压平衡状态，如此反复地锤击桩头，桩身也就不断地下沉。锤击沉桩是预制桩最常用的沉桩方法。该法施工速度快、机械化程度高、适应范围广、现场文明程度高，但施工时有挤土、噪声和振动等公害，对城市中心和夜间施工有所限制。

（1）打桩设备

打桩设备主要有桩锤、桩架和动力装置三部分。

桩锤是对桩施加冲击，将桩打入土中的主要机具。桩锤主要有落锤、蒸汽锤、柴油锤和液压锤，目前应用最多的是柴油锤。桩锤应根据地质条件、桩的类型、桩的长度、桩身结构强度、桩群密集程度以及施工条件等因素来确定，其中尤以地质条件影响最大。

当桩锤重大于桩重的 1.5 ~ 2 倍时，沉桩效果较好。

桩架的作用是使吊装就位、悬吊桩锤和支撑桩身，并在打桩过程中引导桩锤和桩的方向。桩架的选择应考虑桩锤的类型、桩的长度和施工条件等因素。常用的桩架形式有滚筒式桩架、多功能桩架、履带式桩架三种。

动力装置的配置取决于所选的桩锤。当选用蒸汽锤时，则须配备蒸汽锅炉和卷扬机。

（2）打桩顺序

打桩顺序合理与否，会直接影响打桩速度、打桩质量及周围环境。当桩距小于 4 倍桩的边长或桩径时，打桩顺序尤为重要。打桩顺序影响挤土方向。打桩向哪个方向推进，则向哪个方向挤土。根据桩群的密集程度，可选用下述打桩顺序：由一侧向单一方向进行；自中间向两个方向对称进行；自中间向四周进行。第一种打桩顺序，打桩推进方向宜逐排改变，以免土朝一个方向挤压而导致土壤挤压不均匀，对于同一排桩，必要时还可采用间隔跳打的方式。对于密集桩群，应采用自中间向两个方向或向四周对称施打的顺序。当一侧毗邻建筑物或有其他须保护的地下、地面构筑物、管线等时，应由毗邻建筑物处向另一方向施打。

此外，根据桩及基础的设计标高，打桩宜先深后浅；根据桩的规格，则宜先大后小、先长后短。这样可避免后施工的桩对先施工的桩产生挤压而发生桩位偏斜。

（3）打桩方法

打桩机就位后，将桩锤和桩帽吊起，然后吊桩并送至导杆内，垂直对准桩位缓缓送下插入土中，桩插入时的垂直度偏差不得超过 0.5%。桩插入土后即可固定桩帽和桩锤，使桩、桩帽、桩锤在同一铅垂线上，确保桩能垂直下沉。在桩锤和桩帽之间应加弹性衬垫，如硬木、麻袋、草垫等；桩帽和桩顶周围应有 5 ~ 10mm 的间隙，以防损伤桩顶。

打桩开始时，锤的落距应较小，待桩入土至一定深度且稳定后，再按要求的落距锤击。用落锤或单动汽锤打桩时，最大落距不宜大于 1m，用柴油锤时，应使锤跳动正常。在打桩过程中，遇有贯入度剧变、桩身突然发生倾斜、移位或有严重回弹、桩顶或桩身出现严重裂缝或破碎等异常情况时，应暂停打桩，及时研究处理。如桩顶标高低于自然土面，则须用送桩管将桩送入土中时，桩与送桩管的纵轴线应在同一直线上，拔出送桩管后，桩孔应及时回填或加盖。

（4）接桩方法

混凝土预制桩的接桩方法有焊接、法兰接及硫磺胶泥锚接三种，前二种可用于各类土层；硫磺胶泥锚接适用于软土层，且对一级建筑桩基、承受拔力以及抗震设防地区的桩宜慎重选用。目前焊接接桩应用最多。焊接接桩的钢板宜用低碳钢，焊条宜用 E43。接桩时预埋铁件表面应清洁，上、下节桩之间如有间隙应用铁片填实焊牢，焊接时焊缝应连续饱满，并采取措施减少焊接变形。接桩时，上、下节桩的中心线偏差不得大于 10mm，节点弯曲矢高不得大于 1 桩长。焊接时，应先将四角点焊固定，然后对称焊接，并确保焊缝质量和设计尺寸。在焊接后应使焊缝在自然条件下冷却 10min 后方可继续沉桩。

（5）停打原则

桩端（指桩的全断面）位于一般土层时（摩擦型桩），以控制桩端设计标高为主，贯入度可做参考；桩端达到坚硬、硬塑的黏性土、中密以上粉土、砂土、碎石类土、风化岩时（端承型桩），以贯入度控制为主，桩端标高可做参考。测量最后贯入度应在下列正常条件下进行：桩顶没有破坏；锤击没有偏心；锤的落距符合规定；桩帽和弹性垫层正常；汽锤的蒸汽压力符合规定。

3. 静力压桩施工

静力压桩是利用静压力将桩压入土中，施工中虽仍然存在挤土效应，但没有振动和噪声。静力压桩适用于软弱土层，当存在厚度大于 2m 的中密以上砂夹层时，不宜采用静力压桩。这种沉桩方法无振动、无噪声，对周围环境影响小，适合在城市中施工。

静力压桩机有顶压式、箍压式和前压式三种类型。

（1）静力压桩的施工流程

场地清理→测量定位→尖桩就位、对中、调直→压桩→接桩→再压桩→截桩。

（2）压桩方法

用起重机将预制桩吊运或用汽车运至桩机附近，再利用桩机自身设置的起重机将其吊入夹持器中，夹持油缸将桩从侧面夹紧，压桩油缸做伸程动作，把桩压入土层中。伸长完后，夹持油缸回程松夹，压桩油缸回程，重复上述动作，可实现连续压桩操作，直至把桩压入预定深度土层中。

（3）接桩方法

钢筋混凝土预制长桩在起吊、运输时受力极为不利，因而一般先将长桩分段预制，后再在沉桩过程中接长。常用的接头连接方法有以下两种：①浆锚接头，它是用硫磺水泥或环氧树脂配制成的黏结剂，把上段桩的预留插筋黏结于下段桩的预留孔内。②焊接接头。在每段桩的端部预埋角钢或钢板，施工时与上下段桩身相接触，用扁钢贴焊连成整体。

4. 桩头处理

在打完各种预制桩开挖基坑时，按设计要求的桩顶标高将桩头多余的部分截去。截桩头时不能破坏桩身，要保证桩身的主筋伸入承台，长度应符合设计要求。当桩顶标高在设计标高以下时，在桩位上挖成喇叭口，凿掉桩头混凝土，剥出主筋并焊接接长至设计要求长度，与承台钢筋绑扎在一起，用桩身同强度等级的混凝土与承台一起浇筑接长桩身。

第三章 砌筑工程

第一节 砌筑材料

砌体工程所使用的材料包括块材与砂浆。砂浆通过胶结作用将块材结合形成砌体，以满足正常使用要求及承受结构的各种荷载。可以说，块材与砂浆的质量对砌体质量具有重要的决定意义。

一、块材

块材分为砖、砌块与石块三大类。

（一）砖

根据使用材料和制作方法的不同，砌筑用砖分为以下几种类型。

1. 烧结普通砖

烧结普通砖是以黏土、页岩、煤矸石和粉煤灰为主要原料，经过焙烧而成的实心或孔洞率不大于 15% 的砖。

烧结普通砖外形为直角六面体，其规格为 240mm×115mm×53mm（长 × 宽 × 高），即 4 块砖长加上 4 个灰缝，8 块砖宽加上 8 个灰缝，16 块砖厚加上 16 个灰缝（简称 4 顺、8 丁、16 线），均为 1m。

烧结普通砖的强度等级可以分为 MU30，MU25，MU20，MU15，MU10。

2. 烧结多孔砖

烧结多孔砖是以黏土、页岩、煤矸石等为主要原料，经过焙烧而成的承重多孔砖。

烧结多孔砖根据其形状可分为方形多孔砖、矩形多孔砖，其规格有 190mm×190mm×90mm 和 240mm×115mm×90mm 两种。

烧结多孔砖根据抗压强度、变异系数分为 MU30，MU25，MU20，MU15，MU10 五个强度等级。

3. 烧结空心砖

烧结空心砖是以黏土、页岩、煤矸石等为主要材料，经焙烧而成的空心砖。

烧结空心砖的长度有 240mm，290mm，宽度有 140mm，180mm，190mm，高度有 90mm，115mm。

烧结空心砖强度等级较低分为 MU5，MU3，MU2，因而一般用于非承重墙体。

4. 煤渣砖

煤渣砖是以煤渣为主要原料，掺入适量石灰、石膏，经混合、压制成型，再经蒸养或蒸压而成的实心砖。

煤渣砖的规格为 240mm×115mm×53mm（长×宽×高）。

根据抗压强度和抗折强度的不同，煤渣砖分为 MU20，MU15，MU10，MU7.5 四个强度等级。

（二）砌块

砌块代替黏土砖作为建筑物墙体材料，是墙体改革的一个重要途径。砌块是以天然材料或工业废料为原材料制作的，它的主要特点是施工方法非常简便，改变了手工砌砖的落后方式，减轻了工人的劳动强度，提高了生产效率。砌块大致分为以下几类。

砌块按使用目的可以分为承重砌块与非承重砌块（包括隔墙砌块和保温砌块）：①按是否有孔洞可以分为实心砌块与空心砌块（包括单排孔砌块和多排孔砌块）；②按砌块大小可以分为小型砌块（块材高度小于 380mm）和中型砌块（块材高度 380～940mm）；③按使用的原材料可以分为普通混凝土砌块、粉煤灰硅酸盐砌块、煤矸石混凝土砌块、浮石混凝土砌块、火山渣混凝土砌块、蒸压加气混凝土砌块等。

1. 普通混凝土小型空心砌块

普通混凝土小型空心砌块是以水泥、砂、碎石或卵石、水为原料制成的。

普通混凝土小型空心砌块主规格尺寸为 390mm×190mm×190mm，有两个方孔，最小外壁厚度应不小于 30mm，最小肋厚应不小于 25mm，空心率应不小于 25%。

普通混凝土小型空心砌块按其强度分为 MU20，MU15，MU10，MU7.5，MU5，MU3.5 六个强度等级。

2. 轻集料混凝土小型空心砌块

轻集料混凝土小型空心砌块是以水泥、轻集料、砂、水等预制而成的。其中轻集料品种包括粉煤灰、煤矸石、浮石、火山渣以及各种陶粒等。

3. 加气混凝土砌块

加气混凝土砌块是以水泥、矿渣、砂、石灰等为主要原料，加入发气剂，经搅拌成型、蒸压养护而成的实心砌块。

（三）石块

砌筑用石有毛石和料石两类。

毛石又分为乱毛石和平毛石。乱毛石是指形状不规则的石块；平毛石是指形状不规则、但有两个平面大致平行的石块。毛石的中部厚度不宜小于 150mm。

料石按其加工面的平整度分为细料石、粗料石和毛料石 3 种。料石的宽度、厚度均不宜小于 200mm，长度不宜大于厚度的 4 倍。

因石材的大小和规格不一，通常用边长为 70mm 的立方体试块进行抗压试验，取 3 个试块破坏强度的平均值作为确定石材强度等级的依据。石材的强度等级划分为MU100，MU80，MU60，MLT50，MU40，MU30，MU20，MU15 和 MU10。

二、砂浆

（一）原材料要求

1. 水泥

水泥的强度等级应根据设计要求进行选择。水泥砂浆采用的水泥，其强度等级不宜大于 32.5 级；水泥混合砂浆采用的水泥，其强度等级不宜大于 42.5 级。

水泥进场使用前，应分批对其强度、安定性进行复验。检验批应以同一生产厂家、同一编号为一批。当在使用过程中对水泥质量有怀疑或水泥出厂超过 3 个月（快硬硅酸盐水泥超过 1 个月）时，应复验试验，并按其结果使用。

不同品种的水泥，不得混合使用。

2. 砂

砂宜采用中砂，其中毛石砌体宜用粗砂。

砂浆用砂不得含有有害杂物。砂的含泥量：对水泥砂浆和强度等级不小于 M5 的水泥混合砂浆，不应超过 5%；对强度等级小于 M5 的水泥混合砂浆，不应超过 10%。

3. 水

拌制砂浆必须采用不含有害物质的水，水质应符合国家现行标准《混凝土拌和用水标准》的规定。

4. 外掺料

砂浆中的外掺料包括石灰膏、黏土膏、电石膏和粉煤灰等。

采用混合砂浆时，应将生石灰熟化成石灰膏，并用滤网过滤，使其充分熟化，熟化时间不得少于 7d；磨细生石灰粉的熟化时间不得少于 2d。配制水泥石灰砂浆时，不得采用脱水硬化的石灰膏。

采用黏土或粉制黏土制备黏土膏时，宜用搅拌机加水搅拌，通过孔径不大于3mm×3mm的网过筛。

电石膏为电石经水化形成的青灰色乳浆，然后泌水、去渣而成，可代替石灰膏。

粉煤灰为品质等级可用Ⅲ级，砂浆中的粉煤灰取代水泥率不宜超过40%，取代石灰膏率不宜超过50%。

5. 外加剂

凡在砂浆中掺入有机塑化剂、早强剂、缓凝剂、防冻剂等，应经检验和试配符合要求后，方可使用。有机塑化剂应有砌体强度的型式检验报告。

（二）砂浆的性能

砂浆的配合比应该通过计算和试配获得。根据砌筑砂浆使用原料与使用目的的不同，可以把砌筑砂浆分为3类：水泥砂浆、混合砂浆和非水泥砂浆。其性能与用途如下：

1. 水泥砂浆

由于水泥砂浆的保水性比较差，其砌体强度低于相同条件下用混合砂浆砌筑的砌体强度，所以水泥砂浆通常仅在要求高强度砂浆与砌体处于潮湿环境下使用。

2. 混合砂浆

由于混合砂浆掺入塑性外掺料（如石灰膏、黏土膏等），既可节约水泥，又可提高砂浆的可塑性，是一般砌体中最常使用的砂浆类型。

3. 非水泥砂浆

这类砂浆包括石灰砂浆、黏土砂浆等，由于非水泥砂浆强度较低，通常仅用于强度要求不高的砌体，譬如临时设施、简易建筑等。

砂浆的强度是以边长为70.7mm的立方体试块，在标准养护（温度20℃±5℃、正常湿度条件、室内不通风处）下，经过28d龄期后的平均抗压强度值。强度等级划分为M15，M10，M7.5，M5，M2.5，M1和M0.4七个等级。

砂浆应具有良好的流动性和保水性。

流动性好的砂浆便于操作，使灰缝平整、密实，从而可以提高砌筑效率、保证砌体质量。砂浆的流动性是以稠度表示的，见表3-1。稠度的测定值是用标准锥体沉入砂浆的深度表示的，沉入度越大，稠度越大，流动性越好。一般来说，对于干燥及吸水性强的块体，砂浆稠度应采用较大值；对于潮湿、密实、吸水性差的块体宜采用较小值。

表 3-1 砌筑砂浆的稠度

序号	砌体类别	砂浆稠度 / mm
1	烧结普通砖砌体	70 ~ 90
2	烧结多孔砖、空心砖砌体	60 ~ 80
3	轻集料混凝土、小型空心砌体砌体	60 ~ 90
4	烧结普通砖平拱式过梁、空斗墙、筒拱、普通混凝土小型空心砌块砌体、加气	50 ~ 70
5	石砌体	30 ~ 50

保水性是指当砂浆经搅拌后运送到使用地点后，砂浆中的水分与胶凝材料及集料分离快慢的程度，通俗来说就是指砂浆保持水分的性能。保水性差的砂浆，在运输过程中，容易产生泌水和离析现象从而降低其流动性，影响砌筑；在砌筑过程中，水分很快会被块材吸收，砂浆失水过多，不能保证砂浆的正常硬化，降低砂浆与块材的黏结力，从而会降低砌体的强度。砂浆的保水性测定值是以分层度来表示的，分层度不宜大于 20mm。

（三）砂浆的拌制

砌筑砂浆应采用机械搅拌，搅拌机械包括活门卸料式、倾翻卸料式或立式砂浆搅拌机，其出料容量一般为 200L。

自投料完算起，搅拌时间应符合下列规定：

①水泥砂浆和水泥混合砂浆不得少于 2min。

②水泥粉煤灰砂浆和掺用外加剂的砂浆不得少于 3min。

③掺用有机塑化剂的砂浆，应为 3 ~ 5min。

拌制水泥砂浆，应先将砂与水泥干拌均匀，再加水拌合均匀；拌制水泥混合砂浆，应先将砂与水泥干拌均匀，再加外掺料（如石灰膏、黏土膏）和水拌和均匀；拌制粉煤灰水泥砂浆，应先将水泥、粉煤灰、砂拌均匀，再加水拌和均匀；如掺用外加剂，应先将外加剂按规定浓度溶于水中，在拌和水投入时投入外加剂溶液，外加剂不得直接投入拌制的砂浆中。

（四）砂浆的使用

砂浆应随拌随用，水泥砂浆和水泥混合砂浆应分别在拌成后 3h 和 4h 内使用完毕；当施工期间最高气温超过 30℃时，必须分别在拌成后 2h 和 3h 内使用完毕；对掺用缓凝剂的砂浆，其使用时间可根据具体情况延长。

第二节 脚手架及垂直运输设施

在建筑施工中，脚手架和垂直运输设施占有特别重要的地位。选择与使用的合适与否，不但直接影响施工作业的顺利和安全进行，而且也关系到工程质量、施工进度和企业经济效益的提高。因而它是建筑施工技术措施中最重要的环节之一。

一、脚手架

脚手架是建筑施工中重要的临时设施，是在施工现场为安全防护、工人操作以及解决楼层间少量垂直和水平运输而搭设的支架。脚手架的种类很多：按其搭设位置分为外脚手架和里脚手架两大类；按其所用材料分为木脚手架、竹脚手架与金属脚手架；按其用途分为操作脚手架、防护用脚手架、承重和支撑用脚手架；按其构造形式分为多立杆式、框式、吊挂式、悬挑式、升降式以及用于楼层间操作的工具式脚手架等。

建筑施工脚手架应由架子工搭设，对脚手架的基本要求是：应满足工人操作、材料堆置和运输的需要；坚固稳定，安全可靠；搭拆简单，搬移方便；尽量节约材料，能多次周转使用。脚手架的宽度一般为 1.5 ~ 2.01m，砌筑用脚手架的每步架高度一般为1.2 ~ 1.4m，装饰用脚手架的一步架高一般为 1.6 ~ 1.8m。

（一）外脚手架

外脚手架沿建筑物外围从地面搭起，既可用于外墙砌筑，又可用于外装饰施工。其主要形式有多立杆式、框式、桥式等。多立杆式应用最广，框式次之。

1. 多立杆式脚手架

（1）基本组成和一般构造

多立杆式脚手架主要由立杆、纵向水平杆（大横杆）、横向水平杆（小横杆）、斜撑、脚手板等组成。其特点是每步架高可根据施工需要灵活布置，取材方便，钢、竹、木等均可应用。

多立杆式脚手架分双排式和单排式两种形式。双排式沿墙外侧设两排立杆，小横杆两端支承在内外两排立杆上，多、高层房屋均可采用，当房屋高度超过50m时，需专门设计。单排式沿墙外侧仅设一排立杆，其小横杆一端与大横杆连接，另一端支承在墙上，仅适用于荷载较小，高度较低，墙体有一定强度的多层房屋。

早期的多立杆式外脚手架主要是采用竹、木杆件搭设而成，后来逐渐采用钢管和特制的扣件来搭设。这种多立杆式钢管外脚手有扣件式和碗扣式两种。

采用扣件连接，既牢固又便于装拆，可以重复周转使用，因而应用广泛。这种脚手架在纵向外侧每隔一定距离需设置斜撑，以加强其纵向稳定性和整体性。另外，为了防止整片脚手架外倾和抵抗风力，整片脚手架还需均匀设置连墙杆，将脚手架与建筑物主体结构相连，依靠建筑物的刚度来加强脚手架的整体稳定性。

碗扣式钢管脚手架立杆与水平杆靠特制的碗扣接头连接。

碗扣分上碗扣和下碗扣，下碗扣焊在钢管上，上碗扣对应地套在钢管上，其销槽对准焊在钢管上的限位销即能上下滑动。连接时，只需将横杆接头插入下碗扣内，将上碗扣沿限位销插下，并顺时针旋转，靠上碗扣螺旋面使之与限位销顶紧，从而将横杆和立杆牢固地连在一起，形成框架结构。碗扣式接头可同时连接 4 根横杆，横杆可相互垂直亦可组成其他角度，因而可以搭设各种形式脚手架，特别适合于搭设扇形表面及高层建筑施工和装修作用两用外脚手架，还可作为模板的支撑。

（2）承力结构

脚手架的承力结构主要指作业层、横向构架和纵向构架三部分。

作业层是直接承受施工荷载，荷载由脚手板传给小横杆，再传给大横杆和立柱。

横向构架由立杆和小横杆组成，是脚手架直接承受和传递垂直荷载的部分。它是脚手架的受力主体。

纵向构架是由各榀横向构架通过大横杆相互之间连成的一个整体。它应沿房屋的周围形成一个连续封闭的结构，所以房屋四周脚手架的大横杆在房屋转角处要相互交圈，并确保连续。实在不能交圈时，脚手架的端头应采取有效措施来加强其整体性。常用的措施是设置抗侧力构件、加强与主体结构的拉结等。

（3）支撑体系

脚手架的支撑体系包括纵向支撑（剪刀撑）、横向支撑和水平支撑。这些支撑应与脚手架这一空间构架的基本构件很好连接。设置支撑体系的目的是使脚手架成为一个几何稳定的构架，加强其整体刚度，以增大抵抗侧向力的能力，避免出现节点的可变状态和过大的位移。

①纵向支撑（剪刀撑）

纵向支撑是指沿脚手架纵向外侧隔一定距离由下而上连续设置的剪刀撑。具体布置如下：

a. 脚手架高度在 25m 以下时，在脚手架两端和转角处必须设置，中间每隔 12～15m 设一道，且每片架子不少于 3 道。剪刀撑宽度宜取 3～5 倍立杆纵距，斜杆与地面夹角宜在 45°～60° 内，最下面的斜杆与立杆的连接点离地面不宜大于 500mm。

b. 脚手架高度在 25～50m 时，除沿纵向每隔 12～15m 自下而上连续设置一道剪刀撑外，在相邻两排剪刀撑之间，尚需沿高度每隔 10～15m 加设一道沿纵向通长的剪刀撑。

c. 对高度大于 50m 的高层脚手架，应沿脚手架全长和全高连续设置剪刀撑。

②横向支撑

横向支撑是指在横向构架内从底到顶沿全高呈之字形设置的连续的斜撑。具体设置要求如下：

a.脚手架的纵向构架因条件限制不能形成封闭形，如"一"字形、"I"形或"凹"字形的脚手架，其两端必须设置横向支撑，并于中间每隔6个间距加设一道横向支撑。

b.脚手架高度超过25m时，每隔6个间距要设置横向支撑一道。

③水平支撑

水平支撑是指在设置连墙拉结杆件的所在水平面内连续设置的水平斜杆。一般可根据需要设置，如在承力较大的结构脚手架中或在承受偏心荷载较大的承托架、防护棚、悬挑水平安全网等部位设置，以加强其水平刚度。

（4）抛撑和连墙杆

脚手架由于其横向构架本身是一个高跨比相差悬殊的单跨结构，仅依靠结构本身尚难以做到保持结构的整体稳定，防止倾覆和抵抗风力。对于高度低于三步的脚手架，可以采用加设抛撑来防止其倾覆，抛撑的间距不超过6倍立杆间距，抛撑与地面的夹角为45°～60°并应在地面支点处铺设垫板。对于高度超过三步的脚手架防止倾斜和倒塌的主要措施是将脚手架整体依附在整体刚度很大的主体结构上，依靠房屋结构的整体刚度来加强和保证整片脚手架的稳定性。其具体做法是在脚手架上均匀地设置足够多的牢固的连墙点。

连墙点的位置应设置在与立杆和大横杆相交的节点处，离节点的间距不宜大于300mm。

设置一定数量的连墙杆后，整片脚手架的倾覆破坏一般不会发生。但要求与连墙杆连接一端的墙体本身要有足够的刚度，所以连墙杆在水平方向应设置在框架梁或楼板附近，竖直方向应设置在框架柱或横隔墙附近。连墙杆在房屋的每层范围均需布置一排，一般竖向间距为脚手架步高的2～4倍，不宜超过4倍，且绝对值在3～4m内；横向间距宜选用立杆纵距的3～4倍，不宜超过4倍，且绝对值在4.5～6.0m内。

（5）搭设要求

脚手架搭设时应注意地基平整坚实，设置底座和垫板，并有可靠的排水措施，防止积水浸泡地基引起不均匀沉陷。杆件应按设计方案进行搭设，并注意搭设顺序，扣件拧紧程度应适度，一般扭力矩应为40～60kN·m。禁止使用规格和质量不合格的杆配件。相邻立柱的对接扣件不得在同一高度，应随时校正杆件的垂直和水平偏差。脚手架处于顶层连墙点之上的自由高度不得大于6m。当作业层高出其下连墙件2步或4m以上，且其上尚无连墙件时，应采取适当的临时撑拉措施。脚手板或其他作业层铺板的铺设应符合有关规定。

2.框式脚手架

（1）基本组成

框式脚手架也称为门式脚手架，是当今国际上应用最普遍的脚手架之一。它不仅可作为外脚手架，而且可作为内脚手架或满堂脚手架。框式脚手架由门式框架、剪刀撑、水平梁架、螺旋基脚组成基本单元，将基本单元相互连接并增加梯子、栏杆及脚手板等即形成脚手架。

（2）搭设要求

框式脚手架是一种工厂生产、现场搭设的脚手架，一般只要按产品目录所列的使用荷载和搭设规定进行施工，不必再进行验算。如果实际使用情况与规定有出入时，应采取相应的加固措施或进行验算。通常框式脚手架搭设高度限制在45m以内，采取一定措施后达到80m左右。施工荷载一般为：均布荷载1.8kN／m2，或作用于脚手架板跨中的集中荷载2kN。

搭设框式脚手架时，基底必须夯实找平，并铺可调底座，以免发生塌陷和不均匀沉降。要严格控制第一步门式框架垂直度偏差不大于2mm，门架顶部的水平偏差不大于5mm。门架的顶部和底部用纵向水平杆和扫地杆固定。门架之间必需设置剪刀撑和水平梁架（或脚手板），其间连接应可靠，以确保脚手架的整体刚度。

（二）里脚手架

里脚手架搭设于建筑物内部，每砌完一层墙后，即将其转移到上一层楼面，进行新的一层砌体砌筑，它可用于内外墙的砌筑和室内装饰施工。里脚手架用料少，但装拆频繁，故要求轻便灵活，装拆方便。其结构形式有折叠式、支柱式和门架式等多种。

1. 折叠式

折叠式里脚手架适用于民用建筑的内墙砌筑和内粉刷，也可用于砖围墙、砖平房的外墙砌筑和粉刷。根据材料不同，分为角钢、钢管和钢筋折叠里脚手架。

2. 支柱式

支柱式里脚手架由若干个支柱和横杆组成。适用于砌墙和内粉刷。其搭设间距，砌墙时不超过2m，粉刷时不超过2.5m。支柱式里脚手架的支柱有套管式和承插式两种形式。

（三）脚手架的安全防护措施

在房屋建筑施工过程中因脚手架出现事故的概率相当高，所以在脚手架的设计、架设、使用和拆卸中均需十分重视安全防护问题。

当外墙砌筑高度超过4m或立体交叉作业时，除在作业面正确铺设脚手板和安装防护栏杆与挡脚板外，还必须在脚手架外侧设置安全网。架设安全网时，其伸出宽度应不小于2m，外口要高于内口，搭接应牢固，每隔一定距离应用拉绳将斜杆与地面锚桩拉牢。

当用里脚手架施工外墙或多层、高层建筑用外脚手架时，均需设置安全网。安全网应随楼层施工进度逐步上升，高层建筑除这一道逐步上升的安全网外，尚应在下面间隔3～4层的部位设置一道安全网。施工过程中要经常对安全网进行检查和维修，每块支好的安全网应能承受不小于1.6 kN的冲击荷载。

钢脚手架不得搭设在距离35kV以上的高压线路4.5m以内的地区和距离1～10kV高压线路3m以内的地区。钢脚手架在架设和使用期间，要严防与带电体接触，需要穿过或靠近380V以内的电力线路，距离在2m以内时，则应断电或拆除电源，如不能拆除，应采取可靠的绝缘措施。

搭设在旷野、山坡上的钢脚手架，如在雷击区域或雷雨季节时，应设避雷装置。

二、垂直运输设施

垂直运输设施指在建筑施工中担负垂直输送材料和人员上下的机械设备和设施。砌筑工程中的垂直运输量很大，不仅要运输大量的砖（或砌块）、砂浆，而且还要运输脚手架、脚手板和各种预制构件，因而如何合理安排垂直运输就直接影响到砌筑工程的施工速度和工程成本。

（一）垂直运输设施的种类

1. 井架、龙门架

井架是施工中最常用的，也是最为简便的垂直运输设施。它的稳定性好、运输量大，除用型钢或钢管加工的定型井架之外，还可用脚手架材料搭设而成。井架多为单孔井架，但也可构成两孔或多孔井架。井架通常带一个起重臂和吊盘。起重臂起重能力为 5 ~ 10kN 在其外伸工作范围内也可作小距离的水平运输。吊盘起重量为 10 ~ 15kN，其中可放置运料的手推车或其他散装材料。搭设高度可达 40m，需设缆风绳保持井架的稳定。

龙门架是由两根三角形截面或矩形截面的立柱及天轮梁（横梁）组成的门式架。在龙门架上设滑轮、导轨、吊盘、缆风绳等，进行材料、机具和小型预制构件的垂直运输。龙门架构造简单、制作容易、用材少、装拆方便，但刚度和稳定性较差，一般适用于中小型工程。

2. 施工电梯

多数施工电梯为人货两用，少数为供货用。电梯按其驱动方式可分为齿条驱动和绳轮驱动两种。齿条驱动电梯又有单吊箱（笼）式和双吊箱（笼）式两种，并装有可靠的限速装置，适用于 20 层以上建筑工程使用；绳轮驱动电梯为单吊箱（笼、无限速装置，轻巧便宜），适于 20 层以下建筑工程使用。

3. 灰浆泵

灰浆泵是一种可以在垂直和水平两个方向连续输送灰浆的机械，目前常用的有活塞式和挤压式两种。活塞式灰浆泵按其结构又分为直接作用式和隔膜式两类。

（二）垂直运输设施的设置要求

垂直运输设施的设置一般应根据现场施工条件满足以下一些基本要求。

1. 覆盖面和供应面

塔吊的覆盖面是指以塔吊的起重幅度为半径的圆形吊运覆盖面积。垂直运输设施的供应面是指借助于水平运输手段（手推车等）所能达到的供应范围。建筑工程全部的作业面应处于垂直运输设施的覆盖面和供应面的范围之内。

2. 供应能力

塔吊的供应能力等于吊次乘以吊量（每次吊运材料的体积、重量或件数），其他垂直运输设施的供应能力等于运次乘以运量，运次应取垂直运输设施和与其配合的水平运输机具中的低值。另外，还需乘以 0.5 ~ 0.75 的折减系数，以考虑由于难以避免的因素对供应能力的影响（如机械设备故障等垂直运输设备的供应能力应能满足高峰工作量的需要）。

3. 提升高度

设备的提升高度能力应比实际需要的升运高度高，其高出程度不少于 3m，以确保安全。

4. 水平运输手段

在考虑垂直运输设施时，必须同时考虑与其配合的水平运输手段。

5. 装设条件

垂直运输设施装设的位置应具有相适应的装设条件，如具有可靠的基础、与结构拉结和水平运输通道条件等。

6. 设备效能的发挥

必须同时考虑满足施工需要和充分发挥设备效能的问题。当各施工阶段的垂直运输量相差悬殊时，应分阶段设置和调整垂直运输设备，及时拆除已不需要的设备。

7. 设备拥有的条件和今后利用的问题

充分利用现有设备，必要时添置或加工新的设备。在添置或加工新的设备时应考虑今后利用的前景。

8. 安全保障

安全保障是使用垂直运输设施中的首要问题，必须引起高度重视。所有垂直运输设备都要严格按有关规定操作使用。

第三节　砌筑工程的类型与施工

一、砌体的一般要求

砌体可分为：砖砌体，主要有墙和柱；砌块砌体，多用于定型设计的民用房屋及工业厂房的墙体；石材砌体，多用于带形基础、挡土墙及某些墙体结构；配筋砌体，在砌体水平灰缝中配置钢筋网片或在墙体外部的预留沟槽内设置竖向粗钢筋的组合砌体。

砌体除应采用符合质量要求的原材料外，还必须有良好的砌筑质量，以使砌体有良好的整体性、稳定性和良好的受力性能，一般要求灰缝横平竖直，砂浆饱满，厚薄均匀，砌块应上下错缝，内外搭砌，接槎牢固，墙面垂直；要预防不均匀沉降引起开裂；要注意施工中墙、柱的稳定性；冬期施工时还要采取相应的措施。

二、毛石基础与砖基础砌筑

（一）毛石基础

1. 毛石基础构造

毛石基础是用毛石与水泥砂浆或水泥混合砂浆砌成。所用毛石应质地坚硬、无裂纹，强度等级一般为 MU20 以上，砂浆宜用水泥砂浆，强度等级应不低于 M5。

毛石基础可作墙下条形基础或柱下独立基础。按其断面形状有矩形、阶梯形和梯形等。基础顶面宽度比墙基底面宽度要大于 200mm；基础底面宽度依设计计算而定。梯形基础坡角应大于 60°。阶梯形基础每阶高不小于 300mm，每阶挑出宽度不大于 200mm。

2. 毛石基础施工要点

①基础砌筑前，应先行验槽并将表面的浮土和垃圾清除干净。

②放出基础轴线及边线，其允许偏差应符合规范规定。

③毛石基础砌筑时，第一皮石块应坐浆，并大面向下；料石基础的第一皮石块应丁砌并坐浆。砌体应分皮卧砌，上下错缝，内外搭砌，不得采用先砌外面石块后中间填心的砌筑方法。

④石砌体的灰缝厚度：毛料石和粗料石砌体不宜大于 20mm，细料石砌体不宜大于 5mm。石块间较大的孔隙应先填塞砂浆后用碎石嵌实，不得采用先放碎石块后灌浆或干填碎石块的方法。

⑤为增加整体性和稳定性，应按规定设置拉结石。

⑥毛石基础的最上一皮及转角处、交接处和洞口处，应选用较大的平毛石砌筑。有高低台的毛石基础，应从低处砌起，并由高台向低台搭接，搭接长度不小于基础高度。

⑦阶梯形毛石基础，上阶的石块应至少压砌下阶石块的 1 / 2，相邻阶梯毛石应相互错缝搭接。

⑧毛石基础的转角处和交接处应同时砌筑。如不能同时砌筑又必须留槎时，应砌成斜槎。基础每天可砌高度应不超过 1.2m。

（二）砖基础

1. 砖基础构造

砖基础下部通常扩大，称为大放脚。大放脚有等高式和不等高式两种。等高式大放脚是两皮一收，即每砌两皮砖，两边各收进 1 / 4 砖长；不等高式大放脚是两皮一收与一皮一收相间隔，即砌两皮砖，收进 1 / 4 砖长，再砌一皮砖，收进 1 / 4 砖长，如此往复。在相同底宽的情况下，后者可减小基础高度，但为保证基础的强度，底层需用两皮一收砌筑。大放脚的底宽应根据计算而定，各层大放脚的宽度应为半砖长的整倍数（包括灰缝）。

在大放脚下面为基础地基，地基一般用灰土、碎砖三合土或混凝土等。在墙基顶面应设防潮层，防潮层宜用 1：2.5 水泥砂浆加适量的防水剂铺设，其厚度一般为20mm，位置在底层室内地面以下一皮砖处，即离底层室内地面下 60mm 处。

2. 砖基础施工要点

①砌筑前，应将地基表面的浮土及垃圾清除干净。

②基础施工前，应在主要轴线部位设置引桩，以控制基础、墙身的轴线位置，并从中引出墙身轴线，而后向两边放出大放脚的底边线。在地基转角、交接及高低踏步处预先立好基础皮数杆。

③砌筑时，可依皮数杆先在转角及交接处砌几皮砖，然后在其间拉准线砌中间部分。内外墙砖基础应同时砌起，如不能同时砌筑时应留置斜槎，斜槎长度不应小于斜槎高度。

④基础底标高不同时，应从低处砌起，并由高处向低处搭接。如设计无要求，搭接长度不应小于大放脚的高度。

⑤大放脚部分一般采用一顺一丁砌筑形式。水平灰缝及竖向灰缝的宽度应控制在10mm 左右，水平灰缝的砂浆饱满度不得小于 80%，竖缝要错开。要注意丁字及十字接头处砖块的搭接，在这些交接处，纵横墙要隔皮砌通。大放脚的最下一皮及每层的最上一皮应以丁砌为主。

⑥基础砌完验收合格后，应及时回填。回填土要在基础两侧同时进行，并分层夯实。

三、砖墙砌筑

（一）砌筑形式

普通砖墙的砌筑形式主要有五种：一顺一丁、三顺一丁、梅花丁、两平一侧和全顺式。

1. 一顺一丁

一顺一丁是一皮全部顺砖与一皮全部丁砖间隔砌成。上下皮竖缝相互错开 1／4 砖长。这种砌法效率较高，适用于砌一砖、一砖半及二砖墙。

2. 三顺一丁

三顺一丁是三皮全部顺砖与一皮全部丁砖间隔砌成。上下皮顺砖间竖缝错开 1／2砖长；上下皮顺砖与丁砖间竖缝错开 1／4 砖长。这种砌法因顺砖较多，效率较高，适用于砌一砖、一砖半墙。

3. 梅花丁

梅花丁是每皮中丁砖与顺砖相隔，上皮丁砖坐中于下皮顺砖，上下皮间竖缝相互错开 1／4 砖长。这种砌法内外竖缝每皮都能避开，故整体性较好，灰缝整齐，比较美观，但砌筑效率较低。适用于砌一砖及一砖半墙。

4. 两平一侧

两平一侧采用两皮平砌砖与一皮侧砌的顺砖相隔砌成。当墙厚为 3 / 4 砖时,平砌砖均为顺砖,上下皮平砌顺砖间竖缝相互错开 1 / 2 砖长;上下皮平砌顺砖与侧砌顺砖间竖缝相互 1 / 2 砖长。当墙厚为 1 砖长时,上下皮平砌顺砖与侧砌顺砖间竖缝相互错开 1 / 2 砖长;上下皮平砌丁砖与侧砌顺砖间竖缝相互错开 1 / 4 砖长。这种形式适合于砌筑 3 / 4 砖墙及 1 砖墙。

5. 全顺式

全顺式是各皮砖均为顺砖,上下皮竖缝相互错开 1 / 2 砖长。这种形式仅使用于砌半砖墙。

为了使砖墙的转角处各皮间竖缝相互错开,必须在外角处砌七分头砖(3 / 4 砖长)。当采用一顺一丁组砌时,七分头的顺面方向依次砌顺砖,丁面方向依次砌丁砖。

砖墙的丁字接头处,应分皮相互砌通,内角相交处竖缝应错开 1 / 4 砖长,并在横墙端头处加砌七分头砖。

砖墙的十字接头处,应分皮相互砌通,交角处的竖缝应相互错开 1 / 4 砖长。

(二)砌筑工艺

砖墙的砌筑一般有抄平、放线、摆砖、立皮数杆、盘角、挂线、砌筑、勾缝、清理等工序。

1. 抄平放线

砌墙前先在基础防潮层或楼面上定出各层标高,并用水泥砂浆或 C10 细石混凝土找平,然后根据龙门板上标志的轴线,弹出墙身轴线、边线及门窗洞口位置。二楼以上墙的轴线可以用经纬仪或垂球将轴线引测上去。

2. 摆砖

摆砖,又称摆脚,是指在放线的基面上按选定的组砌方式用干砖试摆。目的是校对所放出的墨线在门窗洞口、附墙垛等处是否符合砖的模数,以尽可能减少砍砖,并使砌体灰缝均匀,组砌得当。一般在房屋纵墙方向摆顺砖,在山墙方向摆丁砖,摆砖由一个大角摆到另一个大角,砖与砖留 10mm 缝隙。

3. 立皮数杆

皮数杆是指在其上划有每皮砖和灰缝厚度,以及门窗洞口、过梁、楼板等高度位置的一种木制标杆。砌筑时用来控制墙体竖向尺寸及各部位构件的竖向标高,并保证灰缝厚度的均匀性。

皮数杆一般设置在房屋的四大角以及纵横墙的交接处,如墙面过长时,应每隔 10 ~ 15m 立一根。皮数杆需用水平仪统一竖立,使皮数杆上的 ± 0.00 与建筑物的 ± 0.00 相吻合,以后就可以向上接皮数杆。

4. 盘角、挂线

墙角是控制墙面横平竖直的主要依据，所以，一般砌筑时应先砌墙角，墙角砖层高度必须与皮数杆相符合，做到"三皮一吊，五皮一靠"。墙角必须双向垂直。

墙角砌好后，即可挂小线，作为砌筑中间墙体的依据，以保证墙面平整，一般一砖墙、一砖半墙可用单面挂线，一砖半墙以上则应用双面挂线。

5. 砌筑、勾缝

砌筑操作方法各地不一，但应保证砌筑质量要求。通常采用"三一砌砖法"，即一块砖、一铲灰、一揉压，并随手将挤出的砂浆刮去的砌筑方法。这种砌法的优点是灰缝容易饱满、黏结力好、墙面整洁。

勾缝是砌清水墙的最后一道工序，可以用砂浆随砌随勾缝，叫作原浆勾缝；也可砌完墙后再用 1 ：1.5 水泥砂浆或加色砂浆勾缝，称为加浆勾缝。勾缝具有保护墙面和增加墙面美观的作用，为了确保勾缝质量，勾缝前应清除墙面黏结的砂浆和杂物，并洒水润湿，在砌完墙后，应画出的灰槽、灰缝可勾成凹、平、斜或凸形状。勾缝完后尚应清扫墙面。

（三）施工要点

（1）全部砖墙应平行砌起，砖层必须水平，砖层正确位置用皮数杆控制，基础和每楼层砌完后必须校对一次水平、轴线和标高，在允许偏差范围内，其偏差值应在基础或楼板顶面调整。

②砖墙的水平灰缝和竖向灰缝宽度一般为 10mm，但不小于 8mm，也不应大于 12mm。水平灰缝的砂浆饱满度不得低于 80%，竖向灰缝宜采用挤浆或加浆方法，使其砂浆饱满，严禁用水冲浆灌缝。

③砖墙的转角处和交接处应同时砌筑。对不能同时砌筑而又必须留槎时，应砌成斜槎，斜槎长度不应小于高度的 2 / 3。非抗震设防及抗震设防烈度为 6 度、7 度地区的临时间断处，当不能留斜槎时，除转角处外，可留直接，但必须做成凸槎，并加设拉结筋。拉结筋的数量为每 120mm 墙厚放置 1φ6 拉结钢筋（120mm 厚墙放置 2 根 φ6 拉结钢筋），间距沿墙高不应超过 500mm，埋入长度从留槎处算起每边均不应小于 500mm，对抗震设防烈度为 6 度、7 度的地区，不应小于 1000mm，末端应有 90° 弯钩。抗震设防地区不得留直槎。

④砖墙接槎时，必须将接槎处的表面清理干净，浇水润湿，并应填实砂浆，保持灰缝平直。

⑤每层承重墙的最上一皮砖、梁或梁垫的下面及挑檐、腰线等处，应是整砖丁砌。填充墙砌至接近梁、板底时，应留一定空隙，待填充墙砌筑完并应至少间隔 7d 后，再将其补砌挤紧。

⑥砖墙中留置临时施工洞口时，其侧边离交接处的墙面不应小于 500mm，洞口净宽度不应超过 1m

⑦砖墙相邻工作段的高度差，不得超过一个楼层的高度，也不宜大于 4m。工作段

的分段位置应设在伸缩缝、沉降缝、防震缝或门窗洞口处。砖墙临时间断处的高度差，不得超过一步脚手架的高度。砖墙每天砌筑高度以不超过 1.8m 为宜。

⑧在下列墙体或部位中不得留设脚手眼：

a.120mm 厚墙、料石清水墙和独立柱。

b. 过梁上与过梁成 60° 角的三角形范围及过梁净跨度 1／2 的高度范围内。③宽度小于 1m 的窗间墙。

d. 砌体门窗洞口两侧 200mm（石砌体为 300mm）和转角处 450mm（石砌体为 600mm）范围内。

e. 梁或梁垫下及其左右 500mm 范围内。

f. 设计不允许设置脚手眼的部位。

四、配筋砌体

配筋砌体是由配置钢筋的砌体作为建筑物主要受力构件的结构。配筋砌体有网状配筋砌体柱、水平配筋砌体墙、砖砌体和钢筋混凝土面层或钢筋砂浆面层组合砌体柱（墙）、砖砌体和钢筋混凝土构造柱组合墙和配筋砌块砌体剪力墙。

（一）配筋砌体的构造要求

配筋砌体的基本构造与砖砌体相同，不再赘述；下面主要介绍构造的不同点：

1. 砖柱（墙）网状配筋的构造

砖柱（墙）网状配筋，是在砖柱（墙）的水平灰缝中配有钢筋网片。钢筋上、下保护层厚度不应小于 2mm。所用砖的强度等级不低于 MU10，砂浆的强度等级不应低于 M7.5，采用钢筋网片时，宜采用焊接网片，钢筋直径宜采用 3 ~ 4mm；钢筋网中的钢筋的间距不应大于 120mm，并不应小于 30mm；钢筋网片竖向间距，不应大于五皮砖，并不应大于 400mm。

2. 组合砖砌体的构造

组合砖砌体是指砖砌体和钢筋混凝土面层或钢筋砂浆面层的组合砌体构件，有组合砖柱、组合砖壁柱和组合砖墙等。

组合砖砌体构件的构造为：面层混凝土强度等级宜采用 C20。面层水泥砂浆强度等级不宜低于 M10，砖强度等级不宜低于 MU10，砌筑砂浆的强度等级不宜低于 M7.5。砂浆面层厚度宜采用 30 ~ 45mm，当面层厚度大于 45mm 时，其面层宜采用混凝土。

3. 砖砌体和钢筋混凝土构造柱组合墙

组合墙砌体宜用强度等级不低于 MU7.5 的普通砌墙砖与强度等级不低于 M5 的砂浆砌筑。

构造柱截面尺寸不宜小于 240mm×240mm，其厚度不应小于墙厚。砖砌体与构造柱的连接处应砌成马牙槎。并应沿墙高每隔 500mm 设 2φ6 拉结钢筋，且每边伸入墙内不宜小于 600mm。柱内竖向受力钢筋，一般采用 HPB235 级钢筋，对于中柱，不宜少于4φ12；对于边柱不宜少于4φ14，其箍筋一般采用φ6@200mm，楼层上下500mm范围内宜采用φ6@100mm，构造柱竖向受力钢筋应在基础梁和楼层圈梁中锚固。

组合砖墙的施工程序应先砌墙后浇混凝土构造桩。

4. 配筋砌块砌体构造要求

砌块强度等级不应低于MU10；砌筑砂浆不应低于M7.5；灌孔混凝土不应低于C20。配筋砌块砌体柱边长不宜小于400mm；配筋砌块砌体剪力墙厚度连梁宽度不应小于190mm。

（二）配筋砌体的施工工艺

配筋砌体施工工艺的弹线、找平、排砖摆底、墙体盘角、选砖、立皮数杆、挂线、留槎等施工工艺与普通砖砌体要求相同，下面主要介绍其不同点：

1. 砌砖及放置水平钢筋

砌砖宜采用"三一砌砖法"，即"一块砖、一铲灰、一揉压"，水平灰缝厚度和竖直灰缝宽度一般为10mm，但不应小于8mm，也不应大于12mm。砖墙（柱）的砌筑应达到上下错缝、内外搭砌、灰缝饱满、横平竖直的要求。皮数杆上要标明钢筋网片、箍筋或拉结筋的位置，钢筋安装完毕，并经隐蔽工程验收后方可砌上层砖，同时要保证钢筋上下至少各有2mm保护层。

2. 砂浆（混凝土）面层施工

组合砖砌体面层施工前，应清除面层底部的杂物，并浇水湿润砖砌体表面。砂浆面层施工从下而上分层施工，一般应两次涂抹，第一次是刮底，使受力钢筋与砖砌体有一定保护层；第二次是抹面，使面层表面平整。混凝土面层施工应支设模板，每次支设高度一般为50～60cm，并分层浇筑，振捣密实，待混凝土强度达到30%以上才能拆除模板。

3. 构造柱施工

构造柱竖向受力钢筋，底层锚固在基础梁上，锚固长度不应小于35d（d为竖向钢筋直径），并保证位置正确。受力钢筋接长，可采用绑扎接头，搭接长度为35d，绑扎接头处箍筋间距不应大于200mm。楼层上下500mm范围内箍筋间距宜为100。砖砌体与构造柱连接处应砌成马牙槎，从每层柱脚开始，先退后进，每一马牙槎沿高度方向的尺寸不宜超过300mm，并沿墙高每隔500mm设2φ6拉结钢筋，且每边伸入墙内不宜小于1m；预留的拉结钢筋应位置正确，施工中不得任意弯折。浇筑构造柱混凝土之前，必须将砖墙和模板浇水湿润（若为钢模板，不浇水，刷隔离剂），并将模板内落地灰、砖渣和其他杂物清理干净。浇筑混凝土可分段施工，每段高度不宜大于2m，或每个楼层分两次浇灌，应用插入式振动器，分层捣实。

五、砌块砌筑

用砌块代替烧结普通砖做墙体材料，是墙体改革的一个重要途径。近几年来，中小型砌块在我国得到了广泛应用。常用的砌块有粉煤灰硅酸盐砌块、混凝土小型空心砌块、煤矸石砌块等。砌块的规格不统一，中型砌块一般高度为 380 ~ 940mm，长度为高度的 1.5 ~ 2.5 倍，厚度为 180 ~ 300mm，每块砌块质量 50 ~ 200kg。

（一）砌块排列

由于中小型砌块体积较大、较重，不如砖块可以随意搬动，多用专门设备进行吊装砌筑，且砌筑时必须使用整块，不像普通砖可随意砍凿，因此，在施工前，须根据工程平面图、立面图及门窗洞口的大小、楼层标高、构造要求等条件，绘制各墙的砌块排列图，以指导吊装砌筑施工。

砌块排列图按每片纵横墙分别绘制。其绘制方法是在立面上用 1：50 或 1：30 的比例绘出纵横墙，然后将过梁、平板、大梁、楼梯、孔洞等在墙面上标出，由纵墙和横墙高度计算皮数，放出水平灰缝线，并保证砌体平面尺寸和高度是块体加灰缝尺寸的倍数，再按砌块错缝搭接的构造要求和竖缝大小进行排列。对砌块进行排列时，注意尽量以主规格砌块为主，辅助规格砌块为辅，减少镶砖。小砌块墙体应对孔错缝璜砌，搭接长度不应小于 90mm。墙体的个别部位不能满足上述要求时，应在灰缝中设置拉结钢筋或钢筋网片，但竖向通缝仍不得超过两皮小砌块。砌块中水平灰缝厚度一般为 10 ~ 20mm，有配筋的水平灰缝厚度为 20 ~ 25mm；竖缝的宽度为 15 ~ 20mm，当竖缝宽度大于 30mm 时，应用强度等级不低于 C20 的细石混凝土填实，当竖缝宽度 ≥ 1500mm 或楼层高不是砌块加灰缝的整数倍时，应用普通砖镶砌。

（二）砌块施工工艺

砌块施工的主要工序是：铺灰、砌块吊装就位、校正、灌缝和镶砖。

1. 铺灰

砌块墙体所采用的砂浆，应具有良好的和易性，其稠度 50 ~ 70mm 为宜，铺灰应平整饱满，每次铺灰长度一般不超过 5m，炎热天气及严寒季节应适当缩短。

2. 砌块吊装就位

砌块安装通常采用两种方案：一是以轻型塔式起重机进行砌块、砂浆的运输，以及楼板等预制构件的吊装，由台架吊装砌块；二是以井架进行材料的垂直运输、杠杆车进行楼板吊装，所有预制构件及材料的水平运输则用砌块车和劳动车，台架负责砌块的吊装，前者适用于工程量大或两幢房屋对翻流水的情况，后者适用于工程量小的房屋。

砌块的吊装一般按施工段依次进行，其次序为先外后内，先远后近，先下后上，在相邻施工段之间留阶梯形斜槎。吊装时应从转角处或砌块定位处开始，采用摩擦式夹具，按砌块排列图将所需砌块吊装就位。

3. 校正

砌块吊装就位后，用托线板检查砌块的垂直度，拉准线检查水平度，并用撬棍、楔块调整偏差。

4. 灌缝

竖缝可用夹板在墙体内外夹住，然后灌砂浆，用竹片插或铁棒捣，使其密实。当砂浆吸水后用刮缝板把竖缝和水平缝刮齐。灌缝后，一般不应再撬动砌块，以防损坏砂浆黏结力。

5. 镶砖

当砌块间出现较大竖缝或过梁找平时，应镶砖。镶砖砌体的竖直缝和水平缝应控制在 15～30mm 以内。镶砖工作应在砌块校正后即刻进行，镶砖时应注意使砖的竖缝灌密实。

（三）砌块砌体质量检查

砌块砌体质量应符合下列规定：

①砌块砌体砌筑的基本要求与砖砌体相同，但搭接长度不应少于150mm。

②外观检查应达到：墙面清洁，勾缝密实，深浅一致，交接平整。

③经试验检查，在每一楼层或250m3砌体中，一组试块（每组3块）同强度等级的砂浆或细石混凝土的平均强度不得低于设计强度最低值，对砂浆不得低于设计强度的75%，对于细石混凝土不得低于设计强度的85%。

④预埋件、预留孔洞的位置应符合设计要求。

六、填充墙砌体工程施工

在框架结构的建筑中，墙体一般只起围护与分隔的作用，常用体轻、保温性能好的烧结空心砖或小型空心砌块砌筑，其施工方法与施工工艺与一般砌体施工有所不同，简述如下：

砌体和块体材料的品种、规格、强度等级必须符合图纸设计要求，规格尺寸应一致，质量等级必须符合标准要求，并应有出厂合格证明、试验报告单；蒸压加气混凝土砌块和轻骨料混凝土小型砌块砌筑时的产品龄期应超过28d。

填充墙砌体应在主体结构及相关部分已施工完毕，并经有关部门验收合格后进行。砌筑前，应认真熟悉图纸以及相关构造及材料要求，核实门窗洞口位置和尺寸，计算出窗台及过梁圈梁顶部标高。并根据设计图纸及工程实际情况，编制出专项施工方案和施工技术交底。

填充墙砌体施工工艺及要求如下所述。

（一）基层清理

在砌筑砌体前应对墙基层进行清理，将基层上的浮浆灰尘清扫干净并浇水湿润。块材的湿润程度应符合规范及施工要求。

（二）施工放线

放出每一楼层的轴线，墙身控制线和门窗洞的位置线。在框架柱上弹出标高控制线以控制门窗上的标高及窗台高度，施工放线完成后，应经过验收合格后，方能进行墙体施工。

（三）墙体拉结钢筋

①墙体拉结钢筋有多种留置方式，目前主要采用预埋钢板再焊接拉结筋、用膨胀螺栓固定先焊在铁板上的预留拉结筋以及采用植筋方式埋设拉结筋等方式。

②采用焊接方式连接拉结筋，单面搭接焊的焊缝长度应 ≥ 10d，双面搭接焊的焊缝长度应 ≥ 5d。焊接不应有边、气孔等质量缺陷，并进行焊接质量检查验收。

③采用植筋方式埋设拉结筋，埋设的拉结筋位置较为准确，操作简单不伤结构，但应通过抗拔试验。

（四）构造柱钢筋

在填充墙施工前应先将构造柱钢筋绑扎完毕，构造柱竖向钢筋与原结构上预留插孔的搭接绑扎长度应满足设施要求。

（五）立皮数杆、排砖

①在皮数杆上框柱、墙上排出砌块的皮数及灰缝厚度，并标出窗、洞及墙梁等构造标高。

②根据要砌筑的墙体长度、高度试排砖，摆出门、窗及孔洞的位置。

③外墙壁第一皮砖摺底时，横墙应排丁砖，梁及梁垫的下面一皮砖、窗台等阶水平面上一皮应用丁砖砌筑。

（六）填充墙砌筑

1. 拌制砂浆

①砂浆配合比应用重量比，计量精度为：水泥 ±2%，砂及掺合料 ±5%，砂应计入其含水量对配料的影响。

②宜用机械搅拌，投料顺序为砂→水泥→掺合料→水，搅拌时间不少于 2min。

③砂浆应随拌随用，水泥或水泥混合砂浆一般在拌和后 3 ~ 4h 内用完，气温在 30℃以上时，应在 2 ~ 3h 内用完。

2. 砖或砌块

砖或砌块应提前 1 ~ 2d 浇水湿润；湿润程度以达到水浸润砖体深度 15mm 为宜，含水率为 10% ~ 15%。不宜在砌筑时临时浇水，严禁干砖上墙，严禁在砌筑后向墙体洒水。蒸压加气混凝土砌块因含水率大于 35%，只能在砌筑时洒水湿润。

3. 砌筑墙体

①砌筑蒸压加气混凝土砌块和轻骨料混凝土小型空心砌块填充墙时，墙底部应砌 200mm 高烧结普通砖、多孔砖或普通混凝土空心砌块或浇筑 200mm 高混凝土坎台，混凝土强度等级宜为 C20。

②填充墙砌筑必须内外搭接、上下错缝、灰缝平直、砂浆饱满。操作过程中要经常

进行自检，如有偏差，应随时纠正，严禁事后采用撞砖纠正。

③填充墙砌筑时，除构造柱的部位外，墙体的转角处和交接处应同时砌筑，严禁无可靠措施的内外墙分砌施工。

④填充墙砌体的灰缝厚度和宽度应正确。空心砖、轻骨料混凝土小型空心砌块的砌体灰缝应为 8 ~ 12mm，蒸压加气混凝土砌块砌体的水平灰缝厚度、竖向灰缝宽度分别为 15mm 和 20mm。

⑤墙体一般不留槎，如必须留置临时间断处，应砌成斜槎，斜槎长度不应小于高度的 2 / 3；施工时不能留成斜槎时，除转角处外，可于墙中引出直凸槎（抗震设防地区不得留直槎）。直槎墙体每间隔高度应在灰缝中加设拉结钢筋，拉结筋数量按 120mm 墙厚放一根 $\phi6$ 的钢筋，埋入长度从墙的留槎处算起，两边均不应小于 500mm，末端应有 90° 弯钩；拉结筋不得穿过烟道和通气管。

⑥砌体接槎时，必须将接槎处的表面清理干净，浇水湿润，并应填实砂浆，保持灰缝平直。

⑦木砖预埋：木砖经防腐处理，木纹应与钉子垂直，埋设数量按洞口高度确定；洞门高度 ≤ 2m，每边放 2 块，高度在 2 ~ 3m 时，每边放 3 ~ 4 块。预埋木砖的部位一般在洞门上下四皮砖处开始，中间均匀分布或按设计预埋。

⑧设计墙体上有预埋、预留的构造，应随砌随留、随复核，确保位置正确构造合理。不得在已砌筑好的墙体中打洞；墙体砌筑中，不得搁置脚手架。

⑨凡穿过砌块的水管，应严格防止渗水、漏水。在墙体内敷设暗管时，只能垂直埋设，不得水平开槽，敷设应在墙体砂浆达到强度后进行。混凝土空心砌块预埋管应提前专门做有预埋槽的砌块，不得墙上开槽。

⑩加气混凝土砌块切锯时应用专用工具，不得用斧子或瓦刀任意砍劈，洞口两侧应选用规则整齐的砌块砌筑。

（七）构造柱、圈梁

①有抗震要求的砌体填充墙按设计要求应设置构造柱、圈梁，构造柱的宽度由设计确定，厚度一般与墙壁等厚，圈梁宽度与墙等宽，高度不应小于 120mm。圈梁、构造柱的插筋宜优先预埋在结构混凝土构件中或后植筋，预留长度符合设计要求。构造柱施工时按要求应留设马牙槎，马牙槎宜先退后进，进退尺寸不小于 60mm，高度不宜超过 300mm。当设计无要求时，构造柱应设置在填充墙的转角处、丁形交接处或端部；当墙长大于 5m 时，应间隔设置。圈梁宜设在填充墙高度中部。

②支设构造柱、圈梁模板时，宜采用对拉栓式夹具，为了防止模板与砖墙接缝处漏浆，宜用双面胶条粘结。构造柱模板根部应留垃圾清扫孔。

③在浇灌构造柱、圈梁混凝土前，必须向柱或梁内砌体和模板浇水湿润，并将模板内的落地灰清除干净，先注入适量水泥砂浆，再浇灌混凝土。振捣时，振捣器应避免触碰墙体，严禁通过墙体传振。

第四章 混凝土结构工程

第一节 模板工程

模板工程的施工工艺包括模板的选材、选型、设计、制作、安装、拆除和周转等过程。模板工程是钢筋混凝土结构工程施工的重要组成部分，特别是在现浇钢筋混凝土结构工程施工中占有突出的地位，将直接影响到施工方法和施工机械的选择，对施工工期和工程造价也有一定的影响。

模板的材料宜选用钢材、胶合板、塑料等；模板支架的材料宜选用钢材等。当采用木材时，其树种可根据各地区实际情况选用，材质不宜低于Ⅲ等材。

一、模板的作用、要求和种类

模板系统包括模板、支架和紧固件三个部分。模板又称模型板，是新浇混凝土成型用的模型。

模板及其支架的要求：能保护工程结构和构件各部分形状尺寸及相互位置的正确；具有足够的承载能力、刚度和稳定性，能可靠地承受新浇混凝土的自重、侧压力及施工荷载；模板构造宜求简单，装拆方便，便于钢筋的绑扎、安装、混凝土浇筑及养护等要求；模板的接缝不应漏浆。

模板及其支架的分类：

按其所用的材料不同，分为木模板、钢模板、钢木模板、钢竹模板、胶合板模板、塑料模板、铝合金模板等。

按其结构的类型不同，分为基础模板、柱模板、楼板模板、墙模板、壳模板和烟囱模板等。

按其形式不同，分为整体式模板、定型模板、工具式模板、滑升模板、胎模等。

（一）木模板

木模板的特点是加工方便，能适应各种变化形状模板的需要，但周转率低，耗木材多。如节约木材，减少现场工作，木模板一般预先加工成拼板，然后在现场进行拼装。拼板由板条拼钉而成，板条厚度一般为 25 ~ 30mm，其宽度不宜超过 700mm（工具式模板不超过 150mm），拼条间距一般为 400 ~ 500mm，视混凝土的侧压力和板条厚度而定。

（二）基础模板

基础的特点是高度不大而体积较大，基础模板一般利用地基或基槽（坑）进行支撑。

安装时，要保证上下模板不发生相对位移，如为杯形基础，则还要在其中放入杯口模板。

（三）柱子模板

柱子的特点是断面尺寸不大但比较高。柱子模板由内拼板夹在两块外拼板之内组成，为利用短料，可利用短横板（门子板）代替外拼板钉在内拼板上。为承受混凝土的侧应力，拼板外沿设柱箍，其间距与混凝土侧压力、拼板厚度有关，为 500 ~ 700mm。柱模底部有钉在底部混凝土上的木框，用以固定柱模的位置。柱模顶部有与梁模连接的缺口，背部有清理孔，沿高度每 2m 设浇筑孔，以便浇筑混凝土。对于独立柱模，其四周应加支撑，以免混凝土浇筑时产生倾斜。

安装过程及要求：梁模板安装时，沿梁模板下方地面上铺垫板，在柱模板缺口处钉衬口档，把底板搁置在衬口档上；接着，立起靠近柱或墙的顶撑，再将梁长度等分，立中间部分顶撑，顶撑底下打入木楔，并检查调整标高；然后，把侧模板放上，两头钉于衬口档上，在侧板底外侧铺钉夹木，再钉上斜撑和水平拉条。有主次梁模板时，要待主梁模板安装并校正后才能进行次梁模板安装。梁模板安装后再拉中线检查、复核各梁模板中心线位置是否正确。

（四）梁、楼板模板

梁的特点是跨度大而宽度不大，梁底一般是架空的。楼板的特点是面积大而厚度比较薄，侧向压力小。

梁模板由底模和侧模、夹木及支架系统组成。底模承受垂直荷载，一般较厚。底模用长条模板加拼条拼成，或用整块板条。底模下有支柱（顶撑）或桁架承托。为减少梁的变形，支柱的压缩变形或弹性挠变不超过结构跨度的 1 / 1000。支柱底部应支承在坚实的地面或楼面上，以防下沉。为便于调整高度，宜用伸缩式顶撑或在支柱底部垫以木楔。多层建筑施工中，安装上层楼的楼板时，其下层楼板应达到足够的强度，或设有足够的支柱。

梁跨度等于及大于 4m 时，底模应起拱，起拱高度一般为梁跨度的 1 / 1000 ~ 3 / 1000。

梁侧模板承受混凝土侧压力，为防止侧向变形，底部用夹紧条夹住，顶部可由支撑楼板模板的木阁栅顶住，或用斜撑支牢。

楼板模板多用定型模板，它支承在木阁栅上，木阁栅支承在梁侧模板外的横档上。

（五）楼梯模板

楼梯模板的构造与楼板相似，不同点是楼梯模板要倾斜支设，且要能形成踏步。踏步模板分为底板及梯步两部分。

（六）定型组合钢模板

定型组合钢模板是一种工具式定型模板，由钢模板和配件组成，配件包括连接件和支承件。

钢模板通过各种连接件和支承件可组合成多种尺寸、结构和几何形状的模板，以适应各种类型建筑物的梁、柱、板、墙、基础和设备等施工的需要，也可用其拼装成大模板、滑模、隧道模和台模等。

施工时可在现场直接组装，亦可预拼装成大块模板或构件模板用起重机吊运安装。

定型组合钢模板组装灵活，通用性强，拆装方便；每套钢模可重复使用 50 ~ 100 次；加工精度高，浇筑混凝土的质量好，成型后的混凝土尺寸准确，棱角整齐，表面光滑，可以节省装修用工。

1. 钢模板

钢模板包括平面模板、阴角模板、阳角模板和连接角模。

钢模板采用模数制设计，宽度模数以 50mm 晋级，长度为 150mm 晋级，可以适应横竖拼装成以 50mm 晋级的任何尺寸的模板。

（1）平面模板

平面模板用于基础、墙体、梁、板、柱等各种结构的平面部位，它由面板和肋组成，肋上设有 U 形卡孔和插销孔，利用 U 形卡和 L 形插销等拼装成大块板，规格分类长度有 1500mm、1200mm、900mm、750mm、600mm、450mm 六种，宽度有 300mm、250mm、150mm、100mm 几种，高度为 55mm 可互换组合拼装成以 50mm 为模数的各种尺寸。

（2）阴角模板

阴角模板用于混凝土构件阴角，如内墙角、水池内角及梁板交接处阴角等，宽度阴角膜有 150mm×150mm、100mm×150mm 两种。

（3）阳角模板

阳角模板主要用于混凝土构件阳角，宽度阳角膜有 100mm×100mm、50mm×50mm 两种。

（4）连接角模

角模用于平模板作垂直连接构成阳角，宽度连接角膜有 50mm×50mm 一种。

2. 连接件

定型组合钢模板的连接件包括 U 形卡、L 形插销、钩头螺栓、紧固螺栓、对拉螺栓和扣件等，可用 12 的 3 号圆钢自制。

（1）U 形卡

模板的主要连接件，用于相邻模板的拼装。

（2）L 形插销

用于插入两块模板纵向连接处的插销孔内，以增强模板纵向接头处的刚度。

（3）钩头螺栓

连接模板与支撑系统的连接件。

（4）紧固螺栓

用于内、外钢楞之间的连接件。

（5）对拉螺栓

又称穿墙螺栓，用于连接墙壁两侧模板，保持墙壁厚度，承受混凝土侧压力及水平荷载，使模板不致变形。

（6）扣件

扣件用于钢楞之间或钢楞与模板之间的扣紧，按钢楞的不同形状，分别采用蝶形扣件和"3"形扣件。

3. 支承件

定型组合钢模板的支承件包括钢楞、柱箍、支架、斜撑及钢桁架等。

（1）钢楞

钢楞即模板的横档和竖档，分内钢楞与外钢楞。

内钢楞配置方向一般应与钢模板垂直，直接承受钢模板传来的荷载，其间距一般为700～900mm。

钢楞一般用圆钢管、矩形钢管、槽钢或内卷边槽钢，而以钢管用得较多。

（2）柱箍

柱模板四角设角钢柱箍。角钢柱箍由两根互相焊成直角的角钢组成，用弯角螺栓及螺母拉紧。

（3）钢支架

常用钢管支架由内外两节钢管制成，其高低调节距模数为 100mm；支架底部除垫板外，均用木楔调整标高，以利于拆卸。

另一种钢管支架本身装有调节螺杆，能调节一个孔距的高度，使用方便，但成本略高。

当荷载较大、单根支架承载力不足时，可用组合钢支架或钢管井架。

（4）斜撑

由组合钢模板拼成的整片墙模或柱模，在吊装就位后，应由斜撑调整和固定其垂直位置。

（5）钢桁架

其两端可支承在钢筋托具、墙、梁侧模板的横档以及柱顶梁底横档上，以支承梁或板的模板。

（6）梁卡具

梁卡具又称梁托架，用于固定矩形梁、圈梁等模板的侧模板，可节约斜撑等材料，也可用于侧模板上口的卡固定位。

二、模板的安装与拆除

（一）模板的安装

模板及其支架在安装过程中，必须设置防倾覆的临时固定设施。对现浇多层房屋和构筑物，应采取分层分段支模的方法。

（二）模板的拆除

模板拆除取决于混凝土的强度、模板的用途、结构的性质、混凝土硬化时的温度及养护条件等。及时拆模可以提高模板的周转率；拆模过早会因混凝土的强度不足，在自重或外力作用大而产生变形甚至裂缝，造成质量事故。因此，合理地拆除模板对提高施工的技术经济效果至关重要。

1.拆模的要求

对于现浇混凝土结构工程施工时，模板和支架拆除应符合下列规定：

第一，侧模，在混凝土强度能保护其表面及棱角不因拆除模板而受损坏后，方可拆除。

第二，底模，混凝土强度符合表4-1的规定，方可拆除。

表4-1　现浇结构拆模时所需混凝土强度

结构类型	结构跨度／m	按设计的混凝土强度标准值的百分率计／%
板	≤ 2	50
	> 2，≤ 8	75
	> 8	100
梁、拱、壳	≤ 8	75
	> 8	100

悬臂构件	≤ 2	75
	> 2	100

注："设计的混凝土强度标准值"是指与设计混凝土等级相应的混凝土立方抗压强度标准值。

对预制构件模板拆除时的混凝土强度，应符合设计要求；当设计无具体要求时，应符合下列规定：

第一，侧模，在混凝土强度能保证构件不变形、棱角完整时，才允许拆除侧模。

第二，芯模或预留孔洞的内模，在混凝土强度能保证构件和孔洞表面不发生坍陷和裂缝后，方可拆除。

第三，底模，当构件跨度不大于 4m 时，在混凝土强度符合设计的混凝土强度标准值的 50% 的要求后，方可拆除；当构件跨度大于 4m 时，在混凝土强度符合设计的混凝土强度标准值的 75% 的要求后，方可拆模。"设计的混凝土强度标准值"是指与设计混凝土等级相应的混凝土立方抗压强度标准值。

已拆除模板及其支架后的结构，只有当混凝土强度符合设计混凝土强度等级的要求时，才允许承受全部荷载；当施工荷载产生的效应比使用荷载的效应更为不利时，对结构必须经过核算，能保证其安全可靠性或经加设临时支撑加固处理后，才允许继续施工。拆除后的模板应进行清理、涂刷隔离剂，分类堆放，以便使用。

2. 拆模的顺序

一般是先支后拆，后支先拆，先拆除侧模板，后拆除底模板。对于肋形楼板的拆模顺序，首先拆除柱模板，然后拆除楼板底模板、梁侧模板，最后拆除梁底模板。

多层楼板模板支架的拆除，应按下列要求进行：

上层楼板正在浇筑混凝土时，下一层楼板的模板支架不得拆除，再下一层楼板模板的支架仅可拆除一部分。

跨度 ≥ 4m 的梁均应保留支架，其间距不得大于 3m。

3. 拆模的注意事项

①模板拆除时，不应对楼层形成冲击荷载。

②拆除的模板和支架宜分散堆放并及时清运。

③拆模时，应尽量避免混凝土表面或模板受到损坏。

④拆下的模板，应及时加以清理、修理，按尺寸和种类分别堆放，以便下次使用。

⑤若定型组合钢模板背面油漆脱落，应补刷防锈漆。

⑥已拆除模板及支架的结构，应在混凝土达到设计的混凝土强度标准后，才允许承受全部使用荷载。

⑦当承受施工荷载产生的效应比使用荷载更为不利时，必须经过核算，并加设临时支撑。

第二节　钢筋工程

一、钢筋的分类

钢筋混凝土结构所用的钢筋按生产工艺分为：热轧钢筋、冷拉钢筋、冷拔钢筋、冷轧钢筋、热处理钢筋、碳素钢丝、刻痕钢丝和钢绞线等。按轧制外形分为：光圆钢筋和变形钢筋（月牙形、螺旋形、人字形钢筋）；按钢筋直径大小分为：钢丝（直径 3 ~ 5mm）、细钢筋（直径 6 ~ 10mm）、中粗钢筋（直径 12 ~ 20mm）和粗钢筋（直径大于 20mm）。

钢筋出厂应附有出厂合格证明书或技术性能及试验报告证书。

钢筋运至现场在使用前，需要经过加工处理。钢筋的加工处理主要工序有冷拉、冷拔、除锈、调直、下料、剪切、绑扎及焊（连）接等。

二、钢筋的验收和存放

钢筋混凝土结构和预应力混凝土结构的钢筋应按下列规定选用：

普通钢筋即用于钢筋混凝土结构中的钢筋及预应力混凝土结构中的非预应力钢筋，宜采用 HRB400 和 HRB335，也可采用 HPB235 和 RRB400 钢筋；预应力钢筋宜采用预应力钢绞线、钢丝，也可采用热处理钢筋。钢筋混凝土工程中所用的钢筋均应进行现场检查验收，合格后方能入库存放、待用。

（一）钢筋的验收

验收内容：查对标牌，检查外观，并按有关标准的规定抽取试样进行力学性能试验。

钢筋的外观检查包括：钢筋应平直、无损伤，表面不得有裂纹、油污、颗粒状或片状锈蚀。钢筋表面凸块不允许超过螺纹的高度；钢筋的外形尺寸应符合有关规定。

做力学性能试验时，从每批中任意抽出两根钢筋，每根钢筋上取两个试样分别进行拉力试验（测定其屈服点、抗拉强度、伸长率）和冷弯试验。

（二）钢筋的存放

钢筋运至现场后，必须严格按批分等级、牌号、直径、长度等挂牌存放，并注明数量，不得混淆。

应堆放整齐，避免锈蚀和污染，堆放钢筋的下面要加垫木，离地一定距离，一般为20cm；有条件时，尽量堆入仓库或料棚内。

三、钢筋的冷拉和冷拔

（一）钢筋的冷拉

钢筋冷拉：在常温下对钢筋进行强力拉伸，以超过钢筋的屈服强度的拉应力，使钢筋产生塑性变形，达到调直钢筋、提高强度的目的。

1. 冷拉原理

冷拉后钢筋有内应力存在，内应力会促进钢筋内的晶体组织调整，使屈服强度进一步提高。该晶体组织调整过程称为"时效"。

2. 冷拉控制

钢筋冷拉控制可以用控制冷拉应力或冷拉率的方法。冷拉后检查钢筋的冷拉率，如超过表中规定的数值，则应进行钢筋力学性能试验。用作预应力混凝土结构的预应力筋，宜采用冷拉应力来控制。

3. 冷拉设备

冷拉设备由拉力设备、承力结构、测量设备和钢筋夹具等部分组成。

（二）钢筋的冷拔

钢筋冷拔是用强力将直径 6 ~ 8mm 的 I 级光圆钢筋在常温下通过特制的钨合金拔丝模，多次拉拔成比原钢筋直径小的钢丝，使钢筋产生塑性变形。

钢筋经过冷拔后，横向压缩、纵向拉伸，钢筋内部晶格产生滑移，抗拉强度标准值可提高 50% ~ 90%，但塑性降低，硬度提高。这种经冷拔加工的钢筋称为冷拔低碳钢丝。冷拔低碳钢丝分为甲、乙级，甲级钢丝主要用作预应力混凝土构件的预应力筋，乙级钢丝用于焊接网和焊接骨架、架立筋、箍筋和构造钢筋。

1. 冷拔工艺

钢筋冷拔工艺过程为：轧头→剥壳→通过润滑剂→进入拔丝模。轧头在钢筋轧头机上进行，将钢筋端轧细，以便通过拔丝模孔。剥壳是通过 3 ~ 6 个上下排列的辊子，除去钢筋表面坚硬的氧化铁渣壳。润滑剂常用石灰、动植物油肥皂、白腊和水按比例制成。

2. 影响冷拔质量的因素

影响冷拔质量的主要因素为原材料质量和冷拔点总压缩率。

为保证冷拔钢丝的质量，甲级钢丝采用符合 I 级热轧钢筋标准的圆盘条拔制。冷拔总压缩率（β）是指由盘条拔至成品钢丝的横截面缩减率，可按下式计算：

$$\beta = \frac{d_0^2 - d^2}{d_0^2} \times 100\%$$

（4-1）

式中：β —— 总压缩率；

d_0 —— 原盘条钢筋直径（mm）；

d —— 成品钢丝直径（mm）。

总压缩率越大，则抗拉强度提高越高，但塑性降低也越多，因此，必须控制总压缩率。

四、钢筋配料

钢筋配料就是根据配筋图计算构件各钢筋的下料长度、根数及质量，编制钢筋配料单，作为备料、加工和结算的依据。

（一）钢筋配料单的编制

①熟悉图纸编制钢筋配料单之前必须熟悉图纸，把结构施工图中钢筋的品种、规格列成钢筋明细表，并读出钢筋设计尺寸。

②计算钢筋的下料长度。

③填写和编写钢筋配料单。根据钢筋下料长度，汇总编制钢筋配料单。在配料单中，要反映出工程名称，钢筋编号，钢筋简图和尺寸，钢筋直径、数量、下料长度、质量等。

④填写钢筋料牌根据钢筋配料单，将每一编号的钢筋制作一块料牌，作为钢筋加工的依据。

（二）钢筋下料长度的计算原则及规定

1. 钢筋长度

钢筋下料长度与钢筋图中的尺寸是不同的。钢筋图中注明的尺寸是钢筋的外包尺寸，外包尺寸大于轴线长度，但钢筋经弯曲成型后，其轴线长度并无变化。因此钢筋应按轴线长度下料，否则，钢筋长度大于要求长度，将导致保护层不够，或钢筋尺寸大于模板净空，既影响施工，又造成浪费。在直线段，钢筋的外包尺寸与轴线长度并无差别；在弯曲处，钢筋外包尺寸与轴线长度间存在一个差值，称之为量度差。故钢筋下料长度应为各段外包尺寸之和减去量度差，再加上端部弯钩尺寸（称末端弯钩增长值）。

2. 混凝土保护层厚度

混凝土保护层是指受力钢筋外缘至混凝土构件表面的距离，其作用是保护钢筋在混凝土结构中不受锈蚀。

混凝土的保护层厚度，一般用水泥砂浆垫块或塑料卡垫在钢筋与模板之间来控制。塑料卡的形状有塑料垫块和塑料环圈两种。塑料垫块用于水平构件，塑料环圈用于垂直构件。

综上所述，钢筋下料长度计算总结为：

直钢筋下料长度 = 直构件长度 – 保护层厚度 + 弯钩增加长度

弯起钢筋下料长度 = 直段长度 + 斜段长度 – 弯折量度差值 + 弯钩增加长度

箍筋下料长度 = 直段长度 + 弯钩增加长度 – 弯折量度差值

或箍筋下料长度 = 箍筋周长 + 箍筋调整值

（三）钢筋下料计算注意事项

①在设计图纸中，钢筋配置的细节问题没有注明时，一般按构造要求处理。

②配料计算时，要考虑钢筋的形状和尺寸，在满足设计要求的前提下，要有利于加工。

③配料时，还要考虑施工需要的附加钢筋。

五、钢筋代换

（一）代换原则及方法

当施工中遇到钢筋品种或规格与设计要求不符时，可参照以下原则进行钢筋代换。

1. 等强度代换方法

当构件配筋受强度控制时，可按代换前后强度相等的原则代换，称作"等强度代换"。

如设计图中所用的钢筋设计强度为 f_{y1}，钢筋总面积为 A_{s1}，代换后的钢筋设计强度为 f_{y2}，钢筋总面积为 A_{s2}，则应使：

$$A_{s1} \leqslant A_{s2}$$

（4-2）

则

$$n_2 \geqslant n_1 \cdot \frac{d_1^2}{d_2^2}$$

（4-3）

$$A_{s1} \cdot f_{y1} \leqslant A_{s2} \cdot f_{y2}$$

（4-4）

2. 等面积代换方法

当构件按最小配筋率配筋时，可按代换前后面积相等的原则进行代换，称"等面积代换"。代换时应满足下式要求：

即

$$n_2 \geqslant \frac{n_1 d_1^2 f_{y1}}{d_2^2 f_{y2}}$$

（4-5）

3. 裂缝宽度或挠度验算

当构件配筋受裂缝宽度或挠度控制时，代换后应进行裂缝宽度或挠度验算。

（二）代换注意事项

钢筋代换时，应办理设计变更文件，并应符合下列规定：

①重要受力构件（如吊车梁、薄腹梁、桁架下弦等）不宜用 HPB300 钢筋代换变形钢筋，以免裂缝开展过大。

②钢筋代换后，应满足混凝土结构设计规范中所规定的钢筋间距、锚固长度、最小钢筋直径、根数等配筋构造要求。

③梁的纵向受力钢筋与弯起钢筋应分别代换，以保证正截面与斜截面强度。

④有抗震要求的梁、柱和框架，不宜以强度等级较高的钢筋代换原设计中的钢筋；如必须代换时，其代换的钢筋检验所得的实际强度，尚应符合抗震钢筋的要求。

⑤预制构件的吊环，必须采用未经冷拉的 HPB300 钢筋制作，严禁以其他钢筋代换。

⑥当构件受裂缝宽度或挠度控制时，钢筋代换后应进行刚度、裂缝验算。

六、钢筋的绑扎与机械连接

钢筋的连接方式可分为两类：绑扎连接、焊接或机械连接。

纵向受力钢筋的连接方式应符合设计要求。

机械连接接头和焊接连接接头的类型及质量应符合国家现行标准的规定。

（一）钢筋绑扎连接

钢筋绑扎安装前，应先熟悉施工图纸，核对钢筋配料单和料牌，研究钢筋安装和与有关工种配合的顺序，准备绑扎用的铁丝、绑扎工具、绑扎架等。钢筋绑扎一般用 18 ～ 22 号铁丝，其中 22 号铁丝只用于绑扎直径 12mm 以下的钢筋。

钢筋的交叉点应用铁丝扎牢。柱、梁的箍筋，除设计有特殊要求外，应与受力钢筋垂直；箍筋弯钩叠合处，应沿受力钢筋方向错开设置。柱中竖向钢筋搭接时，角部钢筋的弯钩平面与模板面的夹角，矩形柱应为 45°，多边形柱应为模板内角的平分角。

板、次梁与主梁交叉处，板的钢筋在上，次梁的钢筋居中，主梁的钢筋在下；当有圈梁或垫梁时，主梁的钢筋应放在圈梁上。主筋两端的搁置长度应保持均匀一致。

（二）钢筋机械连接

1. 套筒挤压连接

套筒挤压连接是把两根待接钢筋的端头先插入一个优质钢套管，然后用挤压机在侧向加压数道，套筒塑性变形后即与带肋钢筋紧密咬合达到连接的目的。

2. 锥螺纹连接

锥螺纹连接是用锥形纹套筒将两根钢筋端头对接在一起，利用螺纹的机械咬合力传递拉力或压力。所用的设备主要是套丝机，通常安放在现场对钢筋端头进行套丝。

3. 直螺纹连接

直螺纹连接是近年来开发的一种新的螺纹连接方式。它先把钢筋端部镦粗，然后再切削直螺纹，最后用套筒实行钢筋对接。

（1）等强直螺纹接头的制作工艺及其优点

等强直螺纹接头制作工艺分下列几个步骤：钢筋端部镦粗；切削直螺纹；用连接套筒对接钢筋。

直螺纹接头的优点：强度高；接头强度不受扭紧力矩影响；连接速度快；应用范围广；经济；便于管理。

（2）接头性能

为充分发挥钢筋母材强度，连接套筒的设计强度大于等于钢筋抗拉强度标准值的1.2倍，直螺纹接头标准套筒的规格、尺寸见表4-2。

表4-2　标准型套筒规格、尺寸

钢筋直径／mm	套筒外径／mm	套筒长度／mm	螺纹规格／mm
20	32	40	M24×2.5
22	34	44	M25×2.5
25	39	50	M29×3.0
28	43	56	M32×3.0
32	49	64	M36×3.0
36	55	72	M40×3.5
40	61	80	M45×3.5

（3）接头类型

根据不同应用场合，接头可分为表4-3所示的6种类型。

表4-3　直螺纹接头类型及使用场合

序号	形式	使用场合
1	标准型	正常情况下连接钢筋
2	加长型	用于转动钢筋困难的场合，通过转动套筒连接钢筋
3	扩口型	用于钢筋较难对中的场合
4	异径型	用于连接不同直径的钢筋
5	正反丝扣型	用于两端钢筋均不能转动而要求调节轴向长度的场合
6	加锁母型	用于钢筋完全不能转动，通过转动套筒连接钢筋，用锁母锁定套筒

4. 钢筋机械连接接头质量检查与验收

工程中应用钢筋机械连接时，应由该技术提供单位提交有效的检验报告。

钢筋连接工程开始前及施工过程中，应对每批进场钢筋进行接头工艺检验，工艺检验应符合设计图纸或规范要求。现场检验应进行外观质量检查和单向拉伸试验。接头的现场检验按验收批进行。对接头的每一验收批，必须在工程结构中随机截取3个试件作单向拉伸试验，按设计要求的接头性能等级进行检验与评定。在现场连续检验10个验收批。外观质量检验的质量要求、抽样数量、检验方法及合格标准由各类型接头的技术规程确定。

七、钢筋的焊接

钢筋常用的焊接方法有闪光对焊、电弧焊、电渣压力焊、埋弧压力焊和气压焊等。钢筋焊接接头质量检查与验收应满足下列规定：

①钢筋焊接接头或焊接制品（焊接骨架、焊接网）应按规定进行质量检查与验收。

②钢筋焊接接头或焊接制品应分批进行质量检查与验收。质量检查应包括外观检查和力学性能试验。

③外观检查首先应由焊工对所焊接头或制品进行自检，然后再由质量检查人员进行检验。

④力学性能试验应在外观检查合格后随机抽取试件进行试验。

⑤钢筋焊接接头或焊接制品质量检验报告单中应包括下列内容：工程名称、取样部位；批号、批量；钢筋级别、规格；力学性能试验结果；施工单位。

（一）闪光对焊

根据钢筋级别、直径和所用焊机的功率，闪光对焊工艺可分为连续闪光焊、预热闪光焊、闪光 - 预热 - 闪光焊三种。

1. 连续闪光焊

连续闪光焊的工艺过程包括连续闪光和顶锻过程。施焊时，闭合电源使两钢筋端面轻微接触，此时端面接触点很快熔化并产生金属蒸气飞溅，形成闪光现象；接着徐徐移动钢筋，形成连续闪光过程，同时接头被加热；待接头烧平、闪去杂质和氧化膜、白热熔化时，立即施加轴向压力迅速进行顶锻，使两根钢筋焊牢。

连续闪光焊宜用于焊接直径 25mm 以内的 HPB300、HRB335 和 HRB400 钢筋。

2. 预热闪光焊

预热闪光焊的工艺过程包括预热、连续闪光及顶锻过程，即在连续闪光焊前增加了一次预热过程，使钢筋预热后再连续闪光烧化进行加压顶锻。

预热闪光焊适宜焊接直径大于 25mm 且端部较平坦的钢筋。

3. 闪光 - 预热 - 闪光焊

即在预热闪光焊前面增加了一次闪光过程，使不平整的钢筋端面烧化平整，预热均匀，最后进行加压顶锻。它适宜焊接直径大于 25mm，且端部不平整的钢筋。

闪光对焊接头的质量检验，应分批进行外观检查和力学性能试验，并应按下列规定抽取试件：

①在同一台班内，由同一焊工完成的 300 个同级别、同直径钢筋焊接接头应作为一批。当同一台班内焊接的接头数量较少，可在一周之内累计计算；累计仍不足 300 个接头，应按一批计算。

②外观检查的接头数量，应从每批中抽查 10%，且不得少于 10 个。

③力学性能试验时，应从每批接头中随机切取 6 个试件，其中 3 个做拉伸试验，3 个做弯曲试验。

④焊接等长的预应力钢筋（包括螺丝端杆与钢筋）时，可按生产时同等条件制作模拟试件。

⑤螺丝端杆接头可只做拉伸试验。

闪光对焊接头外观检查结果，应符合下列要求：

①接头处不得有横向裂纹。

②与电接触处的钢筋表面，HPB300、HRB335 和 HRB400 钢筋焊接时不得有明显烧伤，RRB400 钢筋焊接时不得有烧伤。

③接头处的弯折角不得大于 4°。

④接头处的轴线偏移，不得大于钢筋直径的 0.1 倍，且不得大于 2mm。

闪光对焊接头拉伸试验结果应符合下列要求：

① 3 个热轧钢筋接头试件的抗拉强度均不得小于该级别钢筋规定的抗拉强度；余热处理 HRB400 钢筋接头试件的抗拉强度均不得小于热轧 HRB400 钢筋规定的抗拉强度 570MPa。

②应至少有 2 个试件断于焊缝之外，并呈延性断裂。

③预应力钢筋与螺丝端杆闪光对焊接头拉伸试验结果，3 个试件应全部断于焊缝之外，呈延性断裂。

④模拟试件的试验结果不符合要求时，应从成品中再切取试件进行复验，其数量和要求应与初始试验时相同。

⑤闪光对焊接头弯曲试验时，应将受压面的金属毛刺和镦粗变形部分消除，且与母材的外表齐平。

（二）电弧焊

电弧焊是利用弧焊机使焊条与焊件之间产生高温电弧，使焊条和电弧燃烧范围内的焊件熔化，待其凝固便形成焊缝或接头。

电弧焊广泛用于钢筋接头与钢筋骨架焊接、装配式结构接头焊接、钢筋与钢板焊接及各种钢结构焊接。

弧焊机有直流与交流之分，常用的是交流弧焊机。

焊条的种类很多，根据钢材等级和焊接接头形式选择焊条，如结 420、结 500 等。

焊接电流和焊条直径应根据钢筋级别、直径、接头形式和焊接位置进行选择。

钢筋电弧焊的接头形式有三种：搭接接头、帮条接头及坡口接头。

搭接接头的长度、帮条的长度、焊缝的宽度和高度，均应符合规范的规定。

电弧焊接头外观检查时，应在清渣后逐个进行目测或量测。

（三）电渣压力焊

电渣压力焊是利用电流通过渣池产生的电阻热将钢筋端部熔化，然后施加压力使钢筋焊合。

钢筋电渣压力焊分手工操作和自动控制两种。采用自动电渣压力焊时，主要设备是自动电渣焊机。

电渣压力焊的焊接参数为焊接电流、渣池电压和通电时间等，可根据钢筋直径选择。电渣压力焊的接头应按规范规定的方法检查外观质量和进行试样拉伸试验。

电渣压力焊接头应逐个进行外观检查。

电渣压力焊接头外观检查结果应符合下列要求：

①四周焊包凸出钢筋表面的高度应大于或等于 4mm。

②钢筋与电极接触处，应无烧伤缺陷。

③接头处的弯折角不得大于 4°。

④接头处的轴线偏移不得大于钢筋直径的 0.1 倍，且不得大于 2mm。

电渣压力焊拉头拉伸试验结果，3 个试件的抗拉强度均不得小于该级别钢筋规定的抗拉强度。

（四）埋弧压力焊

埋弧压力焊是利用焊剂层下的电弧，将两焊件相邻部位熔化，然后加压顶锻使两焊件焊合。具有焊后钢板变形小、抗拉强度高的特点。

（五）气压焊

钢筋气压焊是利用乙炔、氧气混合气体燃烧的高温火焰，加热钢筋结合端部，不待钢筋熔融使其高温下加压接合。

气压焊的设备包括供气装置、加热器、加压器和压接器等。

气压焊操作工艺：

施焊前，钢筋端头用切割机切齐，压接面应与钢筋轴线垂直，如稍有偏斜，两钢筋间距不得大于 3mm。

钢筋切平后，端头周边用砂轮磨成小八字角，并将端头附近 50 ~ 100mm 内钢筋表面上的铁锈、油渍和水泥清除干净。

施焊时，先将钢筋固定于压接器上，并加以适当的压力使钢筋接触，然后将火钳火口对准钢筋接缝处，加热钢筋端部至 1100 ~ 1300℃，表面发深红色时，当即加压油泵，对钢筋施以 40MPa 以上的压力。

八、钢筋的加工与安装

钢筋的加工有除锈、调直、下料剪切及弯曲成型。

（一）除锈

钢筋除锈一般可以通过以下两个途径：

大量钢筋除锈可通过钢筋冷拉或钢筋调直机调直过程中完成。

少量的钢筋局部除锈可采用电动除锈机或人工用钢丝刷、砂盘以及喷砂和酸洗等方法进行。

（二）调直

钢筋调直宜采用机械方法，也可以采用冷拉。对局部曲折、弯曲或成盘的钢筋在使用前应加以调直。钢筋调直方法很多，常用的方法是使用卷扬机拉直和用调直机调直。

（三）切断

切断前，应将同规格钢筋长短搭配，统筹安排，一般先断长料，后断短料，以减少短头和损耗。

钢筋切断可用钢筋切断机或手动剪切器。

（四）弯曲成型

钢筋弯曲的顺序是画线、试弯、弯曲成型。

画线主要根据不同的弯曲角在钢筋上标出弯折的部位，以外包尺寸为依据，扣除弯曲量度差值。

钢筋弯曲有人工弯曲和机械弯曲。

第三节　混凝土工程

混凝土工程包括配料、搅拌、运输、浇筑、振捣和养护等工序。各施工工序对混凝土工程质量都有很大的影响。因此，要使混凝土工程施工能保证结构具有设计的外形和尺寸，确保混凝土结构的强度、刚度、密实性、整体性及满足设计和施工的特殊要求，必须要严格保证混凝土工程每道工序的施工质量。

一、混凝土的施工配料

施工配料时影响混凝土质量的因素主要有两方面：一是称量不准；二是未按砂、石骨料实际含水率的变化进行施工配合比的换算。

混凝土的配合比是在实验室根据混凝土的施工配制强度经过试配和调整而确定的，称为实验室配合比。

实验室配合比所用的砂、石都是不含水分的。而施工现场的砂、石一般都含有一定的水分，且砂、石含水率的大小随当地气候条件不断发生变化。因此，为保证混凝土配合比的质量，在施工中应适当扣除使用砂、石的含水量，经调整后的配合比，称为施工配合比。施工配合比可以经对实验室配合比作如下调整得出。

设实验室配合比为水泥：砂子：石子 $=1：x：y$，水灰比为 W/C，并测得砂、石含水率分别为 W_x、W_y，则施工配合比应为：

$$水泥：砂子：石子 =1 ： x(1+W_x) ： y(1+W_y)$$

$$(4-6)$$

按实验室配合比 1m³ 混凝土水泥用量为 C（kN），计算时保持水灰比 W/C 不变，则 1m3 混凝土的各材料的用量（kN）为：

水泥：$C'=C$

砂：$G'=C_x(1+W_x)$

石：$G_石'=C_y(1+W_y)$

水：$W'=W-C_x W_x-C_y W_y$

混凝土配合比时，混凝土的最大水泥用量不宜大于 550kg／m³，且应保证混凝土的最大水灰比和最小水泥用量应符合表的规定。

配制泵送混凝土的配合比时，骨料最大粒径与输送管内径之比，对碎石不宜大于 1：3，卵石不宜大于 1：2.5，通过 0.315mm 筛孔的砂不应少于 15%；砂率宜控制在 40%～50%；最小水泥用量宜为 300kg／m³；混凝土的坍落度宜为 80～180mm；混凝土内宜掺加适量的外加剂。泵送轻骨料混凝土的原材料选用及配合比,应由试验确定。

二、混凝土的搅拌

混凝土搅拌，是将水、水泥和粗细骨料进行均匀拌和及混合的过程。同时，通过搅拌还要使材料达到强化、塑化的作用。混凝土可采用机构搅拌和人工搅拌。搅拌机械分为自落式搅拌机和强制式搅拌机。

（一）混凝土搅拌机

混凝土搅拌机按搅拌原理分为自落式和强制式两类。

自落式搅拌机多用于搅拌塑性混凝土和低流动性混凝土。

强制式搅拌机多用于搅拌干硬性混凝土和轻骨料混凝土，也可以搅拌低流动性混凝土。强制式搅拌机又分为立轴式和卧轴式两种。卧轴式有单轴、双轴之分，而立轴式又分为涡浆式和行星式。

（二）混凝土搅拌

1. 搅拌时间

混凝土的搅拌时间：从砂、石、水泥和水等全部材料投入搅拌筒起，到开始卸料为止所经历的时间。

搅拌时间与混凝土的搅拌质量密切相关，随搅拌机类型和混凝土的和易性不同而变化。

在一定范围内，随搅拌时间的延长，强度有所提高，但过长时间的搅拌既不经济，而且混凝土的和易性又将降低，影响混凝土的质量。

加气混凝土还会因搅拌时间过长而使含气量下降。

2. 投料顺序

投料顺序应从提高搅拌质量，减少叶片、衬板的磨损，减少拌和物与搅拌筒的黏结，减少水泥飞扬，改善工作环境，提高混凝土强度及节约水泥等方面综合考虑确定。常用一次投料法和二次投料法。

（1）一次投料法

一次投料法是在上料斗中先装石子，再加水泥和砂，然后一次投入搅拌筒中进行搅拌。

自落式搅拌机要在搅拌筒内先加部分水，投料时砂压住水泥，使水泥不飞扬，而且水泥和砂先进搅拌筒形成水泥砂浆，可缩短水泥包裹石子的时间。

强制式搅拌机出料口在下部，不能先加水，应在投入原材料的同时，缓慢均匀分散地加水。

（2）二次投料法

二次投料法是先向搅拌机内投入水和水泥（和砂），待其搅拌 1min 后再投入石子和砂继续搅拌到规定时间。这种投料方法，能改善混凝土性能，提高了混凝土的强度，在保证规定的混凝土强度的前提下节约了水泥。

目前常用的方法有两种：预拌水泥砂浆法和预拌水泥净浆法。

预拌水泥砂浆法是指先将水泥、砂和水加入搅拌筒内进行充分搅拌，成为均匀的水泥砂浆后，再加入石子搅拌成均匀的混凝土。

预拌水泥净浆法是先将水泥和水充分搅拌成均匀的水泥净浆后，再加入砂和石子搅拌成混凝土。

与一次投料法相比，二次投料法可使混凝土强度提高 10% ~ 15%，节约水泥 15% ~ 20%。

水泥裹砂石法混凝土搅拌工艺，用这种方法拌制的混凝土称为造壳混凝土（简称 SEC 混凝土）。它是分两次加水，两次搅拌。

先将全部砂、石子和部分水倒入搅拌机拌和，使骨料湿润，称之为造壳搅拌。

搅拌时间以 45 ~ 75s 为宜，再倒入全部水泥搅拌 20s，加入拌和水和外加剂进行第二次搅拌，60s 左右完成，这种搅拌工艺称为水泥裹砂法。

3. 进料容量

进料容量是将搅拌前各种材料的体积累积起来的容量，又称干料容量。

进料容量与搅拌机搅拌筒的几何容量有一定比例关系。进料容量约为出料容量的 1.4 ~ 1.8 倍（通常取 1.5 倍），如任意超载（超载 10%），就会使材料在搅拌筒内无充分的空间进行拌和，影响混凝土的和易性。反之，装料过少，又不能充分发挥搅拌机的效能。

三、混凝土的运输

（一）混凝土运输的要求

运输中的全部时间不应超过混凝土的初凝时间。

运输中应保持匀质性，不应产生分层离析现象，不应漏浆；运至浇筑地点应具有规定的坍落度，并保证混凝土在初凝前能有充分的时间进行浇筑。

混凝土的运输道路要求平坦，应以最少的运转次数、最短的时间从搅拌地点运至浇筑地点。

（二）运输工具的选择

混凝土运输分地面水平运输、垂直运输和楼面水平运输等三种。

地面运输时，短距离多用双轮手推车、机动翻斗车，长距离宜用自卸汽车、混凝土搅拌运输车。

垂直运输可采用各种井架、龙门架和塔式起重机作为垂直运输工具。对于浇筑量大、浇筑速度比较稳定的大型设备基础和高层建筑，宜采用混凝土泵，也可采用自升式塔式起重机或爬升式塔式起重机运输。

（三）泵送混凝土

混凝土用混凝土泵运输，通常称为泵送混凝土。常用的混凝土泵有液压柱塞泵和挤压泵两种。

1. 液压柱塞泵

液压柱塞泵是利用柱塞的往复运动将混凝土吸入和排出。

混凝土输送管有直管、弯管、锥形管和浇筑软管等，一般由合金钢、橡胶、塑料等材料制成，常用混凝土输送管的管径为 $100 \sim 150mm$。

2. 泵送混凝土对原材料的要求

（1）粗骨料

碎石最大粒径与输送管内径之比不宜大于 1 ∶ 3；卵石不宜大于 1 ∶ 2.5。

（2）砂

以天然砂为宜，砂率宜控制在 40% ～ 50%，通过 0.315mm 筛孔的砂不少于 15%。

（3）水泥

最少水泥用量为 $300kg / m^3$，坍落度宜为 $80 \sim 180mm$，混凝土内宜适量掺入外加剂。泵送轻骨料混凝土的原材料选用及配合比，应通过试验确定。

（四）泵送混凝土施工中应注意的问题

输送管的布置宜短直，尽量减少弯管数，转弯宜缓，管段接头要严密，少用锥形管。

混凝土的供料应保证混凝土泵能连续工作，不间断；正确选择骨料级配，严格控制配合比。

泵送前，为减少泵送阻力，应先用适量与混凝土内成分相同的水泥浆或水泥砂浆润滑输送管内壁。

泵送过程中，泵的受料斗内应充满混凝土，防止吸入空气形成阻塞。

防止停歇时间过长，若停歇时间超过 45min，应立即用压力或其他方法冲洗管内残留的混凝土；泵送结束后，要及时清洗泵体和管道；用混凝土泵浇筑的建筑物，要加强养护，防止龟裂。

四、混凝土的浇筑与振捣

（一）混凝土浇筑前的准备工作

混凝土浇筑前，应对模板、钢筋、支架和预埋件进行检查。检查模板的位置、标高、尺寸、强度和刚度是否符合要求，接缝是否严密，预埋件位置和数量是否符合图纸要求。

检查钢筋的规格、数量、位置、接头和保护层厚度是否正确；清理模板上的垃圾和钢筋上的油污，浇水湿润木模板；填写隐蔽工程记录。

（二）混凝土的浇筑

1. 混凝土浇筑的一般规定

混凝土浇筑前不应发生离析或初凝现象，如已发生，须重新搅拌。混凝土运至现场后，其坍落度应满足表 4-4 的要求。

表 4-4　混凝土浇筑时的坍落度

结构种类	坍落度 / mm
基础或地面的垫层、无配筋的大体积结构（挡土墙、基础等）或配筋稀疏的结构	10 ~ 30
板、梁和大型及中型截面的柱子等	30 ~ 50
配筋密列的结构（薄壁、斗仓、筒仓、细柱等）	50 ~ 70
配筋特密的结构	70 ~ 90

混凝土自高处倾落时，其自由倾落高度不宜超过 2m；若混凝土自由下落高度超过 2m，应设串筒、斜槽、溜管或振动溜管等。

混凝土的浇筑工作，应尽可能连续进行。混凝土的浇筑应分段、分层连续进行，随浇随捣。混凝土浇筑层厚度应符合表 4-5 的规定。

在竖向结构中浇筑混凝土时，不得发生离析现象。

表 4-5　混凝土浇筑层厚度

项次	捣实混凝土的方法		浇筑层厚度 / mm
1	插入式振捣		振捣器作用部分长度的 1.25 倍
2	表面振动		200
3	人工捣固	在基础、无筋混凝土或配筋稀疏的结构中	250
4		在梁、墙板、柱结构中	200
5		在配筋密列的结构中	150
6	轻骨料混凝土	插入式振捣器	300
7		表面振动（振动时须加荷）	200

2. 施工缝的留设与处理

如果由于技术或施工组织上的原因，不能对混凝土结构一次连续浇筑完毕，而必须停歇较长的时间，其停歇时间已超过混凝土的初凝时间，致使混凝土已初凝；当继续浇混凝土时，形成了接缝，即为施工缝。

（1）施工缝的留设位置

施工缝设置的原则，一般宜留在结构受力（剪力）较小且便于施工的部位。

柱子的施工缝宜留在基础与柱子交接处的水平面上，或梁的下面，或吊车梁牛腿的下面、吊车梁的上面、无梁楼盖柱帽的下面。

高度大于 1m 的钢筋混凝土梁的水平施工缝，应留在楼板底面下 20 ~ 30mm 处，当板下有梁托时，留在梁托下部；单向平板的施工缝，可留在平行于短边的任何位置处；对于有主次梁的楼板结构，宜顺着次梁方向浇筑，施工缝应留在次梁跨度的中间 1 / 3 范围内。

（2）施工缝的处理

施工缝处继续浇筑混凝土时，应待混凝土的抗压强度不小于 1.2MPa 方可进行。

施工缝浇筑混凝土之前，应除去施工缝表面的水泥薄膜、松动石子和软弱的混凝土层，并加以充分湿润和冲洗干净，不得有积水。

浇筑时，施工缝处宜先铺水泥浆（水泥：水 =1 : 0.4），或与混凝土成分相同的水泥砂浆一层，厚度为 30 ~ 50mm，以保证接缝的质量。浇筑过程中，施工缝应细致捣实，使其紧密结合。

3. 混凝土的浇筑方法

（1）多层钢筋混凝土框架结构的浇筑

浇筑框架结构首先要划分施工层和施工段，施工层一般按结构层划分，而每一施工层的施工段划分，则要考虑工序数量、技术要求、结构特点等。

混凝土的浇筑顺序：先浇捣柱子，在柱子浇捣完毕后，停歇 1 ~ 1.5 h，使混凝土达到一定强度后，再浇捣梁和板。

（2）大体积钢筋混凝土结构的浇筑

大体积钢筋混凝土结构多为工业建筑中的设备基础及高层建筑中厚大的桩基承台或基础底板等。

特点是混凝土浇筑面和浇筑量大，整体性要求高，不能留施工缝，以及浇筑后水泥的水化热量大且聚集在构件内部，形成较大的内外温差，易造成混凝土表面产生收缩裂缝等。

为保证混凝土浇筑工作连续进行，不留施工缝，应在下一层混凝土初凝之前，将上一层混凝土浇筑完毕。要求混凝土按不小于下述的浇筑量进行浇筑：

$$Q = \frac{FH}{T}$$

$$（4-7）$$

式中：Q —— 混凝土最小浇筑量（m^3 / h）；

F —— 混凝土浇筑区的面积（m^2）；

H —— 浇筑层厚度（m）；

T —— 下层混凝土从开始浇筑到初凝所容许的时间间隔（h）。

大体积钢筋混凝土结构的浇筑方案，一般分为全面分层、分段分层和斜面分层三种。

全面分层：在第一层浇筑完毕后，再回头浇筑第二层，如此逐层浇筑，直至完工为止。

分段分层：混凝土从底层开始浇筑，进行 2 ~ 3m 后再回头浇第二层，同样依次浇筑各层。

斜面分层：要求斜坡坡度不大于 1 / 3，适用于结构长度大大超过厚度 3 倍的情况。

（三）混凝土的振捣

振捣方式分为人工振捣和机械振捣两种。

1. 人工振捣

利用捣锤或插钎等工具的冲击力来使混凝土密实成型，其效率低、效果差。

2. 机械振捣

将振动器的振动力传给混凝土，使之发生强迫振动而密实成型，其效率高、质量好。

混凝土振动机械按其工作方式分为内部振动器、表面振动器、外部振动器和振动台等。这些振动机械的构造原理，主要是利用偏心轴或偏心块的高速旋转，使振动器因离心力的作用而振动。

（1）内部振动器

内部振动器又称插入式振动器。适用于振捣梁、柱、墙等构件和大体积混凝土。

插入式振动器操作要点：

插入式振动器的振捣方法有两种：一是垂直振捣，即振动棒与混凝土表面垂直；二是斜

向振捣，即振动棒与混凝土表面成 40° ~ 45°。

振捣器的操作要做到快插慢拔，插点要均匀，逐点移动，顺序进行，不得遗漏，达到均匀振实。振动棒的移动，可采用行列式或交错式。

混凝土分层浇筑时，应将振动棒上下来回抽动 50 ~ 100mm；同时，还应将振动棒深入下层混凝土中 50mm 左右。

使用振动器时，每一振捣点的振捣时间一般为 20 ~ 30s。不允许将其支承在结构钢筋上或碰撞钢筋，不宜紧靠模板振捣。

（2）表面振动器

表面振动器又称平板振动器，是将电动机轴上装有左右两个偏心块的振动器固定在一块平板上而成。其振动作用可直接传递于混凝土面层上。

这种振动器适用于振捣楼板、空心板、地面和薄壳等薄壁结构。

（3）外部振动器

外部的振动器又称附着式振动器，它是直接安装在模板上进行振捣，利用偏心块旋转时产生的振动力通过模板传给混凝土，达到振实的目的。

适用于振捣断面较小或钢筋较密的柱子、梁、板等构件。

（4）振动台

振动台一般在预制厂用于振实干硬性混凝土和轻骨料混凝土。

宜采用加压振动的方法，加压力为 1 ~ 3kN / m^2。

五、混凝土的养护

混凝土的凝结硬化是水泥水化作用的结果，而水泥水化作用必须在适当的温度和湿度条件下才能进行。混凝土的养护，就是使混凝土具有一定的温度和湿度，而逐渐硬化。混凝土养护分自然养护和人工养护。自然养护就是在常温（平均气温不低于 5℃）下，用浇水或保水方法使混凝土在规定的期间内有适宜的温湿条件进行硬化。人工养护就是人工控制混凝土的温度和湿度，使混凝土强度增长，如蒸汽养护、热水养护、太阳能养护等，现浇结构多采用自然养护。

混凝土自然养护，是对已浇筑完毕的混凝土，应加以覆盖和浇水，并应符合下列规定：应在浇筑完毕后的 12d 以内对混凝土加以覆盖和浇水；混凝土浇水养护的时间，对采用硅酸盐水泥、普通硅酸盐水泥或矿渣硅酸盐水泥拌制的混凝土，不得少于 7d，对掺用缓凝型外加剂或有抗渗性要求的混凝土，不得少于 14d；浇水次数应能保持混凝土处于湿润状态；混凝土的养护用水应与拌制用水相同。

对不易浇水养护的高耸结构、大面积混凝土或缺水地区，可在已凝结的混凝土表面喷涂塑性溶液，等溶液挥发后，形成塑性模，使混凝土与空气隔绝，阻止水分蒸发，以保证水化作用正常进行。

对地下建筑或基础，可在其表面涂刷沥青乳液，以防混凝土内水分蒸发。已浇筑的混凝土，强度达到 1.2N / mm^2 后，方允许在其上往来人员，进行施工操作。

六、混凝土的质量检查与缺陷防治

（一）混凝土的质量检查

混凝土质量检查包括施工过程中的质量检查和养护后的质量检查。

1. 混凝土在拌制和浇筑过程中的质量检查

混凝土在拌制和浇筑过程中应按下列规定进行检查：

第一，检查拌制混凝土所用原材料的品种、规格和用量，每一工作班至少两次。混凝土拌制时，原材料每盘称量的偏差，不得超过表4-6中允许偏差的规定。

表4-6　混凝土原材料称量的允许偏差 %

材料名称	允许偏差
水泥、混合材料	± 2
粗、细骨料	± 3
水、外加剂	± 2

注：①各种衡器应定期校验，保持准确。
②骨料含水率应经常测定，雨天施工应增加测定次数。

第二，检查混凝土在浇筑地点的坍落度，每一工作班至少两次；当采用预拌混凝土时，应在商定的交货地点进行坍落度检查。实测坍落度与要求坍落度之间的允许偏差应符合表4-7的要求。

表4-7　混凝土坍落度与要求坍落度之间的允许偏差 mm

要求坍落度	允许偏差／mm
< 50	± 10
50 ~ 90	± 20
> 90	± 30

第三，在每一个工作班内，当混凝土配合比由于外界影响有变动时，应及时检查调整。第四，混凝土的搅拌时间应随时检查，是否满足规定的最短搅拌时间要求。

2. 检查预拌混凝土厂家提供的技术资料

如果使用商品混凝土，应检查混凝土厂家提供的下列技术资料：

第一，水泥品种、标号及每立方米混凝土中的水泥用量。
第二，骨料的种类和最大粒径。
第三，外加剂、掺合料的品种及掺量。
第四，混凝土强度等级和坍落度。
第五，混凝土配合比和标准试件强度。

第六，对轻骨料混凝土尚应提供其密度等级。

3. 混凝土质量的试验检查

检查混凝土质量应进行抗压强度试验。对有抗冻、抗渗要求的混凝土，尚应进行抗冻性、抗渗性等试验。

用于检查结构构件混凝土质量的试件，应在混凝土的浇筑地点随机取样制作。试件的留置应符合下列规定。

第一，每拌制 100 盘且不超过 100m³ 的同配合比混凝土，取样不得少于一次。

第二，每工作班拌制的同配合比的混凝土不足 100 盘时，取样不得少于一次。

第三，对现浇混凝土结构，每一现浇楼层同配合比的混凝土取样不得少于一次；同一单位工程每一验收项目中同配合比的混凝土取样不得少于一次。

混凝土取样时，均应作成标准试件（即边长为 150mm 标准尺寸的立方体试件），每组三个试件应在同盘混凝土中取样制作，并在标准条件下 [温度（20±3）℃，相对湿度为 90% 以上]，养护至 28d 龄期按标准试验方法，则得混凝土立方体抗压强度。取三个试件强度的平均值作为该组试件的混凝土强度代表值；或者当三个试件强度中的最大值或最小值之一与中间值之差超过中间值的 15% 时，取中间值作为该组试件的混凝土强度的代表值；当三个试件强度中的最大值和最小值与中间值之差均超过中间值的 15%，该组试件不应作为强度评定的依据。

4. 现浇混凝土结构的允许偏差检查

现浇混凝土结构的允许偏差，应符合表 4-8 的规定；当有专门规定时，尚应符合相应的规定。

混凝土表面外观质量要求：不应有蜂窝、麻面、孔洞、露筋、缝隙及夹层、缺棱掉角和裂缝等。

表 4-8　现浇混凝土结构的尺寸允许偏差和检验方法

项目			允许偏差 / mm	抽验方法
轴线位置	基础		15	钢尺检查
	独立基础		10	
	墙、柱、梁		8	
	剪力墙		5	
垂直度	层高	≤ 50m	8	经纬仪或吊线、钢尺检查
		> 5 m	10	经纬仪或吊线、钢尺检查
	全高 H		$H / 1000$ 且 ≤ 30	经纬仪、钢尺检查
标高	层高		± 10	水准仪或拉线、钢尺检查
	全高		± 30	

	截面尺寸	+8	钢尺检查
	−5		
电梯井	井筒长、宽对定位中心线	+25 0	钢尺检查
	井筒全高	$H/1000$ 且 ≤ 30	经纬仪或吊线、钢尺检查
	表面平整度	8	2m 靠尺和塞尺检查
预埋设施 中心线 位置	预埋件	10	钢尺检查
	预埋螺栓	5	
	预埋管	5	
	预留洞中心线位置	15	钢尺检查

（二）现浇湿混凝土结构质量缺陷及产生原因

现浇结构的外观质量缺陷，应由监理（建设）单位、施工单位等各方根据其对结构性能和使用功能影响的严重程度，按表 4-9 确定。

表 4-9　现浇结构的外观质量缺陷

名称	现象	严重缺陷	一般缺陷
露筋	构件内钢筋未被混凝土包裹而外露	纵向受力钢筋有露筋	其他钢筋有少量露筋
蜂窝	混凝土表面缺少水泥砂浆而形成石子外露	构件主要受力部位有蜂窝	其他部位有少量蜂窝
孔洞	混凝土中孔穴深度和长度均超过保护层厚度	构件主要受力部位有孔洞	其他部位有少量孔洞
夹渣	混凝土中夹有杂物且深度超过保护层厚度	构件主要受力部位有夹渣	其他部位有少量夹渣
疏松	混凝土中局部不密实	构件主要受力部位有疏松	其他部位有少量疏松
裂缝	缝隙从混凝土表面延伸至混凝土内部	构件主要受力部位有影响结构性能	其他部位有少量不影响结构性能
连接部位缺陷	构件连接处混凝土缺陷及连接钢筋、连接件松动	连接部位有影响结构传力性能的缺陷	基本不影响结构传力性能的缺陷
外形缺陷	缺棱掉角、棱角不直、翘曲不平、飞边凸肋等	清水混凝土构件有影响使用功能	有不影响使用功能的外形缺陷
外表缺陷	构件表面麻面、掉皮、起砂、沾污等	具有重要装饰效果的清水混凝土构件有外表缺陷	其他有不影响使用功能的外表缺陷

混凝土质量缺陷产生的原因主要如下：

蜂窝：由于混凝土配合比不准确，浆少而石子多，或搅拌不均造成砂浆与石子分离，或浇筑方法不当，或振捣不足，以及模板严重漏浆。

麻面：模板表面粗糙不光滑，模板湿润不够，接缝不严密，振捣时发生漏浆。

露筋：浇筑时垫块位移，甚至漏放，钢筋紧贴模板，或者因混凝土保护层处漏振或振捣不密实而造成露筋。

孔洞：混凝土结构内存在空隙，砂浆严重分离，石子成堆，砂与水泥分离。另外，有泥块等杂物掺入也会形成孔洞。

缝隙和薄夹层：主要是混凝土内部处理不当的施工缝、温度缝和收缩缝，以及混凝土内有外来杂物而造成的夹层。

裂缝：构件制作时受到剧烈振动，混凝土浇筑后模板变形或沉陷，混凝土表面水分蒸发过快，养护不及时等，以及构件堆放、运输、吊装时位置不当或受到碰撞。

产生混凝土强度不足的原因是多方面的，主要是由于混凝土配合比设计、搅拌、现场浇捣和养护等四个方面的原因造成的。

配合比设计方面有时不能及时测定水泥的实际活性，影响了混凝土配合比设计的正确性；另外，套用混凝土配合比时选用不当及外加剂用量控制不准等，都有可能导致混凝土强度不足。分离，或浇筑方法不当，或振捣不足，以及模板严重漏浆。

搅拌方面任意增加用水量，配合比称料不准，搅拌时颠倒加料顺序及搅拌时间过短等造成搅拌不均匀，导致混凝土强度降低。

现场浇捣方面主要是施工中振捣不实，以及发现混凝土有离析现象时，未能及时采取有效措施来纠正。

养护方面主要是不按规定的方法、时间对混凝土进行妥善的养护，以致造成混凝土强度降低。

（三）混凝土质量缺陷的防治与处理

1. 表面抹浆修补

对数量不多的小蜂窝、麻面、露筋、露石的混凝土表面，主要是保护钢筋和混凝土不受侵蚀，可用 1 ∶ 2 ~ 1 ∶ 2.5 水泥砂浆抹面修整。

2. 细石混凝土填补

当蜂窝比较严重或露筋较深时，应取掉不密实的混凝土，用清水洗净并充分湿润后，再用比原强度等级高一级的细石混凝土填补并仔细捣实。

3. 水泥灌浆与化学灌浆

对于宽度大于 0.5mm 的裂缝，宜采用水泥灌浆；对于宽度小于 0.5mm 的裂缝，宜采用化学灌浆。

第五章 结构安装工程

第一节 起重机具

一、索具设备

（一）卷扬机

卷扬机又称绞车。按驱动方式可分手动卷扬机和电动卷扬机。卷扬机是结构吊装最常用的工具。

用于结构吊装的卷扬机多为电动卷扬机。电动卷扬机主要由电动机、卷筒、电磁制动器和减速机构等组成。卷扬机分快速和慢速两种。快速电动卷扬机主要用于垂直运输和打桩作业；慢速电动卷扬机主要用于结构吊装、钢筋冷拉、预应力筋张拉等作业。

选用卷扬机的主要技术参数是卷筒牵引力、钢丝绳的速度和卷筒容绳量。

使用卷扬机时应当注意：

①为使钢丝绳能自动在卷筒上往复缠绕，卷扬机的安装位置应使距第一个导向滑轮的距离 l 为卷筒长度 a 的 15 倍，即当钢丝绳在卷筒边时，与卷筒中垂线的夹角不大于 2°。

②钢丝绳引入卷筒时应接近水平，并应从卷筒的下面引入，以减少卷扬机的倾覆力矩。

③卷扬机在使用时必须做可靠的固定，如做基础固定、压重物固定、设锚碇固定，或利用树木、构筑物等作固定。

（二）钢丝绳

钢丝绳是起重机械中用于悬吊、牵引或捆缚重物的挠性件。它是由许多根直径为 0.4 ~ 2mm、抗拉强度为 1200 ~ 2200MPa 的钢丝按一定规则捻制而成。按照捻制方法不同，分为单绕、双绕和三绕，土木工程施工中常用的是双绕钢丝绳，它是由钢丝捻成股，再由多股围绕绳芯绕成绳。双绕钢丝绳按照捻制方向分为同向绕、交叉绕和混合绕 3 种。同向绕是钢丝捻成股的方向与股捻成绳的方向相同，这种绳的挠性好、表面光滑、磨损小，但易松散和扭转，不宜用来悬吊重物。交叉绕是指钢丝捻成股的方向与股捻成绳的方向相反，这种绳不易松散和扭转，宜作起吊绳，但挠性差。混合绕指相邻的两股钢丝绕向相反，性能介于两者之间，制造复杂，用得较少。

钢丝绳按每股钢丝数量的不同又可分为 6×19 钢丝绳，6×37 钢丝绳和 6×61 钢丝绳三种。6×19 钢丝绳在绳的直径相同的情况下，钢丝粗，比较耐磨，但较硬，不易弯曲，一般用作缆风绳；6×37 钢丝绳比较柔软，可用作穿滑车组和吊索；6×61 钢丝绳质地软，主要用于重型起重机械中。

钢丝绳在选用时应考虑多根钢丝的受力不均匀性及其用途，钢丝绳的允许拉力 $[F_g]$ 按下式计算：

$$\left[F_g \right] = \frac{\alpha F_B}{K}$$

（5-1）

式中：F_g —— 钢丝绳的钢丝破断拉力总和，kN；

α —— 换算系数（考虑钢丝受力不均匀性），见表 5-1；

K —— 安全因数，见表 5-2。

表 5-1 钢丝绳破断拉力换算系数

钢丝绳结构	换算系数
6×19	0.85
6×37	0.82
6×61	0.80

表 5-2 钢丝绳的安全因数

用途	安全因数	用途	安全因数
做缆风绳	3.5	做吊索、无弯曲时	6 ~ 7
用于手动起重设备	4.5	做捆绑吊索	8 ~ 10
用于电动起重设备	5 ~ 6	用于载人的升降机	14

（三）锚碇

锚碇又叫地锚，是用来固定缆风绳和卷扬机的，它是保证系缆构件稳定的重要组成部分，一般有桩式锚碇和水平锚碇两种。桩式锚碇是用木桩或型钢打入土中而成。水平锚碇可承受较大荷载，分无板栅水平锚碇和有板栅水平锚碇两种。

水平锚碇的计算内容包括：在垂直分力作用下锚碇的稳定性；在水平分力作用下侧向土壤的强度；锚碇横梁计算。

1. 锚碇的稳定性计算

锚碇的稳定性按下式计算：

$$\frac{G+T}{N} \geqslant K$$

（5-2）

$$G = \frac{b+b'}{2} Hl\lambda$$

（5-3）

$$b' = b + H\tan\varphi_0$$

（5-4）

式中：K —— 安全系数，一般取 2；

N —— 锚碇所受荷载的垂直分力，$N=S\sin a$；

S —— 锚碇荷重

G —— 土的重力；

l —— 横梁长度；

λ —— 土的重度；

b —— 横梁宽度；

b' —— 有效压力区宽度（与土壤的内摩擦角有关）；

φ_0 —— 土壤的内摩擦角（松土取 15° ~ 20° ，一般土取 20° ~ 30° ，坚硬土取 30° ~ 40° ）；

H —— 锚碇埋置深度；

T —— 摩擦力，$T=fP$；

f —— 摩擦因数（对无板栅锚碇取 0.5，对有板栅锚碇取 0.4）；

P —— S 的水平分力，$P=S\cos a$。

2. 侧向土壤强度的计算

对于无板栅水平锚碇，有

$$[\sigma]\eta \geqslant \frac{P}{hl}$$

$$（5-5）$$

对于有板栅水平锚碇，有

$$[\sigma]\eta \geqslant \frac{P}{(h+h_1)l}$$

$$（5-6）$$

式中：$[\sigma]$ —— 深度 H 处土的容许压应力；

η —— 降低系数，可取 0.5 ~ 0.7。

3. 锚碇横梁计算

当使用一根吊索，横梁为圆形截面时，可按单向弯曲的构件计算；横梁为矩形截面时，按双向弯曲构件计算。

当使用两根吊索的横梁，按双向偏心受压构件计算。

二、起重机类型

结构安装工程常用的起重机械有履带式起重机、汽车式起重机、轮胎式起重机、桅杆式起重机和塔式起重机等。

（一）履带式起重机

履带式起重机主要由行走机构、回转机构、机身及起重臂等部分组成。履带式起重机的特点是操纵灵活，机身可回转 360°，可以负荷行驶，可在一般平整坚实的场地上行驶和吊装作业。目前广泛应用于装配式单层工业厂房的结构吊装中。但其缺点是稳定性较差，不宜超负荷吊装。履带式起重机外形尺寸见表 5-3。

表 5-3　履带式起重机外形尺寸 mm

符号	名称	型号					
		W1-50	W1-100	W1-200	KH-180	KH-100	3
A	机身尾部到回转中心距离	2900	3300	4500	4000	3290	3540
B	机身宽度	2700	3120	3200	3080	2900	3120
C	机身顶部到地面高度	3220	3675	4125	3080	2950	3675
D	机身底部距地面高度	1000	1045	1190	1065	970	1095
E	起重臂下铰点中心距地面高度	1555	1700	2100	1700	1625	1700
F	起重臂下铰点中心至回转中心距离	1000	1300	1600	900	900	1300
G	履带长度	3420	4005	4950	5400	4430	4005
M	履带架宽度	2850	3200	4050	4300 / 3300	3300	3200

N	履带板宽度	550	675	800	760	760	675
J	行走底架距地面宽度	300	275	390	360	410	270
K	机身上部支架距地面高度	3480	4170	6300	5470	4560	3930

1. 履带式起重机技术性能

履带式起重机主要技术性能包括3个主要参数:起重量 Q、起重半径 R 和起重高度 H。这3个参数互相制约,其数值的变化取决于起重臂的长度及其仰角的大小。每一种型号的起重机都有几种臂长,如起重臂仰角不变,随着起重臂的增长,起重半径 R 和起重高度 H 增加,而起重量 Q 减小。如臂长不变,随起重仰角的增大,起重量 Q 和起重高度 H 增大,而起重半径 R 减小。

履带式起重机的主要技术性能可查有关手册中的起重机性能表或起重机性能曲线。表 5-4 列有 W1-50 型,W1-100 型,W1-200 型履带式起重机性能。

表 5-4 履带式起重机技术性能参数

参数		型号								
		W_1-50			W_1-100				W_1-200		
起重臂长度／m		10	18	18（带鸟嘴）	13	23	27	30	15	30	40
最大起重半径／m		10.0	17.0	10.0	12.5	17.0	15.0	15.0	15.5	22.5	30.0
最小起重半径／m		3.7	4.5	6	4.23	6.5	8.0	9.0	4.5	8.0	10.0
起重量／t	最小起重半径时	10.0	7.0	2.0	15.0	8.0	5.0	3.0	50.0	20.0	8.0
	最大起重半径时	2.6	1.0	1.0	3.5	1.7	1.4	0.9	8.2	4.3	1.5
起重高度／m	最小起重半径时	9.2	17.2	17.2	11.0	19.0	23.0	26.0	12.0	26.8	36
	最大起重半径时	3.7	7.6	14	5.8	16.0	23.8	23.8	3.0	19	25

2. 履带式起重机稳定性验算

起重机稳定性是指整个机身在起重作业时的稳定程度。起重机在正常条件下工作,一般可以保持机身稳定,但在超负荷吊装或由于施工需要接长起重臂时,需进行稳定性验算以保证在吊装作业中不发生倾覆事故。

履带式起重机的稳定性应以起重机处于最不利工作状态即稳定性最差时（机身与行驶方向垂直）进行验算,此时,应以履带中心 A 为倾覆中心验算起重机稳定性。

当考虑吊装荷载及附加荷载（风荷载、刹车惯性力和回转离心力等）时应满足下式要求:

$$K_1 = \frac{稳定力矩}{倾覆力矩} \geqslant 1.5$$

（5-7）

当仅考虑吊装荷载时应满足下式要求：

$$K_2 = \frac{稳定力矩}{倾覆力矩} \geqslant 1.4$$

（5-8）

式中：K_1，K_2——稳定性安全系数。

按 K_1 验算比较复杂，一般用 K_2 简化验算，可得

$$K_2 = \frac{G_1 l_1 + G_2 l_2 + G_0 l_0 - G_3 d}{Q(R - l_2)} \geqslant 1.40$$

（5-9）

式中：G_0——起重机平衡重；

G_1——起重机可转动部分的重力；

G_2——起重机机身不转动部分的重力；

G_3——起重臂重力（起重臂接长时为接长后的重力）；

l_0，l_1，l_2，d——以上各部分的重心至倾覆中心的距离。

（二）汽车式起重机

汽车式起重机是一种自行式、全回转、起重机构安装在通用或专用汽车底盘上的起重机。起重动力一般由汽车发动机供给，如装在专用汽车底盘上，则另备专用动力，与行驶动力分开，汽车式起重机行驶速度快，机动性能好，对路面破坏小。但吊装时必须使用支脚，因而不能负荷行驶，常用于构件运输的装卸工作和结构吊装工作。目前常用的汽车起重机有 Q 型（机械传动和操纵），QY 型（全液压传动和伸缩式起重臂），QD 型（多电机驱动各工作机械）。

汽车起重机吊装时，应先压实场地，放好支腿，将转台调平，并在支腿内侧垫好保险枕木，以防支腿失灵时发生倾覆，并应保证吊装的构件和就位点均在起重机的回转半径之内。

（三）轮胎起重机

轮胎起重机是一种自行式、全回转、起重机构安装在加重轮胎和轮轴组成的特制底盘上的起重机，其吊装机构和行走机械均由一台柴油发动机控制。一般吊装时都用 4 个腿支撑，否则起重量大大减小，轮胎起重机行驶时对路面破坏小，行驶速度比汽车起重机慢，但比履带起重机快。

目前国产常用的轮胎起重机有机械式（QL）、液压式（QLY）和电动式（QLD）。

（四）塔式起重机

塔式起重机为竖直塔身，起重臂安装在塔身的顶部并可回转360°，形成"T"形的工作空间，具有较高的有效高度和较大的工作空间，在工业与民用建筑中均得到广泛的应用。目前正沿着轻型多用、快速安装、移动灵活等方向发展。

1. 塔式起重机的分类

（1）按有无行走机构分类

塔式起重机按有无行走机构可分为固定式和移动式两种。前者固定在地面上或建筑物上，后者按其行走装置又可分为履带式、汽车式、轮胎式和轨道式4种。

（2）按回转形式分类

塔式起重机按其回转形式可分为上回转和下回转两种。

（3）按变幅方式分类

塔式起重机按其变幅方式可分为水平臂架小车变幅和动臂变幅两种。

（4）按安装形式分类

塔式起重机按其安装形式可分为自升式、整体快速拆装式和拼装式3种。

2. 下回转快速拆装塔式起重机

下回转快速拆装塔式起重机都是600kN·m以下的中小型塔机。其特点是结构简单、重心低、运转灵活，伸缩塔身可自行架设，速度快，效率高，采用整体拖运，转移方便，适用于砖混、砌块结构和大板建筑的工业厂房、民用住宅的垂直运输作业。

3. 上回转塔式起重机

这种塔机通过更换辅助装置可改成固定式、轨道行走式、附着式、内爬式等。

（1）主要技术性能

常见的上回转自升塔式起重机的主要技术性能见表5-5。

表5-5 上回转自升塔式起重机主要技术性能

型号		QTZ100	QTZ50	QTZ60	QTZ63	QTZ80A	QT80E
起重力矩／（kN·m）		1000	490	600	630	1000	800
最大幅度／起重载荷／（m·kN⁻¹）		60／12	45／10	45／11.2	48／11.9	50／15	451
最小幅度／起重载荷／（m·kN⁻¹）		15／80	12／50	12.25／60	12.76／60	12.5／80	10／80
起升高度／m	附着式	180	90	100	101	120	100
	轨道行走式	—	36	—	—	45.5	45
	固定式	50	36	39.5	41	45.5	
	内爬升式		——	160		140	140

工作速度 / (m·min⁻¹)	起升（2绳）	10 ~ 100	10 ~ 80	32.7 ~ 100	12 ~ 80	29.5 ~ 100	32 ~ 96
	（4绳）	5 ~ 50	5 ~ 40	16.3 ~ 50	6 ~ 40	14.5 ~ 50	16 ~ 48
	变幅	34 ~ 52	24 ~ 36	30 ~ 60	22 ~ 44	22.5	30.5
	行走	——		—	—	18	22.4
电动机功率 / kW	起升	30	24	22	30	30	30
	变幅（小车）	5.5	4	4.4	4.5	3.5	3.7
	回转	4×2	4	4.4	5.5	3.7×2	2.2×2
	行走	—				7.5×2	5×2
	顶升	7.5	4	5.5	4	7.5	4
质量 / t	平衡重	7.4 ~ 11	2.9 ~ 5.04	12.9	4 ~ 7	10.4	7.32
	压重	26	12	52	14	56	
	自重	48 ~ 50	23.5 ~ 24.5	33	31 ~ 32	49.5	44.9
	总重			97.9		115.9	
起重臂长 / m		60	45	30 / 40 / 45	48	50	45
平衡臂长 / m		17.01	13.5	9.5	14	11.9	
轴距 × 轨距		—				5×5	

（2）外形结构和起重特性

① QTZ63 型塔式起重机

QTZ63 型塔式起重机是水平臂架，小车变幅，上回转自升式塔式起重机，具有固定、附着、内爬等多种功能。独立式起升高度为 41m，附着式起升高度达 101m，可满足 32 层以下的高层建筑施工。该机最大起重臂长为 48m，额定起重力矩为 617kN·m（63t·m），最大额定起重量为 6t，作业范围大，工作效率高。

② QTZ100 型塔式起重机

QTZ100 型塔式起重机具有固定、附着、内爬等多种使用形式，独立式起升高度为 50m，附着式起升高度达 120m，采取可靠的附着措施可使起升高度达到 180m。该塔机基本臂长为 54m，额定起重力矩为 1000kN·m（约 100t·m），最大额定起重量为 8t；加长臂为 60m，可吊 1.2t，可以满足超高层建筑施工的需要。

4. 塔式起重机的爬升

塔式起重机的爬升是指安装在建筑物内部（电梯井或特设开间）结构上的塔式起重机，借助自身的爬升系统能自己进行爬升，一般每隔 2 层楼爬升一次，由于其体积小，不占施工用地，易于随建筑物升高，因此适于现场狭窄的高层建筑结构安装。

首先将起重小车收回至最小幅度，下降吊钩，使起重钢丝绳绕过回转支撑上支座的导向滑轮，用吊钩将套架提环吊住。

放松固定套架的地脚螺栓，将活动支腿收进套架梁内，提升套架至两层楼高度，摇出套架活动支腿，用底脚螺栓固定，松开吊钩。

松开底座地脚螺栓，收回活动支腿，开动爬升机构将起重机提升两层楼高度，摇出底座活动支脚，并用地脚螺栓固定。

5. 塔式起重机的自升

塔式起重机的自升是指借助塔式起重机的自升系统将塔身接长。塔式起重机的自升系统由顶升套架、长行程液压千斤顶、承座、顶升横梁、定位销等组成。

首先将标准节吊到摆渡小车上，将过渡节与塔身标准节相连的螺栓松开。

开动液压千斤顶，将塔顶及顶升套架顶升到超过一个标准节的高度，随即用定位销将顶升套架固定。

液压千斤顶回缩，将装有标准节的摆渡小车推到套架中间的空间。

用液压千斤顶稍微提起标准节，退出摆渡小车，将标准节落在塔身上并用螺栓加以联结。

6. 塔式起重机的附着

塔式起重机的附着是指为减小塔身计算长度，每隔20m左右将塔身与建筑物联结起来。塔式起重机的附着应按使用说明书的规定进行。

（五）桅杆式起重机

桅杆式起重机具有制作简单、就地取材、服务半径小、起重量大等特点，一般多用于安装工作量集中且构件又较重的工程。

常用的桅杆式起重机有独脚拔杆、人字拔杆、悬臂拔杆和牵缆式桅杆起重机。

1. 独脚拔杆

独脚拔杆是由起重滑轮组、卷扬机、缆风绳及锚碇等组成，起重时拔杆保持不大于10°的倾角。

独脚拔杆按制作材料可分为木独脚拔杆、钢管独脚拔杆和格构式独脚拔杆。

2. 人字拔杆

人字拔杆是用两根圆木或钢管或格构式钢构件以钢丝绳绑扎或铁件铰接而成，两杆夹角不宜超过30°，起重时拔杆向前倾斜度不得超过1／10。其优点是侧向稳定性较好，缺点是构件起吊后活动范围小。

3. 悬臂拔杆

在独脚拔杆的中部或2／3高度外，装上一根铰接的起重臂即成悬臂拔杆。起重臂可以左右回转和上下起伏，其特点是有较大的起重高度和起重半径，但起重量降低。

4. 牵缆式桅杆起重机

在独脚拔杆的下端装上一根可以全回转和起伏的起重臂即成为牵缆式桅杆起重机，这种起重机具有较大的起重半径，起重量大且操作灵活。用无缝钢管制作的此种起重机，起重量可达 10t，桅杆高度可达 25m，用格构式钢构件制作的此种起重机起重量可达 60t，起重高度可达 80m 以上。

第二节　单层工业厂房结构安装

单层工业厂房平面空间大、高度较高，构件类型少、数量多，有利于机械化施工。单层工业厂房的结构构件有柱、吊车梁、连系梁、屋架、天窗架、屋面板及支撑等。构件的吊装工艺：塑垫→吊升→对位→临时固定→校正→最后固定。构件吊装前必须做好各项准备工作，如构件运输、道路的修筑、场地清理、准备好供水、供电、电焊机等设备，还需备好吊装常用的各种索具、吊具和材料，对构件进行清理、检查、弹线编号及对基础杯口标高抄平等工作。

一、柱子的吊装

（一）基础的准备

柱基施工时，杯底标高一般比设计标高低（通常低 5cm），柱子在吊装前需要对基础底标高进行一次调整。

此外，还要在基础杯口面上弹出建筑的纵、横定位轴线和柱的吊装准线，作为柱子对位和校正的依据。柱子应在柱身的 3 个面上弹出吊装准线。柱子的吊装准线应与基础面上所弹的吊装准线位置相重合。

（二）柱子的绑扎

柱子的绑扎方法与其形状、长度、截面、配筋部位、吊装方法和起重机性能有关。其最合理的绑扎点位置，应按柱子产生的正、负弯矩绝对值相等的原则来确定。自重 13t 以下的中小型柱绑扎一点，细长柱子或重型柱应绑扎两点，甚至三点。有牛腿的柱子一点绑扎的位置常选在牛腿以下，如上部柱子较长，也可绑扎在牛腿以上。"工"字形断面柱的绑扎点应选在矩形断面处，否则，应在绑扎位置用方木加固翼缘。双肢柱的绑扎点应选在平腹杆处。

根据柱子起吊后柱身是否垂直，可分为斜吊法和直吊法。常用的绑扎方法有斜吊绑扎法和直吊绑扎法。

1. 斜吊绑扎法

当柱子平放时柱的抗弯强度能满足要求，或起重臂长度不足时，可采用此法进行绑扎。此法特点是柱子在平卧状态下不需翻身直接绑扎起吊，柱子起吊后呈倾斜状态，就位对中较困难。

2. 直吊绑扎法

当柱子平放起吊的抗弯强度不足时，需将柱翻身，然后起吊。这种绑扎方法是由吊索从柱子两侧引出，上端通过卡环或滑轮挂在铁扁担上，再与横吊梁相连，起吊后柱与基础杯底垂直，容易对位。铁扁担高于柱顶，须用较长的起重臂。

此外，当柱子较重较长需要用两点起吊时，也可采用两点斜吊和直吊绑扎法。

（三）柱子的吊升方法

根据柱子在吊升过程中的特点，柱的吊升可分为旋转法和滑行法两种。对于重型柱还可采用双机抬吊的方法。

1. 旋转法

起重机边升钩边回转起重臂，使柱子绕柱脚旋转而呈直立状态，然后将其插入杯口。柱子在平面布置时，柱脚宜靠近基础，要做到绑扎点、柱脚中心与杯基础杯口中心三点共弧。该弧所在的中心即为起重机的回转中心，半径为圆心到绑扎点的距离。如条件限制不能布置，可采用绑扎点与杯口两点共弧或柱脚中心点与杯口中心点两点共弧布置。但在起吊过程中，需改变回转半径和起重臂仰角，工效低且安全度较差。旋转法吊升过程中对柱子振动小，生产效率较高，多用于中小型柱子的吊装。

2. 滑行法

滑行法吊升柱时，起重机只升钩，起重臂不转动，使柱脚沿地面滑行逐渐直立，然后插入杯口。采用此法吊装柱时，柱子的绑扎点应布置在杯口附近，并与杯口中心位于起重机的同一工作半径的圆弧上，以便将柱子吊离地面后稍转动吊臂即可就位。

滑行法的特点是柱的布置较灵活，起重半径小，起重臂不转动，操作简单。用于吊装较重、较长的柱子或起重机在安全荷载下的回转半径不够，现场较狭窄柱无法按旋转法排放布置；或采用桅杆式起重机吊装等情况。但滑行过程中柱受一定的震动，耗用一定的滑行材料。为了减少滑行时柱脚与地面间的摩阻力，需要在柱脚下设置托木、滚筒，并铺设滑行道。

3. 双机抬吊

当柱子的休形、质量较大，　台无法吊装时，可采用双机抬吊。其起吊方法可采用旋转法（两点抬吊）和滑行法（一点抬吊）。

双机抬吊旋转法吊装柱子时。双机位于柱子的一侧，主吊机吊柱子上端，副吊机吊下端，柱的布置应使两个吊点与基础中心分别处于起重半径的圆弧上。起吊时，两机同时同速升钩，至柱离地面0.3m高度时，停止上升；然后，两起重机的起重臂同时向杯口旋转。此时，副起重机A只旋转不提升，主起重机B则边旋转边提升吊钩直至柱直立，双机以等速缓慢落钩，将柱插入杯口中。

双机抬吊滑行法吊装柱子时，柱子前平面布置与单机起吊滑行法相同。两台起重机相对而立，其吊钩均应位于基础上方。起吊时，两台起重机以相同的升钩、降钩、旋转速度工作。因此，采用型号相同的起重机。

采用双机抬吊，为使各机的负荷均不超过该机的起重能力，应进行负荷分配，其计算方法：

$$P_1 = 1.25Qd_1 / (d_1 + d_2)$$

（5–10）

$$P_2 = 1.25Qd_2 / (d_1 + d_2)$$

（5–11）

式中：Q —— 柱子的质量，t；

P_1 —— 第一台起重机的负荷，t；

P_2 —— 第二台起重机的负荷，t；

d_1，d_2 —— 起重吊点至柱重心的距离，m；

1.25 —— 双机抬吊可能引起的超负荷系数，若有不超负荷的保证措施，可不乘此系数。

（四）柱子的对位与临时固定

柱脚插入杯口后，应悬离杯底 30 ~ 50mm 处进行对位。对位时，应先从柱子四周向杯口放入 8 只楔块，并用撬棍拨动柱脚，使柱的安装中心线对准杯口的安装中心线，保持柱子基本垂直。当对位完成后，即可落钩将柱脚放入杯底，并复查中线，待符合要求后，即将四边楔块打紧，使柱临时固定，再将起重机吊钩脱开柱子。

（五）柱子的校正

柱子的校正包括平面位置、垂直度和标高。平面位置的校正，在柱子临时固定前进行，对位时就已完成，而柱子的标高则在吊装前已通过按实际柱子长调整杯底标高的方法进行了校正。垂直度的校正在柱子临时固定后进行，用两台经纬仪从柱子的两个相互垂直的方向同时观测柱的吊装中心线的垂直度，当柱高小于或等于 5m 时，其允许偏差值为 5mm；柱高大于 5m 时，其允许偏差值为 10mm；柱子高大于或等于 10m，其允许偏差值为 1 / 1000 柱高且不大于 20mm。中小型柱或垂直偏差较小时，可用敲打楔块法校正；重型柱，可用千斤顶法、钢管撑杆法或缆风绳法校正。

（六）柱子的最后固定

柱子经校正后，应立即进行最后固定，即在柱脚与杯口空隙中浇筑比柱混凝土强度等级高一级的细石混凝土。混凝土分两次浇筑：第一次浇至楔块底面，待混凝土强度达 25% 时，拔去楔块；再浇注第二次混凝土，至杯口顶面，待第二次混凝土强度达 7% 后，方可吊装上部构件。

二、吊车梁的吊装

吊车梁的吊装必须在基础杯口内第二次浇筑的混凝土强度达到设计强度的 70% 以

上时，方可进行吊车梁的安装。

（一）绑扎、吊升、对位与临时固定

吊车梁吊起后应基本保持水平。绑扎时，两根吊绳要等长，绑扎点要对称布置在梁的两端，吊钩对准梁的重心。吊车梁两头需要设置溜绳，避免悬空时碰撞柱子。

对位时应缓慢落钩，使吊车梁端面中心线与牛腿面的轴线对准。

吊车梁的稳定性较好，一般对位后，无须采取临时固定措施起重机即可松钩移走。但当梁的高度与底宽之比大于 4 时，可用连接钢板与柱子点焊做临时固定。

（二）校正与最后固定

中小型吊车梁的校正工作宜在屋盖吊装后进行，常采用边吊边校正法。吊车梁的校正主要包括垂直度和平面位置校正，两者应同时进行。吊车梁的标高，由于柱子吊装时已通过基础底面标高进行了控制，且吊车梁与吊车轨道之间尚需作较厚的垫层，一般不需校正。

吊车梁垂直度的校正，可用靠尺、线锤检查，其允许偏差为 5mm。若发现偏差，需在吊车梁底端与柱牛腿面之间垫入斜垫块纠正，每摞垫块不超过 3 块。

吊车梁平面位置校正包括直线度和跨距两项。一般长 6m、重 5t 以内的吊车梁可用拉钢丝法和仪器放线法校正；长 12m 及重 5t 以上的吊车梁常采取边吊边校法校正。

三、屋架的吊装

单层工业厂房的钢筋混凝土屋架，一般是在现场平卧叠浇。屋架安装的高度较高，屋架跨度大，厚度较薄，吊装过程中易产生平面变形，甚至会产生裂缝。因此，要采取必要的加固措施方可进行吊装。

（一）屋架的绑扎

屋架的绑扎点应选在上弦节点处或附近，对称于屋架中心。各吊索拉力的合力作用点要高于屋架重心。吊索与水平线的夹角不宜小于 45°（以免屋架承受过大的横向压力），必要时，应采用横吊梁。屋架两端应设置溜绳，以控制屋架的转动。

吊点数目及位置与屋架的跨度和形式有关。一般当屋架跨度小于 18m 时，采用两点绑扎；跨度为 18 ~ 24m 时，采用四点绑扎；跨度为 30 ~ 36m 时，应考虑采用横吊梁以减少轴向压力；对刚度较差的组合屋架，因下弦不能承受压力，也宜采用横吊梁四点绑扎。

（二）屋架的扶直与就位

钢筋混凝土屋架一般在施工现场平卧浇注，吊装前应将屋架扶直就位。扶直时，在自重作用下屋架承受平面外的力，部分杆件将改变受力情况（特别是上弦杆极易扭曲开裂），因此吊装前必须进行吊装应力验算和采取一定的技术措施，保证安全施工。

扶直屋架时，按照起重机与屋架相对位置的不同，有正向扶直和反向扶直两种方式。

①正向扶直起重机位于屋架下弦一边,吊钩对准屋架上弦中点,收紧吊钩,起臂约为2°左右时使屋架脱模,然后升钩、起臂,使屋架以下弦为轴旋转成直立状态。

②反向扶直起重机位于屋架上弦一边,吊钩对准屋架上弦中心,收紧吊索,起臂约为2°左右,随之升钩降臂,使屋架绕下弦转动为直立状态。

正向扶直与反向扶直的不同点,即正向扶直为升臂,反向扶直为降臂,吊钩始终在上弦中点的垂直上方。升臂比降臂安全,操作易于控制,因此尽可能采用正向扶直方法。

屋架扶直后应立即就位。一般靠柱边斜放或3~5榀为一组平行柱边纵向就位,用支撑或8号铁丝等与已安装好的柱或已就位的屋架拉牢,以保持稳定。

(三)屋架的吊升、对位与临时固定

屋架起吊是先将屋架吊离地面约500mm,然后将屋架转至吊装位置下方,应基本保持水平,再将屋架吊升超过柱顶约300mm,即停止升钩,将屋架缓缓放至柱顶,进行对位。

对位应以建筑物的定位轴线为准。如果柱顶截面中线与定位轴线偏差过大,则可逐步调整纠正。

屋架对位后要立即进行临时固定。第一榀屋架用4根缆风绳在屋架两侧拉牢或将其与抗风柱连接;第二榀及其以后的屋架均用两根工具式支撑撑牢在前一榀屋架上。临时固定稳妥后,起重机才能脱钩。当屋架经校正最后固定,并安装了若干块大型屋面板后,才能将支撑取下。

(四)屋架的校正与最后固定

屋架的校正一般可采用校正器校正。对于第一榀屋架则可用缆风绳进行校正。屋架的垂直度可用经纬仪或线锤进行检查。用经纬仪检查方法是在屋架上安装3个卡尺,一个安在上弦中点附近,另两个安在屋架两端。自屋架几何中心向外量出一定距离(一般500mm)在卡尺上作出标志,然后在距离屋架中线同样距离处安置经纬仪,观察3个卡尺上的标志是否在同一垂直面上。

用锤球检查屋架垂直度,与上述步骤相同,但标志距屋架几何中心距离可短些(一般为300mm),在两端卡尺的标志连一通线,自屋架顶卡尺的标志处向下挂锤球,检查三卡尺的标志是否在同一垂直面上。若存在偏差,可通过转动工具式支撑上的螺栓加以纠正,并在屋架两端的柱顶上嵌入斜垫块。

校正无误后,立即用电焊焊牢,进行最后固定。电焊时应在屋架两端同时对角施焊,避免两端同侧施焊,以防焊缝收缩使屋架倾斜。

(五)屋架的双机抬吊

当屋架的质量较大时,一台起重机的起重量不能满足要求时,则可采用双机抬吊,其方法有以下两种。

1. 一机回转,一机跑吊

屋架布置在跨中,两台起重机分别位于屋架的两侧。1号机在吊装过程中只回转不

移动,因此其停机位置距屋架起吊前的吊点与屋架安装至柱顶后的吊点应相等。2 号机在吊装过程中需回转及移动,其行车中心线为屋架安装后各屋架吊点的连线。开始吊装时,两台起重机同时提升屋架至一定高度,2 号机将屋架由起重机一侧转至机前,然后两机同时提升屋架至超过柱顶,2 号机带屋架前进至屋架安装就位的停机点,1 号机则作回转以相配合,最后两机同时缓缓将屋架下降至柱顶就位。

2. 双机跑吊

屋架在跨内一侧就位,开始两台起重机同时将屋架提升至一定高度,使屋架回转时不至碰及其他屋架或柱。然后 1 号机带屋架后退至停机点,2 号机带屋架前进,使屋架达到安装就位的位置。两机同时提升屋架超过柱顶,再缓缓下降至柱顶对位。

四、天窗架及屋面板的吊装

天窗架常采用单独吊装,也可与屋架拼装成整体同时吊装。单独吊装时,需待两侧屋面板安装后进行,并应用工具式夹具或绑扎圆木进行临时加固。

屋面板的吊装,因其均埋有吊环,一般多采用一钩多块迭吊或平吊法。安装时应自两边檐口左右对称地逐块铺向屋脊,避免屋架承受半边荷载。屋面板对位后,应立即进行电焊固定,每块屋面板至少焊 3 点。

第三节　钢结构安装工程

一、钢构件的制作

（一）钢构件制作前的准备工作

1. 钢结构的材料及处理

（1）材料的类型

目前,在我国的钢结构工程中常用的钢材主要有普通碳素钢、普通低合金钢和热处理低合金钢 3 类。其中以 Q235、Q345、Q390、Q420 等钢材应用最为普遍。

Q235 钢属于普通碳素钢,主要用于建筑工程,其屈服点为 235N／mm^2,具有良好的塑性和韧性。

Q345、Q390、Q420 属于低合金高强度结构钢,其屈服点分别为 345N／mm^2、390N／mm^2、420N／mm^2,具有强度高、塑性及韧性好等特点,是我国建筑工程使用的主要钢种。

（2）材料的选择

各种结构对钢材要求各有不同,选用时应根据要求对钢材的强度、塑性、韧性、耐疲劳性能、焊接性能、耐锈性能等全面考虑。对厚钢板结构、焊接结构、低温结构和采用含碳量高的钢材制作的结构，还应防止脆性破坏。

承重结构钢材应保证抗拉强度、伸长率、屈服点和硫、磷的极限含量，焊接结构应保证碳的极限含量。除此之外，必要时还应保证冷弯性能。对重级工作制和起重量不小于 50 t 的中级工作制焊接吊车梁或类似结构的钢材，还应有常温冲击韧性的保证。计算温度不高于 –20℃时，Q235 钢应具有 –20℃下冲击韧性的保证，Q345 钢应具有 –40℃下冲击韧性的保证。对于高层建筑钢结构构件节点约束较强，以及板厚不小于 50mm，并承受沿板厚方向拉力作用的焊接结构，应对板厚方向的断面收缩率加以控制。

（3）材料的验收和堆放

钢材验收的主要内容是，钢材的数量和品种是否与订货单相符，钢材的质量保证书是否与钢材上打印的记号相符，核对钢材的规格尺寸，钢材表面质量检验，即钢材表面不允许有结疤、裂纹、折叠和分层等缺陷，表面锈蚀深度不得超过其厚度负偏差值的 1／2。

钢材堆放要减少钢材的变形和锈蚀，节约用地，并使钢材提取方便。露天堆放场地要平整并高于周围地面，四周有排水沟，雪后易于清扫。堆放时尽量使钢材截面的背面向上或向外，以免积雪、积水。堆放在有顶棚的仓库内时，可直接堆放在地坪上（下垫棱木），小钢材亦可堆放在架子上，堆与堆之间应留出通道以便搬运。堆放时每隔 5 ~ 6 层放置棱木，其间距以不引起钢材明显变形为宜。一堆内上、下相邻钢材需前后错开，以便在其端部固定标牌和编号。标牌应标明钢材的规格、钢号、数量和材质验收证明书号，并在钢材端部根据其钢号涂以不同颜色的油漆。

2. 制作前的准备工作

钢结构加工制作前的准备工作主要有详图设计和审查图纸、对料、编制工艺流程、布置生产场地、安排生产计划等。

在国际上，钢结构工程的详图设计多由加工单位负责。目前，国内一些大型工程亦逐步采用这种做法。

审查图纸主要是检查图纸设计的深度能否满足施工的要求，核对图纸上构件的数量和安装尺寸，检查构件之间有无矛盾，审查设计在技术上是否合理，构造是否方便施工等。

对料包括提料和核对两部分，提料时，需根据使用尺寸合理订货，以减少不必要的拼接和损耗；核对是指核对来料的规格、尺寸、质量和材质。

编制工艺流程是保证钢结构施工质量的重要措施。工艺流程的主要内容包括根据执行标准编写成品技术要求，关键零件的精度要求、检查方法和检查工具，主要构件的工艺流程、工序质量标准和为保证构件达到工艺标准而采用的工艺措施，采用的加工设备和工艺装备。

布置生产场地依据下列因素：产品的品种特点和批量，工艺流程，产品的进度要求，每班工作量和要求的生产面积，现有的生产设备和起重运输能力。生产场地的布置原则：按流水顺序安排生产场地，尽量减少运输量；合理安排操作面积，保证操作安全；保证材料和零件有足够的堆放场地；保证产品的运输以及电气供应。

生产计划的主要内容包括根据产品特点、工程量的大小和安装施工进度，将整个工程划分成工号，以便分批投料，配套加工，配套出成品；根据工作量和进度计划，安排作业计划，同时作出劳动力和机具平衡计划，对薄弱环节的关键机床，需要按其工作量具体安排进度和班次。

（二）钢构件制作

1. 放样、号料和切割

放样工作包括核对图纸的安装尺寸和孔距，以 1 ∶ 1 的大样放出节点，核对各部分的尺寸，制作样板和样杆作为下料弯制、铣、刨、制孔等加工的依据。放样时，铣、刨的工件要考虑加工余量，一般为 5mm；焊接构件要按工艺要求放出焊接收缩量，焊接收缩量应根据气候、结构断面和焊接工艺等确定。高层钢结构的框架柱尚应预留弹性压缩量，相邻柱的弹性压缩量相差不超过 5mm，若图纸要求桁架起拱，放样时上下弦应同时起拱。

号料工作包括检查核对材料，在材料上画出切割、铣、刨、弯曲、钻孔等加工位置，打冲孔，标出零件编号等。号料应注意以下问题：①根据配料表和样板进行套裁，尽可能节约材料；②应有利于切割和保证构件质量；③当有工艺规定时，应按规定的方向取料。

切割下料的方法有气割、机械切割和等离子切割。

气割法是利用氧气与可燃气体混合产生的预热火焰加热金属表面达到燃烧温度，并使金属发生剧烈氧化，释放出大量的热促使下层金属燃烧，同时通以高压氧气射流，将氧化物吹除而产生一条狭小而整齐的割缝，随着割缝的移动切割出所需的形状。目前，主要的气割方法有手工气割、半自动气割和特型气割等。气割法具有设备使用灵活、成本低、精度高等特点，是目前使用最为广泛的切割方法，能够切割各种厚度的钢材，尤其是厚钢板或带曲线的零件。气割前需将钢材切割区域表面的铁锈、污物等清除干净，气割后应清除熔渣和飞溅物。

机械切割是利用上下两剪切刀具的相对运动来切断钢材，或利用锯片的切削运动将钢材分离，或利用锯片与工件间的摩擦发热使金属熔化而被切断。常用的切割机械有剪板机、联合冲剪机、弓锯床、砂轮切割机等。其中剪切法速度快、效率高，但切口较粗糙；锯割可以切割角钢、圆钢和各类型钢，切割速度和精度都较好。

等离子切割法是利用高温高速等离子焰流将切口处金属及其氧化物熔化并吹掉来完成切割，因此能切割任何金属，特别是熔点较高的不锈钢及有色金属铝、铜等。

2. 矫正和成型

（1）矫正

钢材使用前，由于材料内部的残余应力及存放、运输、吊运不当等原因，会引起钢材原材料变形；在加工成型过程中，由于操作和工艺原因会引起成型件变形；构件在连接过程中会存在焊接变形等。因此，必须对钢材进行矫正，以保证钢结构制作和安装质量。钢材的矫正方式主要有矫直、矫平、矫形 3 种。按矫正的外力来源，矫正分为火焰矫正、机械矫正和手工矫正等。

钢材的火焰矫正是利用火焰对钢材进行局部加热，被加热处理的金属由于膨胀受阻而产生压缩塑性变形，使较长的金属纤维冷却后缩短而完成。通常火焰加热位置、加热形式和加热热量是影响火焰矫正效果的主要因素。加热位置应选择在金属纤维较长的部位。加热形式有点状加热、线状加热和三角形加热。不同的加热热量使钢材获得不同的矫正变形能力，低碳钢和普通低合金钢的加热温度为 600 ~ 800℃。

钢材的机械矫正是在专用矫正机上进行的。矫正机主要有拉伸矫正机、压力矫正机、辊压矫正机等。拉伸矫正机适用于薄板扭曲、型钢扭曲、钢管、带钢和线材等的矫正；压力矫正机适用于板材、钢管和型钢的局部矫正；辊压矫正机适用于型材、板材等的矫正。

钢材的手工矫正是利用锤击的方式对尺寸较小的钢材进行矫正。由于其矫正力小、劳动强度大、效率低，仅在缺乏或不便使用机械矫正时采用。在矫正时应注意以下问题：①碳素结构钢在环境温度低于 –16℃、低合金结构钢在环境温度低于 –12℃时，不得进行冷矫正和冷弯曲；②碳素结构钢和低合金结构钢在加热矫正时，加热温度应根据钢材性能选定，但不得超过 900℃，低合金结构钢在加热矫正后应缓慢冷却；③当构件采用热加工成型时，加热温度宜控制在 900 ~ 1000℃，碳素结构钢在温度下降到 700℃之前，低合金结构钢在温度下降到 800℃之前，应结束加工，低合金结构钢应缓慢冷却。

（2）成型

钢材的成型主要是指钢板卷曲和型材弯曲。

钢板卷曲是通过旋转辊轴对板材进行连续三点弯曲而形成。当制件曲率半径较大时，可在常温状态下卷曲；若制件曲率半径较小或钢板较厚，则需将钢板加热后进行。钢板卷曲分为单曲率卷曲和双曲率卷曲。单曲率卷曲包括圆柱面、圆锥面和任意柱面的卷曲，因其操作简便，工程中较常用。双曲率卷曲可以进行球面及双曲面的卷曲。

型材弯曲包括型钢弯曲和钢管弯曲。型钢弯曲时，由于截面重心线与力的作用线不在同一平面上，型钢除受弯曲力矩外还受扭矩的作用，所以型钢断面会产生畸变。畸变程度取决于应力的大小，而应力的大小又取决于弯曲半径。弯曲半径越小，则畸变程度越大。在弯曲时，若制件的曲率半径较大，一般应采用冷弯，反之则应采用热弯。钢管弯曲时，为尽可能减少钢管在弯曲过程中的变形，通常应在管材中加入填充物（砂或弹簧）后进行弯曲，用辊轮和滑槽压在管材外面进行弯曲或用芯棒穿入管材内部进行弯曲。

3. 边缘和球节点加工

在钢结构加工过程中，一般应在下述位置或根据图纸要求进行边缘加工：①吊车梁翼缘板、支座支承面等图纸有要求的加工面；②焊缝坡口；③尺寸要求严格的加劲板、隔板、腹板和有孔眼的节点板等。常用的机具有刨边机、铣床、碳弧气割等。近年来常以精密切割代替刨铣加工，如半自动、自动气割机等。

螺栓球宜热锻成型，不得有裂纹、叠皱、过烧；焊接球宜采用钢板热压成半圆球，表面不得有裂纹、褶皱，并经机械加工坡口后焊成半圆球。螺栓球和焊接球的允许偏差应符合规范要求。网架钢管杆件直端宜采用机械下料，管口曲线采用自动切管机下料。

4. 制孔和组装

螺栓孔共分两类三级，其制孔加工质量和分组应符合规范要求。组装前，连接接触面和沿焊缝边缘每边 30 ~ 50mm 范围内的铁锈、毛刺、污垢、冰雪等应清除干净；组装顺序应根据结构形式、焊接方法和焊接顺序等因素确定；构件的隐蔽部位应焊接、涂装，并经检查合格后方可封闭，完全封闭的构件内表面可不涂装；当采用夹具组装时，拆除夹具不得损伤母材，残留焊疤应修抹平整。

5. 表面处理、涂装和编号

表面处理主要是指对使用高强度螺栓连接时接触面的钢材表面进行加工，即采用砂轮、喷砂等方法对摩擦面的飞边、毛刺、焊疤等进行打磨。经过加工使其接触处表面的抗滑移系数达到设计要求额定值，一般为 0.45 ~ 0.55。

钢结构的腐蚀是长期使用过程中不可避免的一种自然现象，在钢材表面涂刷防护涂层，是目前防止钢材锈蚀的主要手段。防护涂层的选用，通常应从技术经济效果及涂料品种和使用环境方面综合考虑后作出选择。不同涂料对底层除锈质量要求不同，一般来说常规的油性涂料湿润性和透气性较好，对除锈质量要求可略低一些。而高性能涂料（如富锌涂料等），对底层表面处理要求较高。涂料、涂装遍数、涂层厚度均应满足设计要求，当设计对涂层厚度无要求时，宜涂装 4 ~ 5 遍。涂层干漆膜总厚度：室外为 150μm，室内为 125μm，允许偏差为 −25μm；涂装工程由工厂和安装单位共同承担时，每遍涂层干漆膜厚度的允许误差为 −5μm。

通常，在构件组装成型之后即用油漆在明显处按照施工图标注构件编号。

此外，为便于运输和安装，对重大构件还要标注质量和起吊位置。

6. 构件验收与拼装

构件出厂时，应提交下列资料：产品合格证；施工图和设计变更文件，设计变更的内容应在施工图中相应部位注明；制作中对技术问题处理的协议文件；钢材、连接材料和涂装材料的质量证明书或试验报告；焊接工艺评定；高强度螺栓摩擦面抗滑移系数试验报告、焊缝无损检验报告及涂层检测资料；主要构件验收记录；预拼装记录；构件发运和包装清单。

由于受运输吊装等条件的限制，有时构件要分成两段或若干段出厂，为了保证安装的顺利进行，应根据构件或结构的复杂程度，或者根据设计的具体要求，由建设单位在合同中另行委托制作单位在出厂前进行预拼装。除管结构为立体预拼装，并可设卡、夹具外，其他结构一般均为平面预拼装。分段构件预拼装或构件与构件的总体拼装，如为螺栓连接，当预拼装时，所有节点连接板均应装上，除检查各部位尺寸外，还应用试孔器检查板叠孔的通过率。

二、钢结构的安装工艺

（一）钢构件的运输和存放

钢构件应根据钢结构的安装顺序，分单元成套供应。运输钢构件时应根据构件的长度、质量选择运输车辆，钢构件在运输车辆上的支点两端伸出的长度及绑扎方法均应保证钢构件不产生变形、不损伤涂层。钢构件应存放在平整坚实、无积水的场地上，且应满足按种类、型号、安装顺序分区存放的要求。构件底层垫枕应有足够的支撑面，并应防止支点下沉。相同型号的钢构件叠放时，各层钢构件的支点应在同一垂直线上，并应防止钢构件被压坏和变形。

（二）构件的安装和校正

钢结构安装前需对建筑物的定位轴线、基础轴线、标高、地脚螺栓位置等进行检查，并应进行基础检测和办理交接验收。基础顶面直接作为柱的支撑面和基础顶面预埋钢板或支座作为柱的支撑面时，其支撑面、地脚螺栓（锚栓）的允许偏差见表 5-6。钢垫板面积根据基础混凝土的抗压强度、柱脚底板下细石混凝土二次浇灌前柱底承受的荷载和地脚螺栓（锚栓）的紧固拉力计算确定。垫板设置在靠近地脚螺栓（锚栓）的柱脚底板加劲板或柱肢下，每根地脚螺栓（锚栓）侧应设 1 ~ 2 组垫板，每组垫板不得多于 5 块。垫板与基础面和柱底面的接触应平整紧密。当采用成对斜垫板时，其叠合长度不应小于垫板长度的 2 / 3。二次浇灌混凝土前垫板间应焊接固定。工程上常将无收缩砂浆作为坐浆材料，柱子吊装前砂浆试块强度应高于基础混凝土强度一个等级。为保证结构整体性，钢结构安装在形成空间刚度单元后，及时对柱底板和基础顶面的空隙采用细石混凝土二次浇灌。

表 5-6　支撑面、地脚螺栓（锚栓）的允许偏差

项目		允许偏差 / mm
支撑面	标高	± 3.0
	水平度	1 / 1000
地脚螺栓（锚栓）	螺栓中心偏移	5.0
	螺栓露出长度	+30.0 0
	螺纹长度	+30.0 0
预留孔中心偏移		10.0

钢结构安装前，要对构件的质量进行检查，当钢构件的变形、缺陷超出允许偏差时，待处理后，方可进行安装工作。厚钢板和异种钢板的焊接、高强度螺栓安装、栓钉焊和负温度下施工，需根据工艺试验，编制相应的施工工艺。

钢结构采用综合安装时，为保证结构的稳定性，在每一单元的钢构件安装完毕后，应及时形成空间刚度单元。大型构件或组成块体的网架结构，可采用单机或多机抬吊，亦可采用高空滑移安装。钢结构的柱、梁、屋架支撑等主要构件安装就位后，应立即进行校正工作，尤其应注意的是，安装校正时，要有相应措施，消除风、温差、日照等外界环境和焊接变形等因素的影响。

设计要求顶紧的节点，接触面应有70%的面紧贴，用0.3mm厚塞尺检查，可插入的面积之和不得大于接触顶紧总面积的30%，边缘最大间隙不应大于0.8mm。

（三）钢构件的连接和固定

钢构件的连接方式通常有焊接和螺栓连接。随着高强度螺栓连接和焊接连接的大量采用，对被连接件的要求越来越严格。如构件位移、水平度、垂直度、磨平顶紧的密贴程度、板叠摩擦面的处理、连接间隙、孔的同心度、未焊表面处理等，都应经质量监督部门检查认可，方能进行紧固和焊接，以免留下难以处理的隐患。焊接和高强度螺栓并用的连接，当设计无特殊要求时，应按先栓后焊的顺序施工。

1. 钢构件的焊接连接

（1）钢构件焊接连接的基本要求

钢构件焊接连接的基本要求：施工单位对首次采用的钢材、焊接材料、焊接方法、焊后热处理等，应按规定进行焊接工艺评定，并确定出焊接工艺。焊接工艺评定是保证钢结构焊缝质量的前提，通过焊接工艺评定选择最佳的焊接材料、焊接方法、焊接工艺参数、焊后热处理等，以保证焊接接头的力学性能达到设计要求。焊工要经过考试并取得合格证后方可从事焊接工作，焊工应遵守焊接工艺，不得自由施焊及在焊道外的母材上引弧。焊丝、焊条、焊钉、焊剂的使用应符合规范要求。安装定位焊缝需考虑工地安装的特点，如构件的自重、所承受的外力、气候影响等，其焊点数量、高度、长度均应由计算确定。焊条的药皮是保证焊接过程正常和焊接质量及参与熔化过渡的基础。生锈焊条严禁使用。

为防止起弧落弧时弧坑缺陷出现应力集中，角焊缝的端部在构件的转角处宜连续绕角施焊，垫板、节点板的连续角焊缝，其落弧点应距离端部至少10mm；多层焊接应连续不断地施焊；凹形角焊缝的金属与母材间应平缓过渡，以提高其抗疲劳性能。定位焊所采用的焊接材料应与焊件材质相匹配，在定位焊施工时易出现收缩裂纹、冷淬裂纹及未焊透等质量缺陷。因此，应采用回焊引弧、落弧添满弧坑的方法，且焊缝长度应符合设计要求，一般为设计焊缝高度的7倍。

焊缝检验应按国家有关标准进行。为防止延迟裂纹漏检，碳素结构钢应在焊缝冷却到环境温度、低合金钢应在完成焊接24h后，方可进行焊缝探伤检验。

（2）焊接接头

钢结构的焊接接头按焊接方法分为熔化接头和电渣焊接头两大类。在手工电弧焊中，熔化接头根据焊件厚度、使用条件、结构形状的不同又分为对接接头、角接接头、"T"形接头和搭接接头等形式。对厚度较厚的构件，为了提高焊接质量，保证电弧能深入焊缝的根部，使根部能焊透，同时获得较好的焊缝形态，通常要开坡口。

（3）焊缝形式

焊缝形式按施焊的空间位置可分为平焊缝、横焊缝、立焊缝及仰焊缝4种。平焊的熔滴靠自重过渡，操作简便，质量稳定；横焊因熔化金属易下滴，而使焊缝上侧产生咬边，下侧产生焊瘤或未焊透等缺陷；立焊成缝较为困难，易产生咬边、焊瘤、夹渣、表面不平等缺陷；仰焊必须保持最短的弧长，因此常出现未焊透、凹陷等质量缺陷。

（4）焊接工艺参数

手工电弧焊的焊接工艺参数主要包括焊接电流、电弧电压、焊条直径、焊接层数、电源种类和极性等。

焊接电流的确定与焊条的类型、直径、焊件厚度、接头形式、焊缝位置等因素有关，在一般钢结构焊接中，可根据电流大小与焊条直径的关系即式（5-12）进行平焊电流的试选。

$$I=10d^2$$

（5-12）

式中：I —— 焊接电流，A；

d —— 焊条直径，mm。

立焊电流比平焊电流减小15% ~ 20%，横焊和仰焊电流则应比平焊电流减小10% ~ 15%。电弧电压由焊接电流确定，同时其大小还与电弧长度有关，电弧长则电压高，电弧短则电压低，一般要求电弧长不大于焊条直径。焊条直径主要与焊件厚度、接头形式、焊缝位置和焊接层次等因素有关，一般来说，可按表5-7进行选择。为保证焊接质量，工程上多倾向于选择较大直径焊条，并且在平焊时直径可大一些，立焊所用焊条直径不超过5mm，横焊和仰焊所用焊条直径不超过4mm，坡口焊时，为防止未焊透缺陷，第一层焊缝宜采用直径为3.2mm的焊条。焊接层数由焊件的厚度而定，除薄板外，一般都采用多层焊。焊接层数过多，每层焊缝的厚度过大，对焊缝金属的塑性有不利影响，施工时每层焊缝的厚度不应大于4 ~ 5mm。在重要结构或厚板结构中应采用直流电源，其他情况则首先应考虑交流电源，根据焊条的形式和焊接特点的不同，利用电弧中的阳极温度比阴极温度高的特点，选用不同的极性来焊接各种不同的构件。用碱性焊条或焊接薄板时，采用直流反接（工件接负极），而用酸性焊条时，则通常采用正接（工件接正极）。

表 5-7　焊条直径的选择 mm

焊件厚度	≤	3 ~ 4	5 ~ 12	> 12
焊条直径	2	3.2	4 ~ 15	≥ 15

（5）运条方法

钢结构正常施焊时，焊条有3种运动方式：

①焊条沿其中心线送进，以免发生断弧。

②焊条沿焊缝方向移动，移动的速度应根据焊条直径、焊接电流、焊件厚度、焊缝装配情况及其位置确定，移动速度要适中。

③焊条作横向摆动，以便获得需要的焊缝宽度，焊缝宽度一般为焊条直径的1.5倍。

（6）焊缝的后处理

焊接工作结束后，应做好清除焊缝飞溅物、焊渣、焊瘤等工作。无特殊要求时，应根据焊接接头的残余应力、组织状态、熔敷金属含氢量和力学性能决定是否需要焊后热处理。

2. 普通螺栓连接

普通螺栓是钢结构常用的紧固件之一，用作钢结构中的构件连接固定或钢结构与基础的连接固定。

（1）类型与用途

常用的普通螺栓有六角螺栓、双头螺栓和地脚螺栓等。

六角螺栓按其头部支撑面大小及安装位置尺寸分大六角头和六角头两种，按制造质量和产品等级则分为A、B、C三种。A级螺栓又称精制螺栓，B级螺栓又称半精制螺栓。A，B级螺栓适用于拆装式结构或连接部位需传递较大剪力的重要结构的安装。C级螺栓又称粗制螺栓，适用于钢结构安装的临时固定。

双头螺栓多用于连接厚板和不便使用六角螺栓的连接处，如混凝土屋架、屋面梁悬挂吊件等。

地脚螺栓一般有地脚螺栓、直角地脚螺栓、锤头螺栓和锚固地脚螺栓等形式。通常，地脚螺栓和直角地脚螺栓预埋在结构基础中用以固定钢柱；锤头螺栓是基础螺栓的一种特殊形式，在浇筑基础混凝土时将特制模箱（锚固板）预埋在基础内，用以固定钢柱；锚固地脚螺栓是在已形成的混凝土基础上经钻机制孔后，再浇筑固定的一种地脚螺栓。

（2）普通螺栓的施工

①连接要求普通螺栓在连接时应符合以下要求：永久螺栓的螺栓头和螺母的下面应放置平垫圈，螺母下的垫圈不应多于2个，螺栓头下的垫圈不应多于1个；螺栓头和螺母应与结构构件的表面及垫圈密贴；对于倾斜面的螺栓连接，应采用斜垫片垫平，使螺母和螺栓的头部支撑面垂直于螺杆，避免紧固螺栓时螺杆受到弯曲力；永久螺栓和锚固螺栓的螺母应根据施工图纸中的设计规定，采用有放松装置的螺母或弹簧垫圈；对于动荷载或重要部位的螺栓连接，应在螺母下面按设计要求放置弹簧垫圈；从螺母一侧伸出螺栓的长度应保持在不小于2个完整螺纹的长度；使用螺栓等级和材质应符合施工图纸的要求。

②螺栓长度确定连接螺栓的长度 L，按式（5-13）计算：

$$L = \delta + H + nh + C$$

（5-13）

式中：δ——连接板约束厚度，mm；

H —— 螺母高度，mm；

n —— 垫圈个数，个；

h —— 垫圈厚度，mm；

C —— 螺杆余长，5 ~ 10mm。

③紧固轴力。为了使螺栓受力均匀，尽量减少连接件变形对紧固轴力的影响，保证各节点连接螺栓的质量，螺栓紧固必须从中心开始，对称施拧。其紧固轴力不应超过相应规定。永久螺栓拧紧质量检验采用锤敲或用力矩扳手检验，要求螺栓不颤头和偏移，拧紧程度用塞尺检验，对接表面高差（不平度）不应超过 0.5mm。

3. 高强度螺栓连接

高强度螺栓是用优质碳素钢或低合金钢材制作而成的，具有强度高、施工方便、安装速度快、受力性能好、安全可靠等特点，已广泛地应用于大跨度结构、工业厂房、桥梁结构、高层钢框架结构等的钢结构工程中。

（1）六角头高强度螺栓和扭剪型高强度螺栓

六角头高强度螺栓为粗牙普通螺纹，有 8.8S 和 10.9S 两种等级。一个六角头高强度螺栓连接副由一个螺栓、一个螺母和两个垫圈组成。高强度螺栓连接副应同批制造，保证扭矩系数稳定，同批连接副扭矩系数平均值为 0.110 ~ 0.150，其扭矩系数标准偏差应不大于 0.010。扭矩系数可按下式计算：

$$K = M / (Pd)$$

$$(5-14)$$

式中：K —— 扭矩系数；

M —— 施加扭矩，N·m；

P —— 高强度螺栓预拉力，kN；

d —— 高强度螺栓公称直径，mm。

（2）高强度螺栓的施工

高强度螺栓连接副是按出厂批号包装供货和提供产品质量证明书的，因此在储存、运输、施工过程中，应严格按批号存放、使用。不同批号的螺栓、螺母、垫圈不得混杂使用。高强度螺栓连接副的表面经特殊处理，在施拧前要保持原状，以免扭矩系数和标准偏差或紧固轴力和变异系数发生变化。为确保高强度螺栓连接副的施工质量，施工单位应按出厂批号进行复验。其方法是：高强度大六角头螺栓连接副每批号随机抽 8 套，复验扭矩系数和标准偏差；扭剪型高强度螺栓连接副每批号随机抽 5 套，复验紧固轴力和变异系数。施工单位应在产品质量保证期内及时复验，复验数据作为施拧的主要参数。为保证丝扣不受损伤，安装高强度螺栓时，不得强行穿入螺栓或兼做安装螺栓。

高强度螺栓的拧紧分为初拧和终拧两步进行，这样可减小先拧与后拧的高强度螺栓预拉力的差别。大型节点应分初拧、复拧和终拧三步进行，增加复拧是为了减少初拧后过大的螺栓预拉力损失，为使被连接板叠紧密贴，施工时应从螺栓群中央顺序向外拧，即从节点中刚度大的中央按顺序向不受约束的边缘施拧，同时，为防止高强度螺栓连接副的表面处理涂层发生变化影响预拉力，应在当天终拧完毕。

扭剪型高强度螺栓的初拧扭矩按下列公式计算：

$$T_0=0.065P_cd$$

（5-15）

$$P_c=P+\Delta P$$

（5-16）

式中：T_0——初拧扭矩，N·m；

P_c——施工预拉力，kN；

P——高强度螺栓设计预拉力，kN；

ΔP——预拉力损失值（宜取设计预拉力的 10%），kN；

d——高强度螺栓螺纹直径，mm。

扭剪型高强度螺栓连接副没有终拧扭矩规定，其终拧是采用专用扳手拧掉螺栓尾部梅花头。若个别部位的螺栓无法使用专用扳手，则按直径相同的高强度大六角头螺栓采用扭矩法施拧，扭矩系数取 0.13。

高强度大六角头螺栓的初拧扭矩宜为终拧扭矩的 50%，终拧扭矩按下列公式计算：

$$T_c=KP_cd$$

（5-17）

$$P_c=P+\Delta P$$

（5-18）

式中：T_c——终拧扭矩，N·m；

K——扭矩系数；

P_c，P，ΔP，d 同式（5-15）及式（5-16）中含义。

高强度大六角头螺栓施拧用的扭矩扳手，一般采用电动定扭矩扳手或手动扭矩扳手，检查用扭矩扳手多采用手动指针式扭矩扳手或带百分表的扭矩扳手。扭矩扳手在班前和班后均应进行扭矩校正，施拧用扳手的扭矩为 ±5%，检查用扳手的扭矩为 ±3%。

对于高强度螺栓终拧后的检查，扭剪型高强度螺栓可采用目测法检查螺栓尾部梅花头是否拧掉；高强度大六角头螺栓可采用小锤敲击法逐个进行检查，其方法是用手指紧按住螺母的一个边，用质量为 0.3～0.5kg 的小锤敲击螺母相对应的另一边，如手指感到轻微颤动即为合格，颤动较大即为欠拧或漏拧，完全不颤动即为超拧。高强度大六角头螺栓终拧结束后的检查除了采用小锤敲击法逐个进行检查外，还应在终拧 1h 后、24h 内进行扭矩抽查。扭矩抽查的方法：先在螺母与螺杆的相对应位置画一细直线，然后将螺母退回 30°～50°，再拧至原位（与该细直线重合）时测定扭矩，该扭矩与检查扭矩的偏差在检查扭矩的 ±10% 范围以内即为合格。检查扭矩按下式计算：

$$T_{ch}=KPd$$

（5-19）

式中：T_{ch}——检查扭矩，N·m；

K，P，d 同式（5-15）及式（5-16）中含义。

（四）钢结构工程的验收

钢结构工程的验收，应在钢结构的全部或空间刚度单元的安装工作完成后进行，通常验收应提交下列资料：钢结构工程竣工图和设计文件；安装过程中形成的与工程技术有关的文件；安装所采用的钢材、连接材料和涂料等材料的质量证明书或试验、复验报告；工厂制作构件的出厂合格证；焊接工艺评定报告和质量检验报告；高强度螺栓抗滑移系数试验报告和检查记录；隐蔽工程验收和工程中间检查交接记录；结构安装检测记录及安装质量评定资料；钢结构安装后涂装检测资料；设计要求的钢结构试验报告。

第四节　结构安装工程质量要求及安全措施

一、单层、多层钢筋混凝土结构安装质量要求

当混凝土强度达到设计强度 75% 以上，预应力构件孔道灌浆的强度达到 15MPa 以上，方可进行构件吊装。

安装构件前，应对构件进行弹线和编号，并对结构及预制件进行平面位置、标高、垂直度等校正工作。

构件在吊装就位后，应进行临时固定，保证构件的稳定。

在吊装装配式框架结构时，只有当接头和接缝的混凝土强度大于 10MPa 时，方能吊装上一层结构的构件。

构件的安装，力求准确，保证构件的偏差在允许范围内，见表 5-8。

表 5-8　构件安装的允许偏差

项目		名称	允许偏差 / mm
1	杯形基础	中心线对轴线位移	10
		杯底标高	−10

2	柱	中心线对轴线的位移		5
		上下柱连接中心线位移		3
		垂直度	≤ 5m	5
			> 5m	10
			≥ 10m 月多节	高度的 1%
		牛腿柱面和柱顶标高	≤ 5m	−5
			> 5m	−8
3	梁或吊车梁	中心线对轴线位移		5
		梁顶标高		−5
4	屋架	下弦中心线对轴线位移		5
		垂直度 薄腹梁	桁架	屋架高的 1 / 250
			5	
5	天窗架	构件中心线对定位轴线位移		5
		垂直度（天窗架高）		1 / 300
6	板	相邻两板板底平整 不抹灰	抹灰	5
			5	
7	墙板	中心线对轴线位移		3
		垂直度		3
		每层山墙倾斜		2
		整个高度垂直度		10

二、单层钢结构安装质量要求

钢结构基础施工时，应注意保证基础顶面标高及地脚螺栓位置的准确。其偏差值应在允许偏差范围内。

钢结构安装应按施工组织设计进行。安装程序必须保持结构的稳定性且不导致永久性变形。

钢结构安装前，应按构件明细表核对进场的构件，查验产品合格证和设计文件；工厂预拼装过的构件在现场拼装时，应根据预拼装记录进行。

钢结构安装偏差的检测，应在结构形成空间刚度单元并连接固定后进行，其偏差在允许偏差范围内。

三、安全措施

（一）使用机械的安全要求

吊装所用的钢丝绳，事先必须认真检查，表面磨损，若腐蚀达钢丝绳直径 10% 时，不准使用。

起重机负重开行时，应缓慢行驶，且构件离地不得超过 500mm。起重机在接近满荷时，不得同时进行两种操作动作。

起重机工作时，严禁碰触高压电线。起重臂、钢丝绳、重物等与架空电线要保持一定的安全距离，见表 5-9、表 5-10。

表 5-9　起重机吊杆最高点与电线之间应保持的垂直距离

线路电压／kV	距离不小于／m	线路电压／kV	距离小于／m
1 以下	1	20 以上	2.5
20 以下	1.5		

表 5-10　起重机与电线之间应保持的水平距离

线路电压／kV	距离不小于／m	线路电压／kV	距离小于／m
1 以下	1.5	110 以下	4
20 以下	2	220 以下	6

发现吊钩、卡环出现变形或裂纹时，不得再使用。

起吊构件时，吊钩的升降要平稳，避免紧急制动和冲击。

对新到、修复或改装的起重机在使用前必须进行检查、试吊；要进行静、动负荷试验。试验时，所吊重物为最大起重量的 125%，且离地面 1m，悬空 10min。

起重机停止工作时，起动装置要关闭上锁。吊钩必须升高，防止摆动伤人，并不得悬挂物件。

（二）操作人员的安全要求

从事安装工作人员要进行体格检查，心脏病或高血压患者不得进行高空作业。

操作人员进入现场时，必须戴安全帽、手套，高空作业时还要系好安全带，所带的工具，要用绳子扎牢或放入工具包内。

在高空进行电焊焊接，要系安全带，着防护罩；潮湿地点作业，要穿绝缘胶鞋。

进行结构安装时，要统一用哨声、红绿旗、手势等指挥，所有作业人员，均应熟悉各种信号。

（三）现场安全设施

吊装现场的周围，应设置临时栏杆，禁止非工作人员入内。地面操作人员，应尽量避免在高空作业面的正下方停留或通过，也不得在起重机的起重臂或正在吊装的构件下停留或通过。

配备悬挂或斜靠的轻便爬梯，供人上下。

如需在悬空的屋架上弦行走时，应在其上设置安全栏杆。

在雨期或冬期里，必须采取防滑措施。例如，扫除构件上的冰雪、在屋架上捆绑麻袋、在屋面板上铺垫草袋等。

第六章 装饰工程及水电安装

第一节　墙面抹灰与饰面工程

一、墙面抹灰

抹灰是将各种砂浆、装饰性石屑浆、石子浆涂抹在建筑物的墙面、顶棚、地面等表面上，除了保护建筑物外，还可以起到装饰作用。

抹灰工程按使用材料和装饰效果分为一般抹灰和装饰抹灰。一般抹灰适用于石灰砂浆、水泥砂浆、混合砂浆、聚合物水泥砂浆、膨胀珍珠岩水泥砂浆、麻刀灰、纸筋灰、石膏灰等抹灰工程。装饰抹灰的底层和中层与一般抹灰做法基本相同，其面层主要有水刷石、水磨石、斩假石、干粘石、喷涂、滚涂、弹涂、仿石和彩色抹灰等。

（一）一般抹灰施工

1. 一般抹灰层施工工艺

一般抹灰层由底层、中层和面层组成。底层主要起与基层（基体）粘结作用，中层主要起找平作用，面层主要起装饰美化作用。各层砂浆的强度等级应为底层 > 中层 > 面层，抹灰层施工工艺见表 6-1。

表 6-1 一般抹灰层施工工艺

层次	作用	基层材料	施工工艺
底层	主要起与基层粘结作用，兼起初步找平作用。砂浆稠度为 10 ~ 20 cm	砖墙	①室内墙面一般采用石灰砂浆或水泥混合砂浆打底 ②室外墙面、门窗洞口外侧壁、屋檐、勒脚、压檐墙等及湿度较大的房间和车间宜采用水泥砂浆或水泥混合砂浆
		混凝土	①宜先刷素水泥浆一道，采用水泥砂浆或混合砂浆打底 ②高级装修顶板宜用乳胶水泥砂浆打底
		加气混凝土	宜用水泥混合砂浆、聚合物水泥砂浆或掺增稠粉的水泥砂浆打底，打底前先刷一遍胶水溶液
		硅酸盐砌块	宜用水泥混合砂浆或掺增稠粉的水泥砂浆打底
		木板条、苇箔、金属网	宜用麻刀灰、纸筋灰或玻璃丝灰打底，并将灰浆挤入基层缝隙内，以加强拉结
		平整光滑的混凝土基层，如顶棚、墙体	可不抹灰，采用刮粉刷石膏或刮腻子处理
中层	主要起找平作用。砂浆稠度 7 ~ 8cm		①基本与底层相同。砖墙则采用麻刀灰、纸筋灰或粉刷石膏 ②根据施工质量要求可以一次抹成，也可以分遍进行
面层	主要起装饰作用。砂浆稠度 10cm		①要求平整，无裂纹，颜色均匀 ②室内一般采用麻刀灰、纸筋灰、玻璃丝灰或粉刷石膏，高级墙面采用石膏灰，保温、隔热墙面按设计要求 ③室外常用水泥砂浆、水刷石、干粘石等

2. 一般抹灰的厚度要求

（1）抹灰层平均总厚度

①顶棚：板条、现浇混凝土和空心砖抹灰为 15mm；预制混凝土抹灰为 18mm；金属网抹灰为 20mm。

②内墙：普通抹灰两遍做法（一层底层，一层面层）为 18mm；普通抹灰三遍做法（一层底层，一层中层，一层面层）为 20mm；高级抹灰为 25mm；

③外墙抹灰为 20mm，勒脚及突出墙面部分抹灰为 25mm。

④石墙抹灰为 35mm。

控制抹灰层平均总厚度主要是为了防止抹灰层脱落。

（2）抹灰层每遍厚度

抹灰工程一般应分遍进行，以便粘结牢固，并能起到找平和保证质量的作用。如果一层抹得太厚，由于内外收水快慢不同，抹灰层容易开裂，甚至鼓起脱落。每遍抹灰厚度一般控制如下。

①抹水泥砂浆每遍厚度为 5 ~ 7mm。

②抹石灰砂浆或混合砂浆每遍厚度为 7 ~ 9mm。

③抹灰面层用麻刀灰、纸筋灰、石膏灰、粉刷石膏等罩面时，经赶平、压实后，其厚度麻刀灰不大于 3mm，纸筋灰、石膏灰不大于 2mm，粉刷石膏不受限制。

④混凝土内墙面和楼板平整光滑的底面，可用腻子分遍刮平，总厚度为 2 ~ 3mm。

⑤板条、金属网用麻刀灰、纸筋灰抹灰的每遍厚度为 3 ~ 6mm。

水泥砂浆和水泥混合砂浆的抹灰层，应待前一层抹灰层凝结后，方可涂抹后一层；石灰砂浆抹灰层，应待前一层七至八成干后，方可涂抹后一层。

3. 一般抹灰的分类

一般抹灰根据质量要求分为高级抹灰和普通抹灰。

表 6-2　高级抹灰、普通抹灰适用范围及施工工艺

分类	适用范围	施工工艺
高级抹灰	适用于大型公共建筑、纪念性建筑（如剧院、礼堂、宾馆、展览馆等）以及有特殊要求的高级建筑等	一层底灰，数层中层和一层面层。阴阳角找方，设置标筋，分层赶平、修整，表面压光。要求表面光滑、洁净，颜色均匀，线角平直，清晰美观无纹路
普通抹灰	适用于一般居住、公用和工业建筑（如住宅、宿舍、教学楼、办公楼）以及建筑物的附属用房，如汽车库、仓库、锅炉房、地下室、储藏室等	一层底灰，一层中层和一层面层（或一层底灰，一层面层）。阳角找方，设置标筋，分层赶平、修整，表面压光。要求表面洁净，线角顺直，清晰，接槎平整

4. 一般抹灰的材料要求

（1）水泥

抹灰常用的水泥为不小于 PO 32.5 级的普通硅酸盐水泥、矿渣硅酸盐水泥。水泥的品种、强度等级应符合设计要求。出厂三个月的水泥，应经试验合格后方能使用，受潮后结块的水泥应过筛试验后使用。水泥体积的安定性必须合格。

（2）石灰膏和磨细生石灰粉

块状生石灰必须熟化成石灰膏才能使用，在常温下，熟化时间不应少于 15d；用于罩面的石灰膏，在常温下，熟化的时间不得少于 30d。

块状生石灰碾碎磨细后的成品，即为磨细生石灰粉。罩面用的磨细生石灰粉的熟化时间不得少于 3d。使用磨细生石灰粉粉饰，不仅具有节约石灰、适合冬季施工的优点，而且粉饰后不易出现膨胀、臌皮等现象。

（3）石膏

抹灰用石膏，一般用于高级抹灰或抹灰龟裂的补平。宜采用乙级建筑石膏，使用时磨成细粉（无杂质），细度要求通过 0.15mm 筛孔，筛余量不大于 10%。

（4）粉煤灰

粉煤灰作为抹灰掺和料，可以节约水泥，提高水泥和易性。

（5）粉刷石膏

粉刷石膏是以建筑石膏粉为基料，加入多种添加剂和填充料等配制而成的一种白色粉料，是一种新型装饰材料。常见的有面层粉刷石膏、基层粉刷石膏、保温层粉刷石膏等。

（6）砂

抹灰用砂，最好是中砂，或粗砂与中砂掺用。可以用细砂，但不宜用特细砂。抹灰用砂要求颗粒坚硬、洁净，使用前需要过筛（筛孔不大于5mm），不得含有黏土（不超过2%）、草根、树叶及其他有机物等有害杂质。

（7）麻刀、纸筋、稻草、玻璃纤维

麻刀、纸筋、稻草、玻璃纤维在抹灰层中起拉结和骨架作用，可提高抹灰层的抗拉强度，增加抹灰层的弹性和耐久性，使抹灰层不易开裂脱落。

5. 一般抹灰基体表面处理

抹灰工程施工前，必须对基体表面作适当的处理，使其坚实粗糙，以增强抹灰层的粘结强度。

①将砖、混凝土、加气混凝土等基层表面的灰尘、污垢和油渍等清除干净，并洒水湿润。

②光滑的石面或混凝土墙面应凿毛，或刷一道纯水泥浆以增强粘结力。

③检查门窗框安装位置是否正确，与墙体连接是否牢固，连接处的缝隙应用水泥砂浆或水泥混合砂浆或掺少量麻刀的砂浆分层嵌塞密实。

④墙上的施工孔洞及管道线路穿越的孔洞应填平密实。

⑤室内墙面、柱面的阳角，宜先用 1：2 水泥砂浆做护角，其高度不应低于2m，每侧宽度不小于50mm：

⑥不同材料交接处的基体表面抹灰，应采取防止开裂的加强措施，在不同结构基层交接处（如砖墙、混凝土墙的连接）应先铺钉一层金属网或丝绸纤维布，其每边搭接宽度不应小于100mm。

⑦检查基体表面平整度，对凹凸过大的部位应凿补平整。

6. 内墙一般抹灰

内墙一般抹灰的工艺流程为：基体表面处理→浇水润墙→设置标筋→阳角做护角→抹底层、中层灰→窗台板、踢脚板或墙裙→抹面层灰→清理。

（1）基体表面处理

为使抹灰砂浆与基体表面粘结牢固，防止抹灰层空鼓、脱落，抹灰前应对基体表面的灰尘、污垢、油渍、碱膜、跌落砂浆等进行清除。墙面上的孔洞、剔槽等用水泥砂浆进行填嵌。门窗框与墙体交接处缝隙应用水泥砂浆或水泥混合砂浆分层嵌堵。

不同材质的基体表面应作相应处理，以增强其与抹灰砂浆之间的粘结强度。木结构与砖石砌体、混凝土结构等相接处，应先铺设金属网并绷紧，金属网与各基体间的搭接宽度每侧不应小于100mm。

（2）设置标筋

为有效控制抹灰厚度，特别是保证墙面垂直度和整体平整度，在抹底层、中层灰前应设置标筋作为抹灰的依据。

设置标筋即找规矩，分为做灰饼和做标筋两个步骤。

做灰饼前，应先确定灰饼的厚度。先用托线板和靠尺检查整个墙面的平整度和垂直度，根据检查结果确定灰饼的厚度，一般最薄处不应小于 7mm。先在墙面距地面 1.5m 左右的高度、距两边阴角 100 ~ 200mm 处，按所确定的灰饼厚度用抹灰基层砂浆各做一个 50mm×50mm 的矩形灰饼，然后用托线板或线锤在此灰饼面吊挂垂直，做上下对应的两个灰饼。上方和下方的灰饼应距顶棚和地面 150 ~ 200mm，其中下方的灰饼应在踢脚板上口以上。随后在墙面上方和下方左右两个对应灰饼之间，将钉子钉在灰饼外侧的墙缝内，以灰饼为准，在钉子间拉水平横线，沿线每隔 1.2 ~ 1.5m 补做灰饼。

标筋是以灰饼为准在灰饼间所做的灰埂，是抹灰平面的基准。具体做法是用与底层抹灰相同的砂浆在上下两个灰饼间先抹一层，再抹第二层，形成宽度为 100mm 左右、厚度比灰饼高出 10mm 左右的灰埂，然后用木杠紧贴灰饼搓动，直至把标筋搓得与灰饼齐平为止。最后将标筋两边用刮尺修成斜面，以便与抹灰面接槎顺平。标筋的另一种做法是采用横向水平标筋。此种做法与垂直标筋相同。同一墙面的上下水平标筋应在同一垂直面内。标筋通过阴角时，可用带垂球的阴角尺上下搓动，直至上下两条标筋形成相同且角顶在同一垂线上的阴角。阳角可用长阳角尺在上下标筋的阳角处搓动，形成角顶在同一垂线上的标筋阳角。水平标筋的优点是可保证墙体在阴、阳转角处的交线顺直，并垂直于地面，避免出现阴、阳交线扭曲不直的弊病。同时水平标筋通过门窗框，有标筋控制，墙面与框面可接合平整。

（3）做护角

为保护墙面转角处不易遭碰撞损坏，应在室内抹面的门窗洞口及墙角、柱面的阳角处做水泥砂浆护角。护角高度一般不低于 2m，每侧宽度不小于 50mm。具体做法是先将阳角用方尺规方，靠门框一边以门框离墙的空隙为准，另一边以墙面灰饼厚度为依据。最好在地面上画好准线，按准线用砂浆粘好靠尺板，用托线板吊直，方尺找方。在靠尺板的另一边墙角分层抹 1：2 水泥砂浆，使之与靠尺板的外口平齐。然后把靠尺板移动至已抹好护角的一边，用钢筋卡子卡住，用托线板吊直靠尺板，把护角的另一面分层抹好。取下靠尺板，待砂浆稍干时，用阳角抹子和水泥素浆捋出护角的小圆角，最后用靠尺板沿顺直方向留出预定宽度，将多余砂浆切出 40° 斜面，以便抹面时与护角接槎。

（4）抹底层、中层灰

待标筋有一定强度后，即可在两标筋间用力抹底层灰，用木抹子压实搓毛。待底层灰收水后，即可抹中层灰，抹灰厚度应略高于标筋。中层抹灰后，随即用木杠沿标筋刮平，不平处补抹砂浆，然后再刮，直至墙面平直为止。紧接着用木抹子搓压，以便表面平整密实。阴角处先用方尺上下核对方正（横向水平标筋可免去此步），然后用阴角器上下抽动扯平，使室内四角方正。

（5）抹面层灰

待中层灰七八成干时，即可抹面层灰。一般从阴角或阳角处开始，自左向右进行。一人在前抹面灰，另一人随后找平整，并用铁抹子压实赶光。阴、阳角处用阴、阳角抹子捋光，并用毛刷蘸水将门窗圆角等处刷干净。高级抹灰的阳角必须用拐尺找方。

7. 外墙一般抹灰

外墙一般抹灰的工艺流程为：基体表面处理→浇水润墙→设置标筋→抹底层、中层灰→弹分格线、嵌分格条→抹面层灰→拆除分格条→养护。

外墙抹灰的做法与内墙抹灰大部分相似，下面只介绍其特殊的几点。

（1）抹灰顺序

外墙抹灰应先上部后下部，先檐口再墙面。大面积的外墙可分块同时施工。

高层建筑的外墙面可在垂直方向适当分段，如一次抹完有困难，可在阴、阳角交接处或分格线处间断施工。

（2）嵌分格条、抹面层灰及分格条的拆除

待中层灰六成干后，按要求弹分格线。分格条为梯形截面，浸水湿润后两侧用黏稠的素水泥浆与墙面抹成 45° 角粘结。嵌分格条时，应注意横平竖直，接头平直。如当天不抹面层灰，分格条两边的素水泥浆应与墙面抹成 60 角。

面层灰应抹得比分格条略高一些，然后用刮杠刮平，紧接着用木抹子搓平，待稍干后再用刮杠刮一遍，用木抹子搓磨成平整、粗糙、均匀的表面。

面层抹好后即可拆除分格条，并用素水泥浆把分格缝勾平整。如果不是当即拆除分格条，则必须待面层达到适当强度后才可拆除。

8. 顶棚一般抹灰

顶棚抹灰一般不设置标筋，只需按抹灰层的厚度在墙面四周弹出水平线作为控制抹灰层厚度的基准线。若基层为混凝土，则需在抹灰前在基层上用掺 10%107 胶的水溶液或水灰比为 0.4 的素水泥浆刷一遍作为结合层。抹底层灰的方向应与楼板及木模板木纹方向垂直。抹中层灰后用木刮尺刮平，再用木抹子搓平。面层灰宜两遍成活，两道抹灰方向垂直，抹完后按同一方向抹压赶光。顶棚的高级抹灰应加钉长 350~450mm 的麻束，间距为 400mm，并交错布置，分别按放射状梳理抹进中层灰浆内。

9. 一般抹灰的质量要求

（1）主控项目

主控项目见表 6-3。

表 6-3　一般抹灰主控项目质量要求

项目	检验方法
抹灰前基层表面的尘土、污垢、油渍等应清除干净，并应洒水润湿	检查施工记录
一般抹灰所用材料的品种和性能应符合设计要求；水泥的凝结时间和安定性复验应合格；砂浆的配合比应符合设计要求	检查产品合格证书、进场验收记录、复验报告和施工记录
抹灰工程应分层进行。当抹灰总厚度大于或等于 35mm 时，应采取加强措施；不同材料基体交接处表面的抹灰，应采取防止开裂的加强措施，当采用加强网时，加强网与各基体的搭接宽度不应小于 100mm	检查隐蔽工程验收记录和施工记录
抹灰层与基层之间及各抹灰层之间必须粘结牢固，抹灰层应无脱层、空鼓，面层应无爆灰和裂缝	观察；用小锤轻击检查；检查施工记录

（2）一般项目

①一般抹灰工程的表面质量要求。

a. 普通抹灰表面应光滑、洁净、接槎平整，分格缝应清晰。

b. 高级抹灰表面应光滑、洁净、颜色均匀、无抹纹，分格缝和灰线应清晰美观。

②护角、孔洞、槽、盒周围的抹灰表面应整齐、光滑，管道后面的抹灰表面应平整。

③抹灰层的总厚度应符合设计要求；水泥砂浆不得抹在石灰砂浆层上；罩面石膏灰不得抹在水泥砂浆层上。

④抹灰分格缝的设置应符合设计要求，宽度和深度应均匀，表面应光滑，棱角应整齐。

⑤有排水要求的部位应做滴水线（槽）。滴水线（槽）应整齐顺直，滴水线应内高外低，滴水槽的宽度和深度均不应小于 10mm。

⑥一般抹灰的允许偏差和检验方法应符合表 6-4 的规定。

表 6-4　一般抹灰的允许偏差和检验方法

项目	允许偏差 / mm		检验方法
	普通抹灰	高级抹灰	
立面垂直度	4	3	用 2m 垂直检测尺检查
表面平整度	4	3	用 2m 靠尺和塞尺检查
阴阳角方正	4	3	用直角检测尺检查
分格条（缝）直线度	4	3	拉 5m 线，不足 5m 拉通线，用钢直尺检查
墙裙、勒脚上口直线度	4	3	拉 5m 线，不足 5m 拉通线，用钢直尺检查

注：普通抹灰，本表第 3 项阴阳角方正可不检查。

（二）装饰抹灰施工

装饰抹灰与一般抹灰的主要区别为：二者具有不同的装饰面层，底层、中层相同。

1. 水刷石施工

常用于外墙面的装饰，也可用于檐口、腰线、窗楣、门窗套柱等部位。

质量要求：石粉清晰，分布均匀，紧密平整，色泽一致，不得有掉粒和接槎痕迹。

2. 干粘石施工（同水刷石）

程序：基层处理→弹线嵌条→抹粘结层→撒石子→压石子。

3. 斩假石施工

在抹灰面层上做到槽缝有规律，做成像石头砌成的墙面。

①分块弹线，嵌分格条，刷素水泥浆。

②水泥石屑砂浆分两次抹。

③打磨压实，开斩前试斩，边角斩线水平，中间部分垂直。

4. 拉毛灰（用水泥石灰砂浆或水泥纸筋灰浆做成）

①拉毛：铁抹子轻压，顺势轻轻拉起。

②搭毛：猪鬃刷蘸灰浆垂直于墙面，并随毛拉起，形成毛面。

③洒毛：竹丝带蘸灰浆均匀洒于墙面。

5. 聚合物水泥砂浆装饰施工

聚合物水泥砂浆是在水泥砂浆中加入一定的聚乙烯醇缩甲醛胶（或107胶）、颜料、石膏等材料形成的，喷涂、弹涂、滚涂是聚合物水泥砂浆装饰外墙面的施工办法。

（1）喷涂外墙饰面

喷涂外墙饰面是用空气压缩机将聚合物水泥砂浆喷涂在墙面底子灰上形成饰面层。

（2）弹涂外墙饰面

弹涂外墙饰面是在墙体表面刷一道聚合物水泥砂浆后，用弹涂器分几遍将不同色彩的聚合物水泥砂浆弹在已涂刷的涂层上，形成3～5mm大小的扁圆形花点，再喷甲基硅醇钠憎水剂形成的饰面层。

（3）滚涂外墙饰面

滚涂外墙饰面是利用辊子滚拉将聚合物水泥砂浆等材料在墙面底子灰上形成饰面层。

6. 水磨石施工

现制水磨石一般适用于地面施工，墙面水磨石通常采用水磨石预制贴面板镶贴。

地面现制水磨石的施工工艺流程为：基层处理→抹底层、中层灰→弹线，镶嵌条→抹面层石子浆→水磨面层→涂草酸磨洗→打蜡上光。

（1）弹线，镶嵌条

在中层灰验收合格后24h，即可弹线并镶嵌条。嵌条可采用玻璃条或铜条。镶嵌条时，先用靠尺板（与分格线对齐）将嵌条压好，然后把嵌条与靠尺板贴紧，用素水泥浆在嵌条一侧根部抹成八字形灰埂，其灰浆顶部比嵌条顶部低3mm左右。然后取下靠尺板，在嵌条另一侧抹上对称的灰埂。

（2）抹面层石子浆

将嵌条稳定好，浇水养护3～5d后，抹面层石子浆。具体操作为：清除地面积水和浮灰，接着刷素水泥浆一遍，然后铺设面层水泥石子浆，铺设厚度高于嵌条1～2mm。铺完后，在表面均匀撒一层石粒，用滚筒压实，待出浆后，用抹子抹平，24h后开始养护。

（3）磨光

开磨时间以石粒不松动为准。通常磨4遍，使全部嵌条外露。第一遍磨后将泥浆冲洗干净，稍干后抹同色水泥浆，养护2～3d。第二遍用100～150号金刚砂洒水后磨至表面平滑，用水冲洗后养护2d。第三遍用180～240号金刚砂或油石洒水后磨至表面光亮，用水冲洗擦干。第四遍在表面涂擦草酸溶液（草酸溶液质量比为热水：草酸=1：0.35，冷却后备用），再用280号油石细磨，直至磨出白浆为止。冲洗后晾干，待地面干燥后打蜡。水磨石的外观质量要求为：表面平整、光滑，石子显露均匀，不得有砂眼、磨纹和漏磨，嵌条位置准确，全部露出。

二、饰面工程

饰面工程是指将块料面层镶贴（或安装）在墙、柱表面从而形成装饰层。块料面层基本可分为饰面砖和饰面板两大类。

（一）饰面砖镶贴

1. 外墙面砖施工

（1）工艺流程

基层处理→吊垂直、套方、找规矩→贴灰饼→抹底层砂浆→弹分格线→排砖→浸砖→镶贴面砖→面砖勾缝与擦缝。

（2）工艺要点

①基层处理：首先将凸出墙面的混凝土剔平，大钢模施工的混凝土墙面应凿毛，并用钢丝刷满刷一遍，再浇水湿润。如果基层混凝土表面很光滑，亦可采取"毛化处理"办法，即先将表面尘土、污垢清扫干净，用10%火碱水将板面的油污刷掉，随之用净水将碱液冲净，晾干板面，然后将1：1水泥细砂浆内掺20%108胶喷或用笤帚甩到墙上，甩点要均匀，终凝后浇水养护，直至水泥砂浆疙瘩全部粘到混凝土光面上，并有较高的强度（用手掰不动）为止。

②吊垂直、套方、找规矩、贴灰饼：建筑物为高层时，应在四大角和门窗口边用经纬仪打垂直线找直。

③抹底层砂浆：先刷一道掺10%108胶的水泥素浆，紧跟着分层分遍抹底层砂浆（常温时采用配合比为1：3的水泥砂浆），第一遍厚度约为5mm，抹后用木抹子搓平，

隔天浇水养护；待第一遍六七成干时，即可抹第二遍，厚度 8～12mm，随即用木杠刮平、木抹子搓毛，隔天浇水养护；若需要抹第三遍，其操作方法同第二遍，直至把底层砂浆抹平为止。

④弹分格线：待基层灰六七成干时，即可按图纸要求进行分段分格弹线，同时可进行面层贴标准点的工作，以控制面层出墙尺寸及垂直度、平整度。

⑤排砖：根据大样图及墙面尺寸横竖向排砖，以保证面砖缝隙均匀，符合设计图纸要求，注意大墙面、通天柱子和垛子要排整砖，同一墙面上的横竖排列均不得有一行以上的非整砖。非整砖行应排在次要部位，如窗间墙或阴角处等，但亦要注意一致和对称。如遇有突出的卡件，应用整砖套割吻合，不得用非整砖随意拼凑镶贴。

⑥浸砖：外墙面砖镶贴前，首先要将面砖清扫干净，放入净水中浸泡 2h 以上，取出待表面晾干或擦干净后方可使用。

⑦镶贴面砖：镶贴应自下而上进行。高层建筑采取措施后，可分段进行。在每一分段或分块内的面砖，均应自下而上镶贴。从最下一层砖下皮的位置线稳好靠尺，以此托住第一皮面砖。在面砖外皮上口拉水平通线，作为镶贴的标准。

面砖背面可采用 1：2 水泥砂浆或 1：0.2：2＝水泥：白灰膏：砂的混合砂浆镶贴，砂浆厚度为 6～10mm，贴砖后用灰铲柄轻轻敲打，使之附线，再用钢片开刀调整竖缝，并用小杠通过标准点调整平面和垂直度。

另外一种做法是，用 1：1 水泥砂浆加 20% 的 108 胶，在砖背面抹 3～4mm 厚粘贴即可。但这种做法基层灰必须抹得平整，而且砂子必须用窗纱筛后方可使用。

另外也可用胶粉来粘贴面砖，其厚度为 2～3mm，采用此种做法基层灰必须更平整。

如要求面砖拉缝镶贴时，面砖之间的水平缝宽度用米厘条控制，米厘条贴在已镶贴好的面砖上口，为保证平整，可临时加垫小木楔。

女儿墙压顶、窗台、腰线等部位平面镶贴面砖时，除流水坡度符合设计要求外，应采取平面面砖压立面面砖的做法，预防向内渗水，引起空裂；同时还应采取立面中最低一排面砖必须压底平面面砖，并低出底平面面砖 3～5mm 的做法，起滴水线的作用，防止尿檐而引起空裂。

⑧面砖勾缝与擦缝：面砖铺贴拉缝时，用 1：1 水泥砂浆勾缝，先勾水平缝再勾竖缝，勾好后要求凹进面砖外表面 2～3mm。若横竖缝为干挤缝，或小于 3mm，应用白水泥配颜料进行擦缝处理。面砖缝子勾完后，用布或棉丝蘸稀盐酸擦洗干净。

2. 饰面砖镶贴质量要求
（1）主控项目

表 6-5　饰面砖镶贴主控项目质量要求

项目	检验方法
饰面砖的品种、规格、图案、颜色和性能应符合设计要求	观察；检查产品合格证书、进场验收记录、性能检测报告和复验报告

饰面砖粘贴工程的找平、防水、粘结、勾缝材料及施工方法应符合设计要求及国家现行产品标准和工程技术标准的规定	检查产品合格证书、复验报告和隐蔽工程验收记录
饰面砖粘贴必须牢固	检查样板件粘结强度检测报告和施工记录
满粘法施工的饰面砖工程应无空鼓、裂缝	观察；用小锤轻击检查

（2）一般项目

表 6-6　饰面砖镶贴一般项目质量要求

项目	检验方法
饰面砖表面应平整、洁净、色泽一致，无裂痕和缺损	观察
阴阳角处搭接方式、非整砖使用部位应符合设计要求	观察
墙面突出物周围的饰面砖应整砖套割吻合，边缘应整齐；墙裙、贴脸突出墙面的厚度应一致	观察；尺量检查
饰面砖接缝应平直、光滑，填嵌应连续、密实；宽度和深度应符合设计要求	观察；尺量检查
有排水要求的部位应做滴水线（槽），滴水线（槽）应顺直，流水坡向应正确，坡度应符合设计要求	观察；用水平尺检查

（3）饰面砖粘贴的允许偏差和检验方法

表 6-7　饰面砖粘贴的允许偏差和检验方法

项目	允许偏差／mm		检验方法
	外墙面砖	内墙面砖	
立面垂直度	3	2	用 2m 垂直检测尺检查
表面平整度	4	3	用 2m 靠尺和塞尺检查
阴阳角方正	3	3	用直角检测尺检查
接缝直线度	3	2	拉 5m 线，不足 5m 拉通线，用钢直尺检查
接缝高低差	1	0.5	用钢直尺和塞尺检查
接缝宽度	1	1	用钢直尺检查

（二）大理石板、花岗石板、青石板等饰面板的安装

1. 小规格饰面板的安装

小规格大理石板、花岗石板、青石板，板材尺寸小于 300mm×300mm，板厚 8～12mm，粘贴高度低于 1m 的踢脚线板、勒脚、窗台板等，可采用水泥砂浆粘贴的

方法安装。施工中常用的粘贴法有碎拼大理石、踢脚线粘贴、窗台板安装等。

2. 湿法铺贴工艺

湿法铺贴工艺适用于板材厚 20 ～ 30mm 的大理石板、花岗石板或预制水磨石板，墙体为砖墙或混凝土墙。湿法铺贴工艺是传统的铺贴方法，即在竖向基体上预挂钢筋网，用铜丝或镀锌钢丝绑扎板材并灌水泥砂浆粘牢。这种方法的优点是牢固可靠；缺点是工序繁琐，卡箍多样，板材上钻孔易损坏，特别是灌注砂浆易污染板面和使板材移位。

3. 干挂法

（1）板材切割

按照设计图纸要求在施工现场切割板材，由于板块规格较大，宜采用石材切割机切割，注意保持板块边角的挺直和规矩。

（2）磨边

板材切割后，为使其边角光滑，可采用手提式磨光机进行打磨。

（3）钻孔

相邻板块采用不锈钢销钉连接固定，销钉插在板材侧面孔内。孔径 ϕ5mm，深度12mm，用电钻打孔。钻孔关系到板材的安装精度，因而要求位置准确。

（4）开槽

大规格石板的自重大，除了由钢扣件将板块下口托牢以外，还需在板块中部开槽设置承托扣件以支承板材的自重。

（5）涂防水剂

在板材背面涂刷一层丙烯酸防水涂料，以增强外饰面的防水性能。

（6）墙面修整

混凝土外墙表面有局部凸出处影响扣件安装时，必须凿平修整。

（7）弹线

从结构中引出楼面标高和轴线位置，在墙面上弹出安装板材的水平和垂直控制线，并做出灰饼以控制板材安装的平整度。

（8）墙面涂刷防水剂

由于板材与混凝土墙身之间不填充砂浆，为了防止因材料性能或施工质量可能造成的渗漏，在外墙面上涂刷一层防水剂，以增强外墙的防水性能。

（9）板材安装

安装板块的顺序是自下而上，在墙面最下一排板材安装位置的上下口拉两条水平控制线，板材从中间或墙面阳角开始安装。先安装好第一块作为基准，其平整度以事先设置的灰饼为依据，用线垂吊直，经校准后加以固定。一排板材安装完毕，再进行上一排扣件固定和安装。板材安装要求四角平整，纵横对缝。

（10）板材固定

钢扣件和墙身用膨胀螺栓固定，扣件为一块钻有螺栓安装孔和销钉孔的平钢板，根据墙面与板材之间的安装距离，在现场用手提式折压机将其加工成角型钢。扣件上的孔洞均呈椭圆形,以便安装时调节位置。

(11)板材接缝的防水处理

石板饰面接缝处的防水处理采用密封硅胶嵌缝。嵌缝之前先在缝隙内嵌入柔性条状泡沫聚乙烯材料作为衬底,以控制接缝的密封深度和加强密封硅胶的粘结力。

(三)金属饰面板施工

1. 彩色压型钢板复合墙板

彩色压型钢板复合墙板的安装,是用吊挂件把板材挂在墙身檩条上,再把吊挂件与檩条焊牢;板与板之间连接,水平缝为搭接缝,竖缝为企口缝。所有接缝处,除用超细玻璃棉塞缝外,还需用自攻螺钉钉牢,钉距为200mm。门窗洞口、管道穿墙及墙面端头处,墙板均为异型复合墙板,压型钢板与保温材料按设计规定尺寸进行裁割,然后按照标准板的做法进行组装。女儿墙顶部、门窗周围均设防雨泛水板,泛水板与墙板的接缝处用防水油膏嵌缝。压型板墙转角处用槽形转角板进行外包角和内包角,转角板用螺栓固定。

2. 铝合金饰面板

铝合金饰面板的施工流程一般为:弹线定位→安装固定连接件→安装骨架→饰面板安装→收口构造处理→板缝处理。

3. 不锈钢饰面板

不锈钢饰面板的施工流程为:柱体成型→柱体基层处理→不锈钢板滚圆→不锈钢板定位安装→焊接和打磨修光。

(四)玻璃幕墙施工

1. 玻璃幕墙分类

(1)明框玻璃幕墙

玻璃板镶嵌在铝框内,成为四边有铝框的幕墙构件,幕墙构件镶嵌在横梁上,形成横梁、主框均外露且铝框分格明显的立面。

(2)隐框玻璃幕墙

将玻璃用结构胶粘结在铝框上,大多数情况下不再加金属连接件。因此,铝框全部隐蔽在玻璃后面,形成大面积全玻璃镜面。

(3)半隐框玻璃幕墙

将玻璃两对边嵌在铝框内,另两对边用结构胶粘在铝框上形成半隐框玻璃幕墙。立柱外露、横梁隐蔽的称为竖框横隐幕墙;横梁外露、立柱隐蔽的称为竖隐横框幕墙。

(4)全玻幕墙

为游览观光需要,在建筑物底层、顶层及旋转餐厅的外墙使用玻璃板,支承结构采用玻璃肋,这种幕墙称为全玻幕墙。

2. 玻璃幕墙的施工工艺

定位放线→骨架安装→玻璃安装→密封胶嵌缝。

第二节 墙体保温与楼地面工程

一、墙体保温工程

外墙保温系统是由保温层、保护层与固定材料构成的非承重保温构造的总称。外墙保温系统按保温层的位置分为外墙内保温系统和外墙外保温系统两大类。下面重点介绍EPS外墙外保温系统。

（一）外墙外保温系统的构造及要求

1. EPS外墙外保温系统的基本构造及特点

EPS外墙外保温系统采用聚苯乙烯泡沫塑料板作为建筑物的外保温材料，再将聚苯板用专用粘结砂浆按要求粘贴上墙。这是国内外使用最普遍、技术最成熟的外保温系统。该系统EPS板导热系数小，并且厚度一般不受限制，可满足严寒地区节能设计标准要求。

（1）薄抹灰外保温系统基本构造

①基层墙体：房屋建筑中起承重或围护作用的外墙体，可以是混凝土墙体及各种砌体墙体。

②胶粘剂：专用于把聚苯板粘结在基层墙体上的化工产品，有液体胶粘剂与干粉胶粘剂两种。

③聚苯板：由可发性聚苯乙烯珠粒经加热发泡后在模具中加热成型而制成的具有闭孔结构的聚苯乙烯泡沫塑料板材。聚苯板有阻燃和绝热的作用，表观密度18～22kg／m^2，挤塑聚苯板表观密度为25～32kg／m^2。聚苯板的常用厚度有30、35、40mm等。聚苯板出厂前在自然条件下必须陈化42d或在60℃蒸汽中陈化5 d，才可出厂使用。

④锚栓：固定聚苯板于基层墙体上的专用连接件，一般情况下包括塑料钉或具有防腐性能的金属螺钉和带圆盘的塑料膨胀套管两部分。有效锚固深度不小于25mm，塑料圆盘直径不小于50mm。

⑤抗裂砂浆：由抗裂剂、水泥和砂按一定比例制成的能满足一定变形要求而保持不开裂的砂浆。

⑥耐碱网布：在玻璃纤维网格布表面涂覆耐碱防水材料，埋入抹面胶浆中，形成薄抹灰增强防护层，提高防护层的机械强度和抗裂性。

⑦抹面胶浆：由水泥基或其他无机胶凝材料、高分子聚合物和填料等组成。

（2）聚苯板外墙外保温系统的特点

聚苯板外墙外保温系统的特点为：节能、牢固、防水、体轻、阻燃、易施工。

2. 外墙外保温系统的基本要求

（1）一般规定

①外墙外保温工程应能承受风荷载的作用而不被破坏，应能长期承受自重而不产生有害变，应能适应基层的正常变形而不产生裂缝或空鼓，应能耐受室外气候的长期反复作用而不产生破坏，使用年限不应小于 25 年。

②外墙外保温工程在罕遇地震发生时不应从基层上脱落，高层建筑应采取防火构造措施。

③外墙外保温工程应具有防水渗透性能，应具有防生物侵害性能。

④涂料必须与薄抹灰外保温系统相容，其性能指标应符合外墙建筑涂料的相关要求。

⑤薄抹灰外墙保温系统中所有的附件，包括密封膏、密封条、包角条、包边条等应分别符合相应的产品标准的要求。

（2）技术性能

各种材料的主要性能应分别符合下表的要求。

表 6-8　薄抹灰外墙保温系统的性能指标

项目		性能指标
吸水量 / $g \cdot m^{-2}$，浸水 24 h		≤ 500
抗冲击强度 / J	普通型	≥ 3
	加强型	≥ 10
抗风压值 / kPa		不小于工程项目风荷载设计值
耐冻融		表面无裂纹、空鼓、起泡、剥离现象
水蒸气湿流密度 / $g \cdot m^2 \cdot h^{-1}$		≥ 0.85
不透水性		试样防护层内侧无水渗透
耐候性		表面无裂纹、粉化、剥落现象

表 6-9　胶粘剂的性能指标

项目		性能指标
拉伸粘结强度 / MPa（与水泥砂浆）	原强度	≥ 0.6
	耐水	≥ 0.4
拉伸粘结强度 / MPa（与膨胀聚苯板）	原强度	≥ 0.1，破坏界面在膨胀聚苯板上
	耐水	≥ 0.1，破坏界面在膨胀聚苯板上
可操作时间 / h		1.5 ~ 4

表 6-10　膨胀聚苯板主要性能指标

项　目	性能指标
导热系数 / $W \cdot m \cdot k^{-1}$	≤ 0.041
表观密度 / $kg \cdot m^{-3}$	18 ~ 22
垂直于板面方向的抗拉强度 / MPa	≥ 0.1
尺寸稳定性 / %	≤ 0.3

表 6-11　膨胀聚苯板允许偏差

项　目	允许偏差	
厚度 / mm	≤ 50	± 1.5
	> 50	± 2
长度 / mm		± 2
宽度 / mm		± 1
对角线差 / mm		± 3
板边平直度 / mm		± 2
板面平整度 / mm		± 1

注：本表的允许偏差值以 1200mm（长）× 600mm（宽）的膨胀聚苯板为基准。

表 6-12　抹面胶浆的性能指标

项　目		性能指标
拉伸粘结强度 / MPa（与膨胀聚苯板）	原强度	≥ 0.1，破坏界面在膨胀聚苯板上
	耐水	≥ 0.1，破坏界面在膨胀聚苯板上
	耐冻融	≥ 0.1，破坏界面在膨胀聚苯板上
柔韧性	抗压强度 / 抗折强度（水泥基）	≤ 3
	开裂应变（非水泥基） / %	≥ 1.5
可操作时间 / h		1.5 ~ 4

表 6-13　耐碱网布主要性能指标

项　目	性能指标
单位面积质量 / $g \cdot m^{-2}$	≥ 130
耐碱断裂强力（经、纬向） / $N \cdot 50\ mm^{-1}$	≥ 750
耐碱断裂强力保留率（经、纬向） / %	≥ 50
断裂应变（经、纬向） / %	≤ 5

表 6-14　锚栓性能指标

项目	技术指标
单个锚栓抗拉承载力标准值／KN	≥ 0.3
单个锚栓对系统传热增加值／W·m²·K⁻¹	≤ 0.004

（二）增强石膏复合聚苯保温板外墙内保温施工

1. 聚苯板的施工程序

材料、工具准备→基层处理→弹线、配粘结胶泥→粘结聚苯板→缝隙处理→聚苯板打磨、找平→装饰件安装→特殊部位处理→抹底胶泥→铺设网布、配抹面胶泥→抹面胶泥→找平修补、配面层涂料→涂面层涂料→竣工验收。

2. 聚苯板的施工要点

①外墙施工用脚手架，可采用双排钢管脚手架或吊架，架管或管头与墙面间最小距离应为 450mm，以方便施工。

②基层墙体处理：基层墙体必须清理干净，墙面无油、灰尘、污垢、风化物、涂料、蜡、防水剂、潮气、霜、泥土等污染物或其他有碍粘结材料，并应剔除墙面的凸出物。基层墙中松动或风化的部分应清除，并用水泥砂浆填充找平。基层墙体的表面平整度不符合要求时，可用 1：3 水泥砂浆找平。

③粘结聚苯板。根据设计图纸的要求，在经过平整处理的外墙上沿散水标高用墨线弹出散水及勒脚水平线，当需设系统变形缝时，应在墙面相应位置弹出变形缝及宽度线，标出聚苯板的粘结位置。

粘结胶泥配制：加水泥前先搅拌一下强力胶，然后将强力胶与普通硅酸盐水泥按比例（1：1 重量比）配制，边加边搅拌，直至均匀。应避免过度搅拌。胶泥随用随配，配好的胶泥最好在 2h 内用完，最长不得超过 3h，遇炎热天气适当缩短存放时间。

沿聚苯板的周围用不锈钢抹子涂抹配制的粘结胶泥，胶泥带宽 20mm、厚 15mm。如采用标准尺寸聚苯板，应在板的中间部位均匀布置一般为 6 个点的水泥胶泥。每点直径为 50mm，厚 15mm，中心距 200mm。抹完胶泥后，应立即将板平贴在基层墙体上滑动就位，应随时用 2m 长的靠尺进行整平操作。

聚苯板由建筑物的外墙勒脚开始，自上而下粘结。上下板互相错缝，上下排板间竖向接缝应垂直交错连接，以保证转角处板材安装垂直度。窗口带造型的应在墙面聚苯板粘结后另外贴造型聚苯板，以保证板不产生裂缝。

粘结上墙后的聚苯板应用粗砂纸磨平，然后再将整个聚苯板打磨一遍。操作工人应戴防护面具。打磨墙面的动作应是轻柔的圆周运动，不得沿与聚苯板接缝平行的方向打磨。聚苯板施工完毕后，至少需静置 24h 才能打磨，以防聚苯板移动，减弱板材与基层墙体的粘结强度。

④网格布的铺设。标准网格布的铺设方法为二道抹面胶浆法。

涂抹抹面胶浆前，应先检查聚苯板是否干燥、表面是否平整，并去除板面的有害物质、杂质或变质部分。用不锈钢抹子在聚苯板表面均匀涂抹一层面积略大于一块网格布的抹面胶浆，厚度约为 1.6mm。立即将网格布压入湿的抹面胶浆中，待胶浆稍干硬至可以碰触时，再用抹子涂抹第二道抹面胶浆，直至网格布全部被覆盖。此时，网格布均在两道抹面胶浆的中间。

网格布应自上而下沿外墙铺设。当遇到门窗洞口时，应在洞口四角处沿 45° 方向补贴一块标准网格布，以防开裂。标准网格布间应相互搭接至少 150mm，但加强网格布间必须对接，其对接边缘应紧密。翻网处网宽不少于 100mm。窗口翻网处及第一层起始边处侧面打水泥胶，面网用靠尺归方找平，胶泥压实。翻网处网格布需将胶泥压出。外墙阳、阴角直接搭接 200mm。铺设网格布时，网格布的弯曲面应朝向墙面，并从中央向四周用抹子抹平，直至网格布完全埋入抹面胶浆内，目测无任何可分辨的网格布纹路。如有裸露的网格布，应再抹适量的抹面胶浆进行修补。

网格布铺设完毕后，静置养护 24h 后，方可进行下一道工序的施工，在潮湿的气候条件下，应延长养护时间，保护已完工的成品，避免雨水的渗透和冲刷。

⑤面层涂料的施工。面层涂料施工前，应首先检查胶浆上是否有抹子刻痕、网格布是否完全埋入，然后修补抹面浆的缺陷或凹凸不平处，并用专用细砂纸打磨一遍，必要时可抹腻子。

面层涂料用滚涂法施工，应从墙的上端开始，自上而下进行。涂层干燥前，墙面不得沾水，以免颜色变化。

（三）胶粉 EPS 颗粒保温浆料外墙外保温系统施工

胶粉 EPS 颗粒保温浆料外墙外保温系统（以下简称保温浆料系统）由界面层、胶粉 EPS 颗粒保温浆料保温层、抗裂砂浆薄抹面层和饰面层组成。胶粉 EPS 颗粒保温浆料经现场拌和后喷涂或抹在基层上形成保温层。EPS 板内表面（与现浇混凝土接触的表面）沿水平方向开有矩形齿槽，内、外表面均满涂界面砂浆。在施工时将 EPS 板置于外模板内侧，并安装锚栓作为辅助固定件。浇灌混凝土后，墙体与 EPS 板及锚栓结合为一体。

薄抹面层中应满铺玻璃纤维网；胶粉 EPS 颗粒保温浆料保温层设计厚度不宜超过 100mm，必要时应设置抗裂分格缝。

二、楼地面工程

楼地面是房屋建筑底层地坪与楼层地坪的总称，主要由面层、垫层和基层构成。

（一）整体面层施工

1. 水泥砂浆面层施工

（1）工艺流程

基层处理→找标高、弹线→洒水湿润→抹灰饼和标筋→搅拌砂浆→刷水泥浆结合层

→铺水泥砂浆面层→木抹子搓平→铁抹子压第一遍→第二遍压光→第三遍压光→养护。

（2）工艺要点

①基层处理：扫灰尘，剔掉灰浆皮和灰渣层（钢刷子），去油污（火碱水溶液），去碱液（清水）。

②找标高、弹线：量测出面层标高，并在墙上弹线。

③洒水湿润：将地面基层均匀洒水一遍（喷壶）。

④抹灰饼和标筋（或称"冲筋"）：根据面层标高弹线，确定面层抹灰厚度，拉水平线抹灰饼（尺寸 5cm×5cm，横竖间距为 1.5～2m），灰饼上平面即为地面面层标高；若房间较大，还需要抹标筋。

⑤搅拌砂浆：水泥：砂≈1：2（体积比），稠度≤35mm，强度等级≥M15。

⑥刷水泥浆结合层：在铺设水泥砂浆之前，应涂刷水泥浆一层，随刷随铺面层砂浆。

⑦铺水泥砂浆面层：在灰饼之间（或标筋之间）将砂浆铺均匀，并用木刮杠按灰饼（或标筋）高度刮平，敲掉灰饼，并用砂浆填平。

⑧木抹子搓平：从内向外退着用木抹子搓平，并用 2m 靠尺检查其平整度。

⑨铁抹子压第一遍：铁抹子压第一遍，直到出浆为止（砂浆过稀，表面有泌水现象时，可均匀撒一遍干水泥和砂的拌和料，再用木抹子用力抹压，结合为一体后用铁抹子压平）。

⑩第二遍压光：面层砂浆初凝后（人踩上去有脚印但不下陷时）用铁抹子压第二遍，边抹压边把坑凹处填平。

⑪第三遍压光：面层砂浆终凝前（人踩上去稍有脚印）用铁抹子压第三遍，把第二遍抹压时留下的全部抹纹压平、压实、压光。

⑫养护：压光后 24h，用锯末或其他材料覆盖，洒水养护，当抗压强度达 5MPa 才能上人。

⑬抹踢脚板：墙基体抹灰时，踢脚板的底层砂浆和面层砂浆分两次抹，墙基体不抹灰时，踢脚板只抹面层砂浆。

2. 水磨石面层施工

（1）工艺流程

基层处理→找标高→弹水平线→抹找平层砂浆→养护→弹分格线→镶分格条→拌制水磨石拌和料→涂刷水泥浆结合层→铺水磨石拌和料→滚压、抹平→试磨→粗磨→细磨→磨光→草酸擦洗→打蜡上光。

（2）工艺要点

①基层处理：将混凝土基层上的杂物清理干净，不得有油污、浮土。用钢錾子和钢丝刷将沾在基层上的水泥浆皮錾掉铲净。

②找标高，弹水平线：根据墙面上的 +50cm 标高线，往下量测出水磨石面层的标高，弹在四周墙上，并考虑其他房间和通道面层的标高要相互一致。

③抹找平层砂浆。

a.根据墙上弹出的水平线,留出面层厚度（10～15mm厚）,抹1∶3水泥砂浆找平层,为了保证找平层的平整度,先抹灰饼（纵横方向间距1.5m左右）, 大小8～10cm。

b.灰饼砂浆硬结后,以灰饼高度为标准,抹宽度为8～10cm的纵横标筋。

c.在基层上洒水湿润,刷一道水灰比为0.4～0.5的水泥浆,面积不得过大,随刷浆随抹1∶3找平层砂浆,并用2m长刮杠以标筋为标准刮平,再用木抹子搓平。

④养护:抹好找平层砂浆后养护24h,待抗压强度达到1.2MPa,方可进行下道工序施工。

⑤弹分格线:根据设计要求的分格尺寸（一般采用1m×1m）,在房间中部弹十字线,计算好周边的镶边宽度后,以十字线为准弹分格线。如果设计有图案要求时,应按设计要求弹出清晰的线条。

⑥镶分格条:用小铁抹子抹稠水泥浆将分格条固定住（分格条安在分格线上）,抹成30°八字形,高度应低于分格条条顶3mm。分格条应平直、牢固、接头严密,不得有缝隙,作为铺设面层的标志。另外在粘贴分格条时,在分格条十字交叉接头处,为了使拌和料填塞饱满,在距交点40～50mm内不抹水泥浆。采用铜条时,应预先在两端头下部1／3处打眼,穿入22号铁丝,锚固于下口八字角水泥浆内。镶条12h后开始浇水养护,最少2d,一般洒水养护3～4d,在此期间房间应封闭,禁止各工序施工。

⑦拌制水磨石拌和料（或称石渣浆）。

a.拌和料的体积比宜采用1∶1.5～1∶2.5（水泥∶石粒）,要求配合比准确,拌和均匀。

b.彩色水磨石拌和料,除彩色石粒外,还加入耐光耐碱的矿物颜料,其掺入量为水泥重量的3%～6%,普通水泥与颜料配合比、彩色石子与普通石子配合比,在施工前都需经实验室试验后确定。同一彩色水磨石面层应使用同厂、同批颜料。在拌制前应根据整个面层所需的用量,将水泥和颜料一次统一配好、配足。配料时不仅要用铁铲拌和,还要用筛子筛匀后,用包装袋装起来存放在干燥的室内,避免受潮。彩色石粒与普通石粒拌和均匀后,集中贮存待用。

c.各种拌和料在使用前加水拌和均匀,稠度约6cm。

⑧涂刷水泥浆结合层:先用清水将找平层洒水湿润,涂刷与面层颜色相同的水泥浆结合层,其水灰比宜为0.4～0.5,要刷均匀,亦可在水泥浆内掺加胶粘剂,要随刷随铺拌和料,不得刷的面积过大,防止浆层风干导致面层空鼓。

⑨铺水磨石拌和料。

a.水磨石拌和料的面层厚度,除有特殊要求以外,宜为12～18mm,并应按石料粒径确定。铺设时将搅拌均匀的拌和料先铺抹分格条边,后铺入分格条方框中间,用铁抹子由中间向边角推进,在分格条两边及交角处特别注意压实抹平,随抹随用直尺进行平整度检查。如局部地面铺设过高时,应用铁抹子将其挖去一部分,再将周围的水泥石子浆抹平（不得用刮杠刮平）。

b.几种颜色的水磨石拌和料不可同时铺抹,要先铺抹深色的,后铺抹浅色的,待前一种凝固后，再铺后一种（因为深色的掺矿物颜料多，强度增长慢，影响机磨效果）。

⑩滚压、抹平：用滚筒滚压前，先用铁抹子或木抹子在分格条两边宽约 10cm 范围内轻轻拍实（避免将分格条挤移位）。滚压时用力要均匀（要随时清理掉粘在滚筒上的石渣），应从横、竖两个方向轮换进行，直到表面平整密实、出浆石粒均匀为止。待石粒浆稍收水后，再用铁抹子抹平、压实，如发现石粒浆不均匀之处，应补石粒浆，后用铁抹子抹平、压实。24h 后浇水养护。

⑪试磨：一般根据气温情况确定养护天数，气温在 20℃ ~ 30℃ 时 2 ~ 3 d 即可开始机磨，过早石粒易松动，过迟磨光困难。所以需进行试磨，以面层不掉石粒为准。

⑫粗磨：第一遍用 60 ~ 90 号粗金刚石磨，使磨石机机头在地面上走横 "8" 字形，边磨边加水（如水磨石面层养护时间太长，可加细砂，加快机磨速度），随时清扫水泥浆，并用靠尺检查平整度，直至表面磨平、磨匀，分格条和石粒全部露出（边角处人工磨成同样效果），用水清洗晾干，然后用较稠的水泥浆（掺有颜料的面层，应用同样掺有颜料的水泥浆）擦一遍，特别是面层的洞眼、小孔隙要填实抹平，脱落的石粒应补齐。浇水养护 2 ~ 3d。

⑬细磨：第二遍用 90 ~ 120 号金刚石磨，要求磨至表面光滑为止，然后用清水冲净，满擦第二遍水泥浆，仍注意小孔隙要填实抹平。养护 2 ~ 3d。

⑭磨光：第三遍用 200 号细金刚石磨，磨至表面石子显露均匀，无缺石粒现象，平整、光滑，无孔隙。

普通水磨石面层磨光遍数不应少于三遍，高级水磨石面层的厚度、磨光遍数及油石规格应根据设计确定。

⑮草酸擦洗：为了取得打蜡后显著的效果，在打蜡前水磨石面层要进行一次适量限度的酸洗，一般用草酸擦洗。使用时，先将水和草酸混合成约 10% 浓度的溶液，用扫帚蘸后洒在地面上，再用油石轻轻磨一遍；磨出水泥及石粒本色后，用水冲洗，软布擦干。此道工序必须在各工种完工后才能进行，经酸洗后的面层不得再受污染。

⑯打蜡上光：将蜡包在薄布内，在面层上薄薄涂一层，待干后用钉有帆布或麻布的木块代替油石，装在磨石机上研磨，用同样方法打第二遍蜡，直到光滑洁亮为止。

⑰现制水磨石面层冬期施工时，环境温度应保持在 +5℃ 以上。

⑱水磨石踢脚板。

a. 抹底灰：与墙面抹灰厚度一致，在阴阳角处套方、量尺、拉线，确定踢脚板厚度，按底层灰的厚度冲筋，间距 1 ~ 1.5m。然后装档用短杠刮平，用木抹子搓成麻面并划毛。

b. 抹踢脚板拌和料：将底灰用水湿润，在阴阳角及上口用靠尺按水平线找好规矩，贴好靠尺板，先涂刷一层薄水泥浆，紧跟着将拌和料抹平、压实。刷水两遍将水泥浆轻轻刷去，达到石子面上无浮浆。常温下养护 24 h 后，开始人工磨面。

第一遍用粗油石，先竖磨再横磨，要求把石渣磨平，阴阳角倒圆，擦第一遍素灰，将孔隙填抹密实，养护 1 ~ 2 d，再用细油石磨第二遍，用同样方法磨完第三遍，用油石出光打草酸，用清水擦洗干净。

c. 人工涂蜡：擦两遍，直到光亮为止。

（二）板块面层施工

1. 大理石、花岗石及碎拼大理石地面施工

（1）工艺流程

准备工作→试拼→弹线→试排→刷水泥浆及铺砂浆结合层→铺砌板块→灌缝、擦缝→打蜡。

（2）施工要点

①准备工作：熟悉了解各部位尺寸和做法；基层处理（清除杂物，刷掉粘结在垫层上的砂浆）。

②试拼：应按图案、颜色、纹理试拼，试拼后按两个方向编号排列，然后按编号码放整齐。

③弹线：在房间内拉十字控制线，并弹线于垫层上，依据墙面 +50cm 标高线找出面层标高，在墙上弹出水平标高线。

④试排：在两个相互垂直的方向铺两条干砂（宽度大于板块宽度，厚度不小于3cm），排板块，以便检查板块之间的缝隙，核对板块与墙面、柱、洞口等部位的相对位置。

⑤刷水泥浆及铺砂浆结合层：试铺后清扫干净，用喷壶洒水湿润，随铺砂浆随刷；根据板面水平线确定结合层砂浆厚度，拉十字控制线，铺结合层干硬性水泥砂浆。

⑥铺砌板块：板块应先用水浸湿，待擦干或表面晾干后方可铺设；根据房间拉的十字控制线，纵横各铺一行，用于大面积铺砌标筋。

⑦灌缝、擦缝：在板块铺砌后 1 ～ 2 昼夜进行灌浆擦缝。用浆壶将水泥浆徐徐灌入板块之间的缝隙中，并用长刮板把流出的水泥浆刮向缝隙内，灌浆 1 ～ 2h 后用棉纱团擦缝使之与板面平齐，同时将板面上的水泥浆擦净。

⑧养护。

⑨打蜡：水泥砂浆结合层达到强度后方可打蜡，使面层光滑洁亮。

a. 测踢脚板上口水平线并弹在墙上，用线坠吊线确定踢脚板的出墙厚度。

b. 水泥砂浆打底找平，并在面层划纹。

c. 拉踢脚板上口的水平线，往底灰上粘贴踢脚板（板背面抹素水泥砂浆），并用木锤敲实，根据水平线找直。

d. 擦缝与打蜡。

2. 水泥花砖和混凝土板地面施工

铺贴方法与预制水磨石板铺贴方法基本相同，板材缝隙宽度为：水泥花砖不大于2mm，预制混凝土板不大于 6mm。

3. 陶瓷锦砖地面施工

铺贴→拍实→揭纸→灌缝→养护。

4. 陶瓷地砖与墙地砖面层施工

铺结合层砂浆→弹线定位→铺贴地砖→擦缝。

5. 地毯面层施工

地毯的铺设方法分为活动式与固定式两种。

活动式是将地毯浮搁在地面基层上，不需将地毯同基层固定。固定式则相反，一般是用倒刺板条或胶粘剂将地毯固定在基层上。

（三）木质地面施工

木地板有实铺和空铺两种。空铺木地板由木搁栅、企口板、剪刀撑等组成，一般均设在首层房间。当搁栅跨度较大时，应在房中间加设地垄墙，地垄墙顶上要铺油毡或抹防水砂浆及放置沿缘木。实铺木地板是将木搁栅铺在钢筋混凝土板或垫层上，它由木搁栅及企口板等组成。

工艺流程：安装木搁栅→钉木地板→刨平→净面细刨、磨光→安装踢脚板。

第三节　吊顶隔墙与油漆刷浆工程

一、吊顶与隔墙工程

（一）吊顶工程

吊顶采用悬吊方式将装饰顶棚支承于屋顶或楼板下面。

1. 吊顶的组成

吊顶主要由支承、基层和面层三部分组成。

（1）支承

吊顶支承由吊杆（吊筋）和主龙骨组成。

① 木 龙 骨： 方 木 50mm×70mm ～ 60mm×100mm、 薄 壁 槽 钢 60mm×6mm ～ 70mm×7mm，间距 1m 左右，用 8 ～ 10mm 螺栓或 8 号铁丝与楼板连接。

②金属龙骨：有 U、T、C、L 型等，间距 1 ～ 1.5m，通过吊杆与楼板连接。

（2）基层

由用木材、型钢或其他轻金属材料制成的次龙骨组成。

（3）面层

木龙骨吊顶多用人造板面层或板条抹灰面层，金属龙骨吊顶多用装饰吸声板。

2. 轻钢龙骨吊顶的施工

（1）弹顶棚标高水平线

根据楼层标高水平线，用尺竖向量至顶棚设计标高，沿墙往四周弹顶棚标高水平线。

（2）画龙骨分档线

按设计要求的主、次龙骨间距布置，在已弹好的顶棚标高水平线上画龙骨分档线。

（3）安装主龙骨吊杆

确定吊杆下端头标高，将吊杆无螺栓丝扣的一端与楼板预埋钢筋连接固定，未预埋钢筋时可用膨胀螺栓。

（4）安装主龙骨

配装吊杆螺母；在主龙骨上安装吊挂件，按分档线位置使吊挂件穿入相应的吊杆螺栓，拧好螺母；主龙骨相接处装好连接件，拉线调整标高、起拱度和平直度；安装洞口附加主龙骨。

（5）安装次龙骨

按已弹好的次龙骨分档线，卡放次龙骨吊挂件。

（6）吊挂次龙骨

将次龙骨通过吊挂件吊挂在大龙骨上；用连接件连接次龙骨，调直固定。

（7）安装罩面板

检查验收各种管线，安装罩面板。

（8）安装压条

拉缝均匀，对缝平整，按压条位置弹线，然后接线进行压条安装。

（9）刷防锈漆

轻钢龙骨罩面板顶棚、碳钢或焊接处未作防腐处理的表面（如预埋件、吊挂件、连接件、钉固附件等），应在安装工序前刷防锈漆。

（二）隔墙的施工

1. 隔墙的构造类型

（1）砌块式

与黏土砖墙相似。

（2）立筋式

多为木材或型钢，其饰面板多为人造板。

（3）板材式

用高度等于室内净高的板材进行拼装。

2. 轻钢龙骨纸面石膏板隔墙施工

（1）特点

施工速度快、成本低、劳动强度小、装饰美观、防火、隔声性能好等。

（2）系列

C50、C75、C100 三种。

（3）组成

沿顶龙骨、沿地龙骨、竖向龙骨、加强龙骨、横撑龙骨及配件。

（4）工序

①弹线：确定隔墙位置。

②固定沿地、沿顶、沿墙龙骨：用膨胀螺栓、铁钉、预埋件连接。

③骨架连接：点焊或螺钉固定。

④石膏板固定：螺钉固定，明缝勾立缝，暗缝石膏腻子嵌平。

⑤饰面处理：裱糊墙纸、织物或涂料施工。

3. 铝合金隔墙施工

（1）组成

铝合金型材框架，玻璃等其他材料。

（2）工序

弹线→下料→组装框架→安装玻璃。

4. 隔墙的质量要求

①隔墙骨架与基体结构连接牢固，无松动现象。

②墙体表面应平整，接缝密实、光滑，无凹凸现象，无裂缝。

③石膏板铺设方向正确，安装牢固。

④隔墙饰面板工程质量符合允许偏差。

二、油漆及刷浆工程

（一）油漆工程（木料表面施涂混色磁漆）

1. 基层处理

首先用开刀或碎玻璃片将木料表面的油污、灰浆等清理干净，然后用砂纸磨一遍，要磨光、磨平，木毛茬要磨掉，阴阳角胶迹要清除，阳角要倒棱、磨圆，上下一致。

2. 刷底油

底油由光油、清油、汽油拌和而成，要涂刷均匀，不可漏刷。节疤处及小孔抹石膏腻子，拌和腻子时可加入适量醇酸磁漆。用刮腻子板满刮石膏腻子（调制腻子时要加适量醇酸磁漆，腻子要调得稍稀些），要刮光、刮平。干燥后磨砂纸，将野腻子磨掉，清扫并用湿布擦净。满刮第二道腻子，大面用钢片刮板刮，要平整光滑；小面用开刀刮，阴角要直。腻子干透后，用零号砂纸磨平、磨光，清扫并用湿布擦净。

3. 刷第一道醇酸磁漆

头道漆可加入适量醇酸稀料，要注意横平竖直涂刷，不得漏刷和流坠，待漆干透后磨砂纸，清扫并用湿布擦净。如发现有不平之处，要及时复抹腻子，干燥后局部磨平、磨光，清扫并用湿布擦净。刷每道漆间隔时间，应根据当时气温而定，一般夏季约6h，春、秋季约12h，冬季约24h。

4. 刷第二道醇酸磁漆

刷该道漆不加醇酸稀料，注意不得漏刷和流坠。干透后磨木砂纸，如表面痱子疙瘩多，可用 280 号水砂纸磨。如局部有不光、不平处，应及时复抹腻子，待腻子干透后，磨砂纸，清扫并用湿布擦净。刷完第二道漆后，便可进行玻璃安装工作。

5. 刷第三道醇酸磁漆

刷漆的方法与要求同第二道，这一道可用 320 号水砂纸打磨，但要注意不得磨破棱角，磨好后应清扫并用湿布擦净。

6. 刷第四道醇酸磁漆

刷漆的方法与要求同上。刷完 7d 后应用 320 ~ 400 号水砂纸打磨，磨时用力要均匀，应将刷纹基本磨平，并注意棱角不得磨破，磨好后清扫并用湿布擦净。

7. 打砂蜡

先将原砂蜡加入煤油化成粥状，然后用棉丝蘸砂蜡涂布满一个门面或窗面，用手按棉丝来回揉擦多次，揉擦时用力要均匀，擦至出现暗光、大小面上下一致（不得磨破棱角），最后用棉丝蘸汽油将浮蜡擦洗干净。

8. 擦光蜡

用干净棉丝蘸光蜡薄薄地抹一层，注意要擦匀擦净，达到光泽饱满为止。

9. 冬期施工

室内油漆工程应在采暖条件下进行，室温保持均衡，一般宜不低于 10℃，且不得突然变化。同时应设专人负责测温和开关门窗，以利于通风、排除湿气。

（二）刷浆工程

1. 基层处理

混凝土墙表面的浮砂、灰尘、疙瘩等要清除干净，表面的隔离剂、油污等应用火碱水（火碱：水 =1 : 10）刷干净，然后用清水冲洗掉墙面上的碱液等。

2. 喷、刷胶水

刮腻子前在混凝土墙面上先喷、刷一道胶水（重量比为水：乳液 =5 : 1），要注意喷、刷均匀，不得有遗漏。

3. 填补缝隙、局部刮腻子

用水石膏将墙面缝隙及坑洼不平处分遍找平，并将野腻子收净，待腻子干燥后用 1 号砂纸磨平，并把浮尘等扫净。

4. 石膏板墙面拼缝处理

接缝处应用嵌缝腻子填塞满，上糊一层玻璃网格布或绸布条，用乳液将布条粘在拼缝上，粘布条时应把布条拉直、糊平，并刮石膏腻子一道。

5. 满刮腻子

墙体基层和浆液等级要求不同，刮腻子的遍数和材料也不同。一般情况为三遍，腻子的配合比为重量比，有两种：一是适用于室内的腻子，其配合比为聚醋酸乙烯乳液（即白乳胶）：滑石粉或大白粉：2% 羧甲基纤维素溶液 =1 ：5 ：3.5；二是适用于外墙、厨房、厕所、浴室的腻子，其配合比为聚醋酸乙烯乳液：水泥：水 =1 ：5 ：1。刮腻子时应横竖刮，并注意接槎和收头时腻子要刮净，每遍腻子干后应磨砂纸，腻子磨平后将浮尘清理干净。如面层要涂刷带颜色的浆料，则腻子亦要掺入适量与浆料颜色相协调的颜料。

6. 刷、喷第一遍浆

刷、喷浆前应先将门窗口用排笔刷好，如墙面和顶棚为两种颜色，应在分色线处用排笔齐线并刷 20cm 宽以利接槎，然后再大面积刷、喷浆。刷、喷顺序应先顶棚后墙面，先上后下。喷浆时喷头距墙面宜为 20 ～ 30cm，移动速度要平稳，使涂层厚度均匀。如顶板为槽形板，应先喷凹面四周的内角，再喷中间平面，浆液配合比与调制方法如下。

（1）调制石灰浆

①将生石灰块放入容器内加入适量清水，等块灰熟化后再按比例加入相应的清水。其配合比为生石灰：水 =1 ：6（重量比）。

②将食盐化成盐水，掺盐量为石灰浆重量的 0.3% ～ 0.5%，将盐水倒入石灰浆内搅拌均匀后，再用 50 ～ 60 目铜丝筚过滤，所得的浆液即可喷、刷。

③采用生石灰粉时，将所需生石灰粉放入容器中直接加清水搅拌，掺盐量同上，搅拌均匀后，过筚使用。

（2）调制大白浆

①将大白粉破碎后放入容器中，加清水拌和成浆，再用 50 ～ 60 目铜丝筚过滤。

②将羧甲基纤维素放入缸内，加水搅拌使之溶解。其配合比为羧甲基纤维素：水 =1 ：40（重量比）。

③聚醋酸乙烯乳液加水稀释后与大白粉拌和，其掺量比例为大白粉：乳液 =10 ：1。

④将以上三种浆液按大白粉：乳液：纤维素 =100 ：13 ：16 混合搅拌后，过 80 目铜丝筚，拌匀后即成大白浆。

⑤如配色浆，则先将颜料用水化开，过筚后放入大白浆中。

（3）配可赛银浆

将可赛银粉末放入容器内，加清水溶解搅匀后即为可赛银浆。

7. 复找腻子

第一遍浆干后，将墙面上的麻点、坑洼、刮痕等用腻子复找刮平，干后用细砂纸轻磨，并把粉尘扫净，达到表面光滑平整。

8. 刷、喷第二遍浆

方法同上。

9. 刷、喷交活浆

待第二遍浆干后，用细砂纸将粉尘、溅沫、喷点等轻轻磨去，并打扫干净，即可刷、喷交活浆。交活浆应比第二遍浆的胶量适当增大一点，防止刷、喷浆的涂层掉粉。

10. 刷、喷内墙涂料和耐擦洗涂料等

基层处理与喷、刷浆相同。面层涂料使用建筑产品时，要注意外观检查，参照产品使用说明书处理和涂刷即可。

（三）裱糊顶棚壁纸

1. 基层处理

首先将混凝土顶面的灰渣、浆点、污物等清理干净，并用笤帚将粉尘扫净，满刮腻子一道。腻子的体积配合比为聚醋酸乙烯乳液：石膏或滑石粉：2% 羧甲基纤维素溶液=1：5：3.5。腻子干后磨砂纸，满刮第二遍腻子，待腻子干后用砂纸磨平、磨光。

2. 吊直、套方、找规矩、弹线

首先将顶子的对称中心线通过吊直、套方、找规矩的办法弹出中心线，以便从中间向两边对称控制。墙顶交接处的处理原则：有挂镜线的按挂镜线，没有挂镜线的则按设计要求弹线。

3. 计算用料、裁纸

根据设计要求决定壁纸的粘贴方向，然后计算用料、裁纸。应按所量尺寸每边留出 2 ~ 3cm 余量，如采用塑料壁纸，应在水槽内先浸泡 2 ~ 3min，拿出后抖去余水，将纸面用净毛巾沾干。

4. 刷胶、糊纸

在纸的背面和顶棚的粘贴部位刷胶，应注意按壁纸宽度刷胶，不宜过宽，应从中间开始向两边铺贴。第一张一定要按已弹好的线找直粘牢，应注意纸的两边各甩出 1 ~ 2cm 不压死，以满足与第二张铺贴时拼花压控对缝的要求。然后依上法铺贴第二张，两张纸搭接 1 ~ 2cm，用钢板尺比齐，两人将尺按紧，一人用劈纸刀裁切，随即将搭槎处两张纸条撕去，用刮板带胶将缝隙压实刮牢。随后将顶子两端阴角处用钢板尺比齐、拉直，用刮板及辊子压实，最后用湿温毛巾将接缝处辊压出的胶痕擦净，依次进行。

5. 修整

壁纸粘贴完后，应检查是否有空鼓不实之处、接槎是否平顺、有无翘进现象、胶痕是否擦净、有无小包、表面是否平整、多余的胶是否清理干净等，直至符合要求。

（四）裱糊墙面壁纸

1. 基层处理

若为混凝土墙面，可根据原基层质量的好坏，在清扫干净的墙面上满刮 1 ~ 2 道石膏腻子，干后用砂纸磨平、磨光；若为抹灰墙面，可满刮大白腻子 1 ~ 2 道，找平、磨光，但不可磨破灰皮；石膏板墙用嵌缝腻子将缝堵实堵严，粘贴玻璃网格布或丝绸条、绢条等，然后局部刮腻子补平。

2. 吊直、套方、找规矩、弹线

房间四角的阴阳角吊直、套方、找规矩，确定从哪个阴角开始按照壁纸的尺寸进行分块弹线控制（习惯做法是进门左阴角处铺贴第一张）。有挂镜线的按挂镜线，没有挂镜线的按设计要求弹线。

3. 计算用料、裁纸

按已量好的墙体高度放大 2 ~ 3cm，按此尺寸计算用料、裁纸，一般应在案子上裁割，将裁好的纸用湿温毛巾擦后，折好待用。

4. 刷胶、糊纸

应分别在纸上及墙上刷胶，刷胶宽度应吻合，墙上刷胶一次不应过宽。糊纸时从墙的阴角开始铺贴第一张，按已画好的垂直线吊直，并从上往下用手铺平，用刮板刮实，并用小辊子将上、下阴角处压实。第一张贴好后留 1 ~ 2cm（应拐过阴角约 2cm），然后铺贴第二张，依同法压平、压实，与第一张搭槎 1 ~ 2cm，要自上而下对缝，拼花要端正，用刮板刮平，用钢板尺在第一、第二张搭槎处切割开，将纸边撕去，边槎边带胶压实，并及时将挤出的胶液用湿温毛巾擦净，然后按同法将接顶、接踢脚的边切割整齐，并带胶压实。墙面上遇有电门、插销盒时，应在其位置上破纸作为标记。在裱糊时，阳角处不允许甩槎接缝，阴角处必须裁纸搭缝，不允许整张纸铺贴，避免产生空鼓与皱折。

5. 花纸拼接

①纸的拼缝处花形要对接拼搭好。

②铺贴前应注意花形及纸的颜色力求一致。

③墙与顶壁纸的搭接应根据设计要求而定，一般有挂镜线的房间应以挂镜线为界，无挂镜线的房间则以弹线为准。

④花形拼接出现困难时，错槎应尽量甩到不显眼的阴角处，大面不应出现错槎和花形混乱的现象。

⑤壁纸修整：糊纸后应认真检查，对墙纸翘边翘角、气泡、皱折及胶痕未擦净等，应及时处理和修整，使之完善。

第四节　水电安装施工及质量控制

一、建筑水电安装工程技术的重要性分析

现如今，建筑行业在社会中有着突飞猛进的发展，规模在逐渐扩大，因此，水电安装工程越来越受到关注，而且建筑施工水平也得到了明显的改善，水电安装技术也越来越成熟，对建筑工程的质量进行了很大程度提升。客观角度看，建筑工程在施工作业时，首先会从人们的用电安全着想，因此在以后的建筑水电安装过程中，需要加大重视分析问题，科学地制定创新方案，保证施工水平从根源上得以提高。

二、建筑工程水电安装中存在的施工技术问题

建筑工程施工中，水电安装是最重要的一部分，它能影响整个建筑工程的质量，同时也决定了水电安装施工的整体水平，对居民生活质量起着决定性作用，对人们的生命和财产安全造成重要影响，其中原因主要是施工单位考虑到工期和效益的原因，就没有严格按照施工技术的规范进行施工，最终导致不能很好保证安装质量，这也是出现这种现象的主要原因。形成这种原因的主要技术问题就包括以下几个方面。

（一）安装配电箱技术问题

现如今人们的生活质量有了很大提高，特别是人们对用电的安全着想，配电箱的使用也是越来越多。因安装配电箱的过程相对简单，因此存在安装人员不按照设计图纸进行安装、配电箱铁皮过薄容易发生变形，配电箱缺少隔离封堵等问题发生，如果这些问题没有得到很好的解决，就不能保证用电安全，甚至会出现安全事故。

（二）安装卫浴设备的技术问题

当前人们生活水平有了很大的改善，因此对卫浴设备的安装要求也逐渐提高，而卫浴设备是居住空间公共卫生设施中必备的用水设备，卫浴设备不但要起到装饰的效果，还要做到实用。在卫浴设备的安装过程中主要存在水箱距离墙体较远、坐便器不稳定的问题，这些问题都不能让卫浴设备有效地发挥作用，极有可能对人们的居住安全造成一定危险。

（三）安装开关插座的技术问题

居住空间最普遍应用到的就是开关插座的电气设备，其最主要功能就是接通和点开电路，对用电控制有很大作用。同时由于其操作简单，存在施工人员不严格按照正确流程进行操作的情况，因此出现开关插座板面不紧贴墙面、美观性不足和同一位置开关高

度安装高度不同的问题，进而对电路链接起到负面作用，甚至对人们的用电安全造成严重影响。

（四）安装防雷系统的技术问题

如今用电已经是一件很普遍的事，人们对用电的需求也在逐渐增大，在高压电网为社会提供电力供应时，雷电问题也对高压输电产生了巨大的影响，因此防雷技术也迅速发展起来，而防雷系统的建设也存在巨大的发展空间。在现阶段防雷系统的安装中，要保证建筑工程质量和安全性能够发挥出足够的作用，其中最广泛应用的就是避雷针。在进行安装时，对安装人员的焊接技术都有着很高的要求，如果安装人员技术水平不够就很容易出现焊接不牢固、预埋深度太浅的问题，严重影响防雷系统的安装。

三、加强建筑水电安装工程技术的创新策略

（一）把控设备与材料的质量管理

水电设备质量问题是关系到水电安装工程整体质量的前提。在施工前一定要加强水电设备和材料的质量。对水电设施的质量要求，工作人员在采购时就要参与到质量把控中去，保证使用符合质量标准的电力安装设备。将水管等原材料运输到施工现场后，工作人员在验收时，安装人员必须要积极配合检查，确保管道接口符合标准，没有裂纹等现象出现。同时，在施工过程中，由于施工现场各种环境因素造成的影响，很容易造成施工人员操作不畅，导致施工作业时对设备和材料的把控难以有效掌握。

（二）电气安装的创新技术

工作人员在安装水电设施时，要严格按照图纸设计进行施工，在水电设施安全得到保证的基础上再进行美观设计，水电施工图纸设计是水电安全施工的依据。在水电施工的过程中，提高建筑安装施工水平、进行技术创新是提高电气安装的关键，如今电气设计的内容都具有强电和弱电之分，强电就是建筑中的用电设施和变配系统，弱电就是网络和小区安防系统等，这些创新技术和电气的实际内容，对电气安装工程的发展具有良好推动作用。

（三）建立相关监督审核标准和制度

建立有关监督检查标准和制度能有效保证水电施工工程的质量，而且开展定期与不定期的检查还可以督促施工人员增强责任心。同时，施工单位建立一定的奖惩制度也可以加强对施工人员自身技术的进步和工作的积极性。施工单位建立起过程验收制度也能起到很大作用，在安装工程实施完重要步骤之后，验收制度进行验收，合格之后再对工程继续施工，这样能确保施工人员每一步都施工工作的程序化和科学性，保证施工工程顺利进行。严格的施工标准是检测电力工程质量的标尺，建立规章制度能够约束工作人员的不正确行为，指导正确行为，而且还可以避免运用到不合格材料，真正提升电力安装的水平。

（四）在建筑水电安装中应用节能技术

建筑水电安装工程节能技术中最重要的就是照明工程和空调系统，其中空调系统需要排水工程来实现节能。选择光源也是非常重要的，它需要满足光色的指标以及发光效率最高的灯具，才能够做到节能照明的效果。在水电安装施工中，照明系统安装前的工程施工都必须根据现实情况选择最好的照明方式，其中包括局部照明和混合照明。选择电光源用在民用建筑中要采用科学的方法，这不仅要做到充分利用自然光的照明，还要在后期房屋装修中考虑自然光的利用。例如，阳台等室外区域可以选用玻璃门来提高自然光的照明效果，在灯具方面的选择可以选用发光率高而且节能的光源，提高灯光显色效果。因照明线路的电损耗量比较大，占输入电能的 4%，所以选择好的节能设备对照明线路有着非常大的作用。可以选用三相四线供电线路，其相比单向二线等方式可以更好地降低消耗，选择较小的电导率可以增大截面的面积和减少电能的损耗，做到节能减排。给排水工程在施工中选择合理的供水方式，推广新型节水设备，建筑供水中可以利用给水管压力对水分区进行供给。将废水充分利用也可以达到很好的节能效果，在加装减压设备时，需要减少超压导致的水资源浪费问题。新型节能设备中，PVC 管钢塑复合管等可以与节水卫生器具相结合使用，进而达到良好的节能效果。

四、建筑水电安装施工质量控制方法

（一）强化水电安装设计质量

对建筑水电安装工程展开强化设计工作可以有效提高工程本身的质量水平，强化设计工作主要是对工程的设计图纸以及设计理念进行完善和优化。任何工程如果想要顺利开展都要保证其具有较为科学的设计图纸，设计图纸具有较高水平的科学性和有效性，不仅可以有效保障工程施工的质量水平，也可以对工程的资金成本进行合理的规划，为企业获得更高的经济效益。工程在招标过程中具有一定的繁琐性，为了保障招标工作的有序展开，要先进行自我数据核对，在发现问题数据时要进行及时有效的改正，防止给工程的后续工作带来更为严重的影响。还要对设计图纸的完整性进行检测，防止在实际操作过程中出现图纸缺失的问题，无法根据实际情况进行专业性和针对性的解决，容易让企业受到严重的经济损失。除此之外，要重视相关人员的专业水平和道德品质的提高，以便保障工作的展开具有较高水平的科学性、有效性和稳定性。

（二）重视电气配管和配线安装质量控制

电气配管和配线安装质量把控的前提是要确保水电安装工程在混凝土浇筑前预埋和进行砌体操作时，贴合土建工程的实际情况。①对电器开关以及操作进行具体操作时，要确保其操作过程和步骤符合较为专业的操作理念和操作要求，将安装可能存在的误差控制在理想范围内。②在实际操作过程中，要严格按照设计要求的材质及配管方式进行安装，保障安装工作具有较高的质量水平。③确保插座之间的连接工作具有较高的质量水平，同时要对电气配管以及相关的机械设备展开相应的清洁工作。

（三）加强控制管道漏水、堵塞现象的措施

要想保障建筑水电安装工程的质量水平，就要确保其在实际施工所使用的原材料具有较高的质量水平和独特性能。如果在实际操作过程中，所选用的原材料不具备较高的质量，会严重影响工程的施工效果，容易在应用过程中出现一定的质量问题。对施工原材料进行选择时，不仅要确保其具有专业的质量检测报告和3C认证等，还要对原材料进行随机的质量抽测，如果所检测的产品质量不符合相关的规范要求，就要直接进行更换，不得使用。如果所检测的产品质量符合相关的规范，要对其材料进行科学的保护措施，并安排相应的员工对其质量水平进行定期的检测，确保其可以得到较长时间的使用。对相关管道进行安装操作，要确保其操作要求和操作理念具有一定的创新性，确保管道之间的连接具有科学性和稳固性，在对管道进行安装后要进行相应的检测工作，要确保管道在实际应用中可以得到合理的使用，防止出现堵塞和漏水的问题，确保管道具有流通性和密闭性。管道在确保其质量水平符合相关规范要求后，要根据管道的应用情况对管道的流向进行标明，尤其是每一个安装管道要进行鲜明的标注，防止影响后续工作的展开，避免应用问题的发生。相关应用员工还要对管道的压力及通水情况进行检测，只有确保管道的各项数据符合相关的质量要求后，才可进行后续的工作，严格杜绝员工对虚假数据进行修改操作。在实际排水管道操作中，要根据实际情况为管道留出更多的应用空间，提高管道整体的排水效果，相关操作员工要根据图纸要求进行安装，防止一些员工将管道的直径距离进行缩小，杜绝以次充好的现象发生，避免管道在应用过程中出现质量问题。同时，要重视排水管道的优化措施，对桥墩和支架进行合理把控，确保其具有较高赋值的承载力。在下水道里可以适当地添加防胶设备，可以确保一些具有黏性的产品得以顺利的排出，减少了管道出现堵塞问题的几率。管道在安装完成后，要对其洞口进行封闭工作，确保其具有较高水平的密封性，防止在实际应用过程中出现渗漏现象，确保建筑工程的结构具有较高水平的稳固性和安全性。

（四）加强防雷控制措施

为保障建筑水电安装工程的质量水平符合相关的规范要求，要对防雷控制展开相应的举措。对防雷进行实际操作时，要确保模块的安装距离不能超过0.6m，譬如，在对某项建筑水电安装工程进行防电施工时，其钢筋排布较为紧密时，相关设计人员要根据实际情况对施工图纸进行合理的调改，确保施工方案符合实际施工要求和设计理念。对房屋的屋面进行防雷举措时，要确保其安装的防雷措施始终保持较为平整和稳固的状态，防止在外界因素的影响下出现质量变化。同时，在实际操作过程中，要对各项数据进行多次计算，将所有的数额把控在合理的范围内，从各方面保障防雷工作具有较高水平的科学性、稳固性和安全性。

综上所述，具体工程实施中，涉及的专业内容及要素比较多。施工单位应依据实际工程背景，将施工前期管理工作落实到位，继而采用正确的方式，将电路电线安装作为施工管理及质量控制过程中的重点内容，并兼顾供水系统、排水管道和设备的安装施工过程，充分发挥建筑水电安装施工管理与质量控制价值，使建筑工程基础设施建设更加完善，以提供优质供电供水服务。

第七章 BIM 技术在建筑施工项目管理中的应用

第一节 BIM 技术概述

一、BIM 的基本概念

BIM 以三维数字技术为基础，集成了建筑工程项目各种相关信息的工程数据模型。它提供的全新建筑设计过程概念 —— 参数化变更技术将帮助建筑设计师更有效的缩短设计时间，提高设计质量，提高对客户和合作者的响应能力。并可以在任何时刻、任何位置、进行任何想要的修改，设计和图纸绘制始终保持协调、一致和完整。

BIM 不仅是强大设计平台，更重要的是，BIM 的创新应用 - 体系化设计与协同工作方式的结合，将对传统设计管理流程和设计院技术人员结构产生变革性的影响。高成本、高专业水平技术人员将从繁重的制图工作中解脱出来而专注于专业技术本身，而较低人力成本的、高软件操作水平的制图员、建模师、初级设计助理将担当起大量的制图建模工作，这为社会提供了一个庞大的就业机会：制图员（模型师）群体；同时为大专院校的毕业生就业展现了新的前景。

（一）BIM 的定义

可将 BIM 的含义总结为以下三点：

① BIM 是以三维数字技术为基础，集成了建筑工程项目各种相关信息的工程数据

模型，是对工程项目设施实体与功能特性的数字化表达。

② BIM 是一个完善的信息模型，能够连接建筑项目生命期不同阶段的数据、过程和资源，是对工程对象的完整描述，提供可自动计算、查询、组合拆分的实时工程数据，可被建设项目各参与方普遍使用。

③ BIM 具有单一工程数据源，可解决分布式、异构工程数据之间的一致性和全局共享问题，支持建设项目生命期中动态的工程信息创建、管理和共享，是项目实时的共享数据平台。

（二）BIM 的特点

BIM 是以建筑工程项目的各项相关信息数据作为基础，建立起三维的建筑模型，通过数字信息仿真模拟建筑物所具有的真实信息。它具有可视化、协调性、模拟性、优化性、可出图性、一体化性、参数化性和信息完备性八大特点。

1. 可视化

可视化即"所见所得"的形式，对于建筑行业来说，可视化的真正运用在建筑业的作用是非常大的，例如经常拿到的施工图纸，只是各个构件的信息在图纸上的采用线条绘制表达，但是其真正的构造形式就需要建筑业参与人员去自行想象了。对于一般简单的东西来说，这种想象也未尝不可，但是近几年建筑业的建筑形式各异，复杂造型在不断地推出，那么这种光靠人脑去想象的东西就未免有点不太现实了。所以 BIM 提供了可视化的思路，让人们将以往的线条式的构件形成一种三维的立体实物图形展示在人们的面前；建筑业也有设计方面出效果图的事情，但是这种效果图是分包给专业的效果图制作团队进行识读设计制作出来的线条式信息制作出来的，并不是通过构件的信息自动生成的，缺少了同构件之间的互动性和反馈性，然而 BIM 提到的可视化是一种能够同构件之间形成互动性和反馈性的可视，在 BIM 建筑信息模型中，由于整个过程都是可视化的，所以可视化的结果不仅可以用来效果图的展示及报表的生成，更重要的是，项目设计、建造、运营过程中的沟通、讨论、决策都在可视化的状态下进行。

2. 协调性

这个方面是建筑业中的重点内容，不管是施工单位还是业主及设计单位，无不在做着协调及相配合的工作。一旦项目的实施过程中遇到了问题，就要将各有关人士组织起来开协调会，找出施工问题发生的原因，及解决办法，然后出变更，做相应补救措施等进行问题的解决。那么这个问题的协调真的就只能出现问题后再进行协调吗？在设计时，往往由于各专业设计师之间的沟通不到位，而出现各种专业之间的碰撞问题，例如暖通等专业中的管道在进行布置时，由于施工图纸是各自绘制在各自的施工图纸上的，真正施工过程中，可能在布置管线时正好在此处有结构设计的梁等构件在此妨碍着管线的布置，这种就是施工中常遇到的碰撞问题，像这样的碰撞问题的协调解决就只能在问题出现之后再进行解决吗？BIM 的协调性服务就可以帮助处理这种问题，也就是说 BIM 建筑信息模型可在建筑物建造前期对各专业的碰撞问题进行协调，生成协调数据，提供出来。当然BIM的协调作用也并不是只能解决各专业间的碰撞问题，它还可以解决例如：电梯井布置与其他设计布置及净空要求之协调，防火分区与其他设计布置之协调，地下排水布置与其他设计布置之协调等。

3. 模拟性

模拟性并不是只能模拟设计出的建筑物模型，还可以模拟不能够在真实世界中进行操作的事物。在设计阶段，BIM可以对设计上需要进行模拟的一些东西进行模拟实验，例如：节能模拟、紧急疏散模拟、日照模拟、热能传导模拟等；在招投标和施工阶段可以进行4D模拟（三维模型加项目的发展时间），也就是根据施工的组织设计模拟实际施工，从而来确定合理的施工方案来指导施工。同时还可以进行5D模拟（基于3D模型的造价控制），从而来实现成本控制；后期运营阶段可以模拟日常紧急情况的处理方式的模拟，例如地震人员逃生模拟及消防人员疏散模拟等。

4. 优化性

事实上整个设计、施工、运营的过程就是一个不断优化的过程，当然优化和BIM也不存在实质性的必然联系，但在BIM的基础上可以做更好的优化、更好地做优化。优化受三样东西的制约：信息、复杂程度和时间。没有准确的信息做不出合理的优化结果，BIM模型提供了建筑物的实际存在的信息，包括几何信息、物理信息、规则信息，还提供了建筑物变化以后的实际存在。复杂程度高到一定程度，参与人员本身的能力无法掌握所有的信息，必须借助一定的科学技术和设备的帮助。现代建筑物的复杂程度大多超过参与人员本身的能力极限，BIM及与其配套的各种优化工具提供了对复杂项目进行优化的可能。基于BIM的优化可以做下面的工作：

（1）项目方案优化

把项目设计和投资回报分析结合起来，设计变化对投资回报的影响可以实时计算出来；这样业主对设计方案的选择就不会主要停留在对形状的评价上，而更多的可以使得业主知道哪种项目设计方案更有利于自身的需求。

（2）特殊项目的设计优化

例如裙楼、幕墙、屋顶、大空间到处可以看到异型设计，这些内容看起来占整个建筑的比例不大，但是占投资和工作量的比例和前者相比却往往要大得多，而且通常也是施工难度比较大和施工问题比较多的地方，对这些内容的设计施工方案进行优化，可以带来显著的工期和造价改进。

5. 可出图性

BIM并不是为了出大家日常多见的建筑设计院所出的建筑设计图纸，及一些构件加工的图纸。而是通过对建筑物进行了可视化展示、协调、模拟、优化以后，可以帮助业主出如下图纸：

①综合管线图（经过碰撞检查和设计修改，消除了相应错误以后）；

②综合结构留洞图（预埋套管图）；

③碰撞检查侦错报告和建议改进方案。

由上述内容，我们可以大体了解 BIM 的相关内容。BIM 在世界很多国家已经有比较成熟的 BIM 标准或者制度。BIM 在中国建筑市场内要顺利发展，必须将 BIM 和国内的建筑市场特色相结合，才能够满足国内建筑市场的特色需求，同时 BIM 将会给国内建筑业带来一次巨大变革。

6. 一体化性

基于 BIM 技术可进行从设计到施工再到运营贯穿了工程项目的全生命周期的一体化管理。BIM 的技术核心是一个由计算机三维模型所形成的数据库，不仅包含了建筑的设计信息，而且可以容纳从设计到建成使用，甚至是使用周期终结的全过程信息。

7. 参数化性

参数化建模指的是通过参数而不是数字建立和分析模型，简单地改变模型中的参数值就能建立和分析新的模型；BIM 中图元是以构件的形式出现，这些构件之间的不同，是通过参数的调整反映出来的，参数保存了图元作为数字化建筑构件的所有信息。

8. 信息完备性

信息完备性体现在 BIM 技术可对工程对象进行 3D 几何信息和拓扑关系的描述以及完整的工程信息描述。

二、BIM 出现的必然性

（一）BIM 在工程建设行业的位置

现代化、工业化、信息化是我国建筑业发展的三个方向，建筑业信息化可以划分为技术信息化和管理信息化两大部分，技术信息化的核心内容是建设项目的生命周期管理，企业管理信息化的核心内容则是企业资源计划。

不管是技术信息化还是管理信息化，建筑业的工作主体是建设项目本身，因此，没有项目信息的有效集成，管理信息化的效益也很难实现。BIM 通过其承载的工程项目信息把其他技术信息化方法（如 CAD ／ CAE 等）集成了起来，从而成为技术信息化的核心、技术信息化横向打通的桥梁，以及技术信息化和管理信息化横向打通的桥梁。

所谓 BIM，即指基于最先进的三维数字设计和工程软件所构建的"可视化"的数字建筑模型，为设计师、建筑师、水电暖铺设工程师、开发商乃至最终用户等各环节人员提供"模拟和分析"的科学协作平台，帮助他们利用三维数字模型对项目进行设计、建造及运营管理，最终使整个工程项目在设计、施工和使用等各个阶段都能够有效地实现节省能源、节约成本、降低污染和提高效率。

BIM 是在项目的全生命周期中都可以进行应用的，从项目的概念设计、施工、运营，甚至后期的翻修或拆除，所有环节都可以提供相关的服务。BIM 不但可以进行单栋建筑设计，还包括一些大型的基础设施项目，包括交通运输项目、土地规划、环境规划、水利资源规划等项目。

BIM 方法与理念可以帮助包括设计师、施工方等各相关利益方更好地理解可持续性以及它的四个重要的因素：即能源、水资源、建筑材料和土地。

随着行业的发展以及需求的突显，中国企业已经形成共识：BIM将成为中国工程建设行业未来的发展趋势。在中国已有规范与标准保持一致的基础上，构建BIM的中国标准成为紧迫与重要的工作。同时，中国的BIM标准如何与国际的使用标准（如美国的NBIMS）有效对接、政府与企业如何推动中国BIM标准的应用都将成为今后工作的挑战。我们需要积极推动BIM标准的建立，为行业可持续发展奠定基础。

毋庸置疑，BIM是引领工程建设行业未来发展的利器，我们需要积极推广BIM在中国的应用，以帮助设计师、建筑师、开发商以及业主运用三维模型进行设计、建造和管理，不断推动中国工程建设行业的可持续发展。

（二）行业赋予BIM的使命

一个工程项目的建设、运营涉及业主、用户、规划、政府主管部门、建筑师、工程师、承建商、项目管理、产品供货商、测量师、消防、卫生、环保、金融、保险、法务、租售、运营、维护等几十类、成百上千家参与方和利益相关方。一个工程项目的典型生命周期包括规划和设计策划、设计、施工、项目交付和试运行、运营维护、拆除等阶段，时间跨度为几十年到一百年，甚至更长。把这些不同项目参与方和项目阶段联系起来的是基于建筑业法律法规和合同体系建立起来的业务流程，支持完成业务流程或业务活动的是各类专业应用软件，而连接不同业务流程之间和一个业务流程内不同任务或活动之间的纽带则是信息。

一个工程项目的信息数量巨大、信息种类繁多，但是基本上可以分为以下两种形式：

①结构化形式：机器能够自动理解的，例如EXCEL、BIM文件。

②非结构化形式：机器不能自动理解的，需要人工进行解释和翻译，例如Word、CAIX目前工程建设行业的做法是，各个参与方在项目不同阶段用自己的应用软件去完成相应的任务，输入应用软件需要的信息，把合同规定的工作成果交付给接收方，如果关系好，也可以把该软件的输出信息交给接收方做参考。下游（信息接收方）将重复上面描述的这个做法。

由于当前合同规定的交付成果以纸质成果为主，在这个过程中项目信息被不断地重复输入、处理、输出成合同规定的纸质成果，下一个参与方再接着输入他的软件需要的信息。据美国建筑科学研究院的研究报告统计，每个数据在项目生命周期中被平均输入七次。

事实上，在一个建设项目的生命周期内，我们不仅不缺信息，甚至也不缺数字形式的信息，请问在项目的众多的参与方当中，今天哪一家不是在用计算机处理他们的信息的？我们真正缺少的是对信息的结构化组织管理（机器可以自动处理）和信息交换（不用重复输入）。由于技术、经济和法律的诸多原因，这些信息在被不同的参与方以数字形式输入处理以后又被降级成纸质文件交付给下一个参与方了，或者即使上游参与方愿意将数字化成果交付给下游参与方，也因为不同的软件之间信息不能互用而束手无策。

这就是行业赋予BIM的使命：解决项目不同阶段、不同参与方、不同应用软件之间的信息结构化组织管理和信息交换共享,使得合适的人在合适的时候得到合适的信息,这个信息要求准确、及时、够用。

在实际应用的层面,从不同的角度,对 BIM 会有不同的解读:

①应用到一个项目中,BIM 代表着信息的管理,信息被项目所有参与方提供和共享,确保正确的人在正确的时间得到正确的信息。

②对于项目参与方,BIM 代表着一种项目交付的协同过程,定义各个团队如何工作,多少团队需要一块工作,如何共同去设计、建造和运营项目。

③对于设计方,BIM 代表着集成化设计,鼓励创新,优化技术方案,提供更多的反馈,提高团队水平。

在 BIM 的动态发展链条上,业务需求(不管是主动的需求还是被动的需求)引发 BIM 应用,BIM 应用需要 BIM 工具和 BIM 标准,业务人员(专业人员)使用 BIM 工具和标准生产 BIM 模型及信息,BIM 模型和信息支持业务需求的高效优质实现。BIM 的世界就此而得以诞生和发展。

三、BIM 软件的分类

BIM 有一个特点 ——BIM 不是一个软件的事,其实 BIM 不止不是一个软件的事,准确一点应该说 BIM 不是一类软件的事,而且每一类软件的选择也不只是一个产品,这样一来要充分发挥 BIM 价值为项目创造效益涉及常用的 BIM 软件数量就有十几个到几十个之多了。

BIM 建模类软件可细分为 BIM 方案设计软件、与 BIM 接口的几何造型软件、可持续分析软件等 12 类软件。接下来我们分别对属于这些类型的软件按功能简单分成建模类软件、模拟类软件以及可视化类软件。

(一)BIM 建模类软件

这类软件英文通常叫 "BIM Authoring Soft-ware",是 BIM 之所以成为 BIM 的基础。换句话说,正是因为有了这些软件才有了 BIM,也是从事 BIM 的同行要碰到的第一类 BIM 软件,因此我们称它们为 "BIM 核心建模软件",简称 "BIM 建模软件"。

常用的 BIM 建模软件主要有以下四个门派。

① Autodesk 公司的 Revit 建筑、结构和机电系列,在民用建筑市场借助了 Auto CAD 的天然优势,有相当不错的市场表现。

② Bentley 建筑、结构和设备系列,Bentley 产品在工厂设计(石油、化工、电力、医药等)和基础设施(道路、桥梁、市政、水利等)领域有无可争辩的优势。

③ 2007 年 Nemetschek 收购 Graphisoft 以后,ArchiCAD / AIIPLAN / Vectorworks 三个产品就被归到同一个门派里面了,其中国内同行最熟悉的是 ArchiCAD,属于一个面向全球市场的产品,应该可以说是最早的一个具有市场影响力的 BIM 核心建模软件,但是在中国由于其专业配套的功能(仅限于建筑专业)与多专业一体的设计院体制不匹配,很难实现业务突破。

④ Dassault 公司的 CATIA 是全球最高端的机械设计制造软件，在航空、航天、汽车等领域具有接近垄断的市场地位，应用到工程建设行业无论是对复杂形体还是超大规模建筑其建模能力、表现能力和信息管理能力都比传统的建筑类软件有明显优势，而与工程建设行业的项目特点和人员特点的对接问题则是其不足之处。Digital Project 是 Gery Technology 公司在 CATIA 基础上开发的一个面向工程建设行业的应用软件（二次开发软件），其本质还是 CATIA，就跟天正的本质是 Auto CAD 一样。

因此，对于一个项目或企业 BIM 核心建模软件技术路线的确定，可以考虑如下基本原则：民用建筑用 Autodesk Revit；工厂设计和基础设施用 Bentley；单专业建筑事务所选择 ArchiCAD、Revit、Bentley 都有可能成功；项目完全异形、预算比较充裕的可以选择 Digital Project 成 CATIA。

当然，除了上面介绍的情况以外，业主和其他项目成员的要求也是在确定 BIM 技术路线时需要考虑的重要因素。

BIM 核心建模软件的具体介绍如下。

首先我们来对 Revit 软件进行一个简单的了解。Revit 系列软件在 BIM 模型构建过程中的主要优势体现在三个方面：具备智能设计优势，设计过程实现参数化管理，为项目各参与方提供了全新的沟通平台。

1.Autodesk Revit Architecture

Autodesk Revit Architecture 建筑设计软件可以按照建筑师和设计师的思考方式进行设计，因此，可以开发更高质量、更加精确的建筑设计。专为建筑信息模型而设计的 Autodesk Revit Architecture，能够帮助捕捉和分析早期设计构思，并能够从设计、文档到施工的整个流程中更精确地保持设计理念。利用包括丰富信息的模型来支持可持续性设计、施工规划与构造设计，能做出更加明智的决策。Autodesk Revit Architecture 有以下 13 个特点。

（1）完整的项目，单一的环境

Autodesk Revit Architecture 中的概念设计功能提供了易于使用的自由形状建模和参数化设计工具，并且还支持在开发阶段及早对设计进行分析。可以自由绘制草图，快速创建三维形状，交互式地处理各种形状。可以利用内置的工具构思并表现复杂的形状，准备用于预制和施工环节的模型。随着设计的推进 Autodesk Revit Architecture 能够围绕各种形状自动构建参数化框架，提高创意控制能力、精确性和灵活性。从概念模型直至施工文档，所有设计工作都在同一个直观的环境中完成。

（2）更迅速地制定权威决策

Autodesk Revit Architecture 软件支持在设计前期对建筑形状进行分析，以便尽早做出更明智的决策。借助这一功能，可以明确建筑的面积和体积，进行日照和能耗分析，深入了解建造可行性，初步提取施工材料用量。

（3）功能形状

Autodesk Revit Architecture 中的 Buildingmaker 功能可以帮助将概念形状转换成全功能建筑设计。可以选择并添加面，由此设计墙、屋顶、楼层和幕墙系统。可以提取重要的建筑信息，包括每个楼层的总面积。可以将来自 AutoCAD 软件和 Autodeskmaya 软件，以及其他一些应用的概念性体量转化为 Autodesk Revit Architecturetecture 中的体量对象，然后进行方案设计。

（4）一致、精确的设计信息

开发 Autodesk Revit Architecture 软件的目的是按照建筑师与设计师的建筑理念工作。能够从单一基础数据库提供所有明细表、图纸、二维视图与三维视图，并能够随着项目的推进自动保持设计变更的一致。

（5）双向关联

任何一处变更，所有相关位置随之变更。在 Autodesk Revit Architecture 中，所有模型信息存储在一个协同数据库中。对信息的修订与更改会自动反映到整个模型中，从而极大减少错误与疏漏。

（6）明细表

明细表是整个 Autodesk Revit Architecture 模型的另一个视图。对于明细表视图进行的任何变更都会自动反映到其他所有视图中。明细表的功能包括关联式分割及通过明细表视图、公式和过滤功能选择设计元素。

（7）详图设计

Autodesk Revit Architecture 附带丰富的详图库和详图设计工具，能够进行广泛的预分类（presorting），并且可轻松兼容 CSI 格式。可以根据企业的标准创建、共享和定制详图库。

（8）参数化构件

参数化构件亦称族，是在 Autodesk Revit Architecture 中设计所有建筑构件的基础。这些构件提供了一个开放的图形系统，能够自由地构思设计、创建形状，并且还能就设计意图的细节进行调整和表达。可以使用参数化构件设计精细的装配（例如细木家具和设备），以及最基础的建筑构件，例如墙和柱，无须编程语言或代码。

（9）材料算量功能

利用材料算量功能计算详细的材料数量。材料算量功能非常适合用于计算可持续设计项目中的材料数量和估算成本，显著优化材料数量跟踪流程。

（10）冲突检测

使用冲突检测来扫描模型，查找构件间的冲突。

（11）基于任务的用户界面

Autodesk Revit Architecture 用户界面提供了整齐有序的桌面和宽大的绘图窗口，可以帮助迅速找到所需工具和命令。按照设计工作流中的创建、注释或协作等环节，各种工具被分门别类地放到了一系列选项卡和面板中。

（12）设计可视化

创建并获得如照片般真实的建筑设计创意和周围环境效果图，在实际动工前体验设计创意。集成的 mental ray（r）渲染软件易于使用，能够在更短时间内生成高质量渲染效果图。协作工作共享工具可支持应用视图过滤器和标签元素，以及控制关联文件夹中工作集的可见性，以便在包含许多关联文件夹的项目中改进协作工作。

（13）可持续发展设计

软件可以将材质和房间容积等建筑信息导出为绿色建筑扩展性标志语言（gbXML）。用户可以使用 Autodesk Green Building Studio Web 服务进行更深入的能源分析，或使用 Autodesk Ecotect Analysis 软件研究建筑性能。此外，Autodesk 3dsmax Design 软件还能根据 LEED8.1 认证标准开展室内光照分析。

2.Autodesk Revit Structure

Autodesk Revit Structure 软件改善了结构工程师和绘图人员的工作方式，可以从最大程度上减少重复性的建模和绘图工作，以及结构工程师、建筑师和绘图人员之间的手动协调所导致的错误。该软件有助于减少创建最终施工图所需的时间，同时提高文档的精确度，全面改善交付给客户的项目质量。

（1）顺畅的协调

Autodesk Revit Structure 采用建筑信息模型（BIM）技术，因此每个视图、每张图纸和每个明细表都是同一基础数据库的直接表现。当建筑团队成员处理同一项目时，不可避免地要对建筑结构做出一些变更，这时，Autodesk Revit Structure 中的参数化变更技术可以自动将变更反映到所有的其他项目视图中——模型视图、图纸、明细表、剖面图、平面图和详图，从而确保设计和文档保持协调、一致和完整。

（2）双向关联

建筑模型及其所有视图均是同一信息系统的组成部分。这意味着用户只需对结构任何部分做一次变更，就可以保证整个文档集的一致性。例如，如果图纸比例发生变化，软件就会自动调整标注和图形的大小。如果结构构件发生变化，该软件将自动协调和更新所有显示该构件的视图，包括名称标记以及其他构件属性标签。

（3）与建筑师进行协作

与使用 Autodesk Revit Architecture 软件的建筑师合作的工程师可以充分体验 BIM 的优势，并共享相同的基础建筑数据库。集成的 Autodesk Revit 平台工具可以帮助用户更快地创建结构模型。通过对结构和建筑对象之间进行干涉检查，工程师们可以在将工程图送往施工现场之前更快地检测协调问题。

（4）与水暖电工程师进行协作

与使用 Auto CADmEP 软件的水暖电工程师进行合作的结构设计师可以显著改善设计的协调性。Autodesk Revit Structure 用户可以将其结构模型导入 Auto CADmEP，这样，水暖电工程师就可以检查管道和结构构件之间的冲突。Autodesk Revit Structure 还可以通过 ACIS 实体将 Auto CADmEP 中的三维风管及管道导入结构模型，并以可视化方式检测冲突。此外，与使用 Autodesk RevitmEP 软件的水暖电工程师进行协作的结构工程师可以充分利用建筑信息模型的优势。

（5）增强结构建模和分析功能

在单一应用程序中创建物理模型和分析结构模型有助于节省时间。Autodesk Revit

Structure 软件的标准建模对象包括墙、梁系统、柱、板和地基等，不论工程师需要设计钢、现浇混凝土、预制混凝土、砖石还是木结构，都能轻松应对。其他结构对象可被创建为参数化构件。

（6）参数化构件

工程师可以使用 Autodesk Revit Structure 创建各种结构组件，例如托梁系统、梁、空腹托梁、桁架和智能墙族，无须编程语言即可使用参数化构件（亦称族）。族编辑器包含所有数据，能以二维和三维图形、基于不同细节水平表示一个组件。

（7）多用户协作

Autodesk Revit Structure 支持相同网络中的多个成员共享同一模型，而且确保所有人都能有条不紊地开展各自的工作。一整套协作模式可以灵活满足项目团队的工作流程需求——从即时同步访问共享模型，到分成几个共享单元，再到分成单人操作的链接模型。

（8）备选设计方案

借助 Autodesk Revit Structure，工程师可以专心于结构设计，可探索设计变更，开发和研究多个设计方案，为制定关键的设计决策提供支持，并能够轻松地向客户展示多套设计方案。每个方案均可在模型中进行可视化和工程量计算，帮助团队成员和客户做出明智决策。

（9）领先一步，分析与设计相集成

使用 Autodesk Revit Structure 创建的分析模型包含荷载、荷载组合、构件尺寸和约束条件等信息。分析模型可以是整个建筑模型、建筑物的一个附楼，甚至一个结构框架。用户可以使用带结构边界条件的选择过滤器，将子结构（例如框架、楼板或附楼）发送给它们的分析软件，而无须发送整个模型。分析模型使用工程准则创建而成，旨在生成一致的物理结构分析图像。工程师可以在连接结构分析程序之前替换原来的分析设置，并编辑分析模型。

Autodesk Revit Structure 可为结构工程师提供更出色的工程洞察力。它们可以利用用户定义的规则，将分析模型调整到相接或相邻结构构件分析投影面的位置。工程师还可以在对模型进行结构分析之前，自动检查缺少支撑、全局不稳定性和框架异常等分析冲突。分析程序会返回设计信息，并动态更新物理模型和工程图，从而尽量减少烦琐的重复性任务，例如在不同应用程序中构建框架和壳体模型。

（10）创建全面的施工文档

使用一整套专用工具，可创建精确的结构图纸，并有助于减少由于手动协调设计变更导致的错误。材料特定的工具有助于施工文档符合行业和办公标准。对于钢结构，软件提供了梁处理和自动梁缩进等特性，以及丰富的详图构件库。对于混凝土结构，在显示选项中可控制混凝土构件的可见性。软件还为柱、梁、墙和基础等混凝土构件提供了钢筋选项。

（11）自动创建剖面图和立面图

与传统方法相比，在 Autodesk Revit Structure 中创建剖面图和立面图更为简单。视图只是整个建筑模型的不同表示，因此用户可以在一个结构中快速打开一个视图，并且可以随时切换到最合适的视图。在打印施工文档时，视图中没有放置在任何图纸上的剖面标签和立面符号将自动隐藏。

（12）自动参考图纸

这一功能有助于确保不会有剖面图、立面图或详图索引参考了错误的图纸或图表，并且图纸集中的所有数据和图形、详图、明细表和图表都是最新和协调一致的。

（13）详图

Autodesk Revit Structure 支持用户为典型详图及特定详图创建详图索引。用户可以使用 Autodesk Revit Structure 中的传统二维绘图工具创建整套全新典型详图。设计师可以从 Auto CAD 软件中导出 DWG 详图，并将其链接至 Autodesk Revit Structure，还可以使用项目浏览器对其加以管理。特定的详图直接来自模型视图。这些基于模型的详图是用二维参数化对象（金属面板、混凝土空心砖、基础上的地脚锚栓、紧固件、焊接符号、钢节点板、混凝土钢筋等）和注释（例如文本和标注）创建而成的。对于复杂的几何图形，Autodesk Revit Structure 提供了基于三维模型的详图，例如建筑物伸缩缝、钢结构连接、混凝土构件中的钢筋和更多其他的三维表现。

（14）明细表

按需创建明细表可以显著节约时间，而且用户在明细表中进行变更后，模型和视图将自动更新。明细表特性包括排序、过滤、编组以及用户定义公式。工程师和项目经理可以通过定制明细表检查总体结构设计。例如，在将模型与分析软件集成之前，统计并检查结构荷载。如需变更荷载值.可以在明细表中进行修改，并自动反映到整个模型中。

3. Autodesk RevitmEP

Autodesk RevitmEP 建筑信息模型（BIM）软件专门面向水暖电（MEP）设计师与工程师。集成的设计、分析与文档编制工具，支持在从概念到施工的整个过程中，更加精确、高效地设计建筑系统。关键功能支持：水暖电系统建模，系统设计分析来帮助提高效率，更加精确的施工文档，更轻松地导出设计模型用于跨领域协作。

Autodesk RevitmEP 软件专为建筑信息模型而构建（BIM）。BIM 是以协调、可靠的信息为基础的集成流程，涵盖项目的设计、施工和运营阶段。通讨采用 BIM，机电管道公司可以在整个流程中使用一致的信息来设计和绘制创新项目，并且还可以通过精确外观可视化来支持更顺畅的沟通，模拟真实的机电管道系统性能以便让项目各方了解成本、工期与环境影响。

借助对真实世界进行准确建模的软件，实现智能、直观的设计流程。RevitmEP 采用整体设计理念，从整座建筑物的角度来处理信息，将给排水、暖通和电气系统与建筑模型关联起来。借助它，工程师可以优化建筑设备及管道系统的设计，进行更好的建筑性能分析，充分发挥 BIM 的竞争优势。同时，利用 Autodesk Revit 与建筑师和其他工程师协同，还可即时获得来自建筑信息模型的设计反馈，实现数据驱动设计所带来的巨大优势，轻松跟踪项目的范围、明细表和预算。Autodesk RevitmEP 软件帮助机械、电气和给排水工程公司应对全球市场日益苛刻的挑战。Autodesk RevitmEP 通过单一、完全一致的参数化模型加强了各团队之间的协作，让用户能够避开基于图纸的技术中固有的问题，提供集成的解决方案。

（1）面向机电管道工程师的建筑信息模型（BIM）

Autodesk RevitmEP 软件是面向机电管道（MEP）工程师的建筑信息模型（BIM）解决方案，具有专门用于建筑系统设计和分析的工具。借助 RevitmEP，工程师在设计的早期阶段就能做出明智的决策，因为他们可以在建筑施工前精确可视化建筑系统。软件内置的分析功能可帮助用户创建持续性强的设计内容并通过多种合作伙伴应用共享这些内容，从而优化建筑效能和效率。使用建筑信息模型有利于保持设计数据协调统一，最大限度地减少错误，并能增强工程师团队与建筑师团队之间的协作性。

（2）建筑系统建模和布局

RevitmEP 软件中的建模和布局工具支持工程师更加轻松地创建精确的机电管道系统。自动布线解决方案可让用户建立管网、管道和给排水系统的模型，或手动布置照明与电力系统。RevitmEP 软件的参数变更技术意味着用户对机电管道模型的任何变更都会自动应用到整个模型中。保持单一、一致的建筑模型有助于协调绘图，进而减少错误。

（3）分析建筑性能，实现可持续设计

RevitmEP 可生成包含丰富信息的建筑信息模型，呈现实时、逼真的设计场景，帮助用户在设计过程中及早做出更为明智的决定。借助内置的集成分析工具，项目团队成员可更好地满足可持续发展的目标和措施，进行能耗分析、评估系统负载，并生成采暖和冷却负载报告。RevitmEP 还支持导出为绿色建筑扩展标记语言（gbXML）文件，以便应用于 Autodesk

Ecotect Analysis 软件和 Autodesk Green Building Studio 基于网络的服务，或第三方可持续设计和分析应用。

（4）提高工程设计水平，完善建筑物使用功能

当今，复杂的建筑物要求进行一流的系统设计，以便从效率和用途两方面优化建筑物的使用功能。随着项目变得越来越复杂，确保机械、电气和给排水工程师与其扩展团队之间在设计和设计变更过程中清晰、顺畅地沟通至关重要。RevitmEP 软件专用于系统分析和优化的工具让团队成员实时获得有关机电管道设计内容的反馈，这样，设计早期阶段也能实现性能优异的设计方案。

（5）风道及管道系统建模

直观的布局设计工具可轻松修改模型。RevitmEP 自动更新模型视图和明细表，确保文档和项目保持一致。工程师可创建具有机械功能的 HVAC 系统，并为通风管网和管道布设提供三维建模，还可通过拖动屏幕上任何视图中的设计元素来修改模型。还可在剖面图和正视图中完成建模过程。在任何位置做出修改时，所有的模型视图及图纸都能自动协调变更，因此能够提供更为准确一致的设计及文档。

（6）风道及管道尺寸确定／压力计算

借助 Autodesk RevitmEP 软件中内置的计算器，工程设计人员可根据工业标准和规

范 [包括美国采暖、制冷和空调工程师协会（ASHRAE）提供的管件损失数据库] 进行尺寸确定和压力损失计算。系统定尺寸工具可即时更新风道及管道构件的尺寸和设计参数，无须交换文件或第三方应用软件。使用风道和管道定尺寸工具在设计图中为管网和管道系统选定一种动态的定尺寸方法，包括适用于确定风道尺寸的摩擦法、速度法、静压复得法和等摩擦法，以及适用于确定管道尺寸的速度法或摩擦法。

（7）HVAC 和电力系统设计

借助房间着色平面图可直观地沟通设计意图。通过色彩方案，团队成员无须再花时间解读复杂的电子表格，也无需用彩笔在打印设计图上标画。对着色平面图进行的所有修改将自动更新到整个模型中。创建任意数量的示意图，并在项目周期内保持良好的一致性。管网和管道的三维模型可让用户创建 HVAC 系统，用户还并可通过色彩方案清晰显示出该系统中的设计气流、实际气流、机械区等重要内容，为电力负载、分地区照明等创建电子色彩方案。

（8）线管和电缆槽建模

RevitmEP 包含功能强大的布局工具，可让电力线槽、数据线槽和穿线管的建模工作更加轻松。借助真实环境下的穿线管和电缆槽组合布局，协调性更为出色，并能创建精确的建筑施工图。新的明细表类型可报告电缆槽和穿线管的布设总长度，以确定所需材料的用量。

（9）自动生成施工文档视图

自动生成可精确反映设计信息的平面图、横断面图、立面图、详图和明细表视图。通用数据库提供的同步模型视图令变更管理更趋一致、协调。所有电子、给排水及机械设计团队都受益于建筑信息模型所提供的更为准确、协调一致的建筑文档。

（10）Auto CAD 提供无与伦比的设计支持

全球有数百万经过专业培训的 Auto CAD 用户，因此用户可以更迅速地共享并完成机电管道项目。RevitmEP 为 Auto CAD 软件中的 DWG 文件格式提供无缝支持，让用户放心保存并共享文件。来自 Autodesk 的 DWG 技术提供了真实、精确、可靠的数据存储和共享方式。

4. Bentley

Bentley 的核心产品是 Micro Station 与 Project Wise。Micro Station 是 Bentley 的旗舰产品，主要用于全球基础设施的设计、建造与实施。Project Wise 是一组集成的协作服务器产品，它可以帮助 AEC 项目团队利用相关信息和工具，开展一体化的工作。Project Wise 能够提供可管理的环境，在该环境中，人们能够安全地共享、同步与保护信息。同时，Micro Station 和 Project Wise 是面向包含 Bentley 全面的软件应用产品组合的强大平台。企业使用这些产品，在全球重要的基础设施工程中执行关键任务。

（1）建筑业：面向建筑与设施的解决方案

Bentley 的建筑解决方案为全球的商业与公共建筑物的设计、建造与营运提供强大动力。Bentley 是全球领先的多行业集成的全信息模型（BIM）解决方案厂商，产品主要面向全球领先的建筑设计与建造企业。

Bentley 建筑产品使得项目参与者和业主运营商能够跨越不同行业与机构，一体化地开展工作。对所有专业人员来说，跨行业的专业应用软件可以同时工作并实现信息同步。在项目的每个阶段做出明智决策能够极大地节省时间与成本，提高工作质量，同时显著提升项目收益、增强竞争力。

（2）工厂：面向工业与加工工厂的解决方案

Bentley 为设计、建造、营运加工工厂提供工厂软件，包括发电厂、水处理工厂、矿厂以及石油、天然气与化学产品加工工厂。在该领域，所面临的挑战是如何使工程、采购与建造承包商（EPC）与业主运营商及其他单位实现一体化协同工作。

Bentley 的 Digital Plant 解决方案能够满足工厂的一系列生命周期需求，从概念设计到详细的工程、分析、建造、营运、维护等方面一应俱全。Digital Plant 产品包括多种包含在 Plant Space 之中的工厂设计应用软件，以及基于 Micro Station 和 Auto CAD 的 Auto Plant 产品。

（3）地理信息：面向通信、政府与公共设施的解决方案

Bentley 的地理信息产品主要面向全球公共设施、政府机构、通信供应商、地图测绘机构与咨询工程公司。他们利用这些产品对基础设施开展地理方面的规划、绘制、设计与营运。在服务器级别，Bentley 地理信息产品结合了规划与设计数据库。这种统一的方法能够有效简化和统一原来存在于分散的地理信息系统（GIS）与工程环境中的零散的工作流程，企业能够从有效的地理信息管理获益匪浅。

（4）公共设施：面向公路、铁路与场地工程基础设施的解决方案

Bentley 公共设施工程产品在全球范围内被广泛地用于道路、桥梁、场地工程开发、中转与铁路、城市设计与规划、机场与港口及给排水工程。GDL 语言能独立地对模型内各构件的二维信息进行描述，将二维信息转换成三维数据模型，并能在生成的二维图纸上使用平面符号标志出相应的构件位置。Bentley 有多种建模方式，能够满足设计人员对各种建模方式的要求。Bentley 软件是一款基于 Micro Station 图形平台进行三维模型构建的软件。基于 Micro Station 图形平台 Bentley 软件可以进行实体、网格面、B-Spline 曲线曲面、特征参数化、拓扑等多种建模方式。另外，软件还带有两款非常实用的建模插件：Parametric Cell Studio 与 Generative Components。在建模插件的辅助下，软件可以使设计人员完成任意自由曲面和不规则几何造型的设计。在软件建模过程中，凭借软件参数化的设计理念，可以控制几何图形进行任意形态的变化。软件可以通过控制组成空间实体模型的几何元素的空间参数，对三维实体模型进行适当的拓展变形。

设计人员通过 Bentley 软件对模型进行拓展，从产生的多种多样的形体变化中可以找到设计的灵感和思路。

Bentley 系统软件的建模工作需与多种第三方软件进行配合，因此建模过程中设计人员会接触到多种操作界面，使其可操作性受到影响。Bentley 软件有多种建模方式，但是不同的建模方式构建出的功能模型有着各不相同的特征行为。设计人员要完全掌握这些建模方式需要花费相当的人力与时间。软件的互用性较差，很多功能性操作只能在

不同的功能系统中单独应用，对协同设计工作的完成会有一定的影响。

5. Graphisoft / Nemetschek AG-ArchiCAD 软件

20世纪80年代初，Graphisoft公司开发了ArchiCAD软件，2007年Graphisoft公司被Nemetschek公司收购以后，新发布了11.0版本的ArchiCAD软件，该软件可以在目前广泛应用的Windows操作平台上操作，也可以在Mac操作平台上应用，适用性较强。ArchiCAD软件是基于GDL（Geometric Description Language）语言的三维仿真软件。ArchiCAD软件含有多种三维设计工具，可以为各专业设计人员提供技术支持。同时软件还有丰富的参数化图库部件，可以完成多种构件的绘制。GDL是1982年开发出的一种参数化程序设计语言。作为驱动ArchiCAD软件进行智能化参数设计的基础，GDL的出现使得ArchiCAD进行信息化构件设计成为可能。与BASIC相似，GDL是参数化程序设计语言，它是运用程序绘制门窗、小型的组件，必须单独进行处理，从而使设计工作变得更加烦琐。

ArchiCAD还包含了供用户广泛使用的对象库（object libraries）。ArchiCAD作为最早开发的基于BIM技术的软件，在众多软件中具有较多优势，同时随着相关专业技术的发展，其发展潜力逐渐得到开发。ArchiCAD软件的主要特点如下。

（1）运行速度快

ArchiCAD在性能和速度方面拥有较大优势，这就决定了用户可以在设计大体量模型的同时将模型做得非常详细，真正起到补助设计和施工的作用。对硬件配置的要求远远低于其他BIM软件，普通用户不需要花费大量资金进行硬件升级，即可快速开展BIM工作。

（2）施工图方面优势明显

使用ArchiCAD建立的三维立体模型本身就是一个中央数据库，模型内所有构件的设计信息都储存在这个数据库中，施工所需的任意平面图、剖面图和详图等图纸都可以在这个数据库的基础上进行生成。软件中模型的所有视图之间存在逻辑关联，只要在任意视图里对图纸进行修改，修改信息会自动同步到所有的视图中，避免了平面设计软件容易出现的平面图与剖面、立面图纸内容不对应的情况。

（3）可实现专业间协同设计

ArchiCAD具有非常良好的兼容性，能够实现数据在各设计方之间的准确交换和共享。软件可以对已有的二维设计图纸中的设计内容进行转换，通过软件内置的DWG转换器，将二维图纸中的设计内容完美地转换成三维实体。软件不仅可以进行建筑模型的创建，还能为给排水、暖通、电力等设备专业提供管道系统的绘制工具。利用ArchiCAD软件中的MEP插件，各配套设备专业的设计人员可以在建筑模型基础上对本专业的管道系统进行建模设计。软件还可以在可视化的条件下对管道系统进行碰撞检验，查找管线综合布设问题，优化管线系统的布设。然而，ArchiCAD软件也有不小的局限性，造成这种局限性的最主要原因是软件采用的全局更新参数规则（parametric rules）。ArchiCAD软件采用的是内存记忆系统，当软件对大型项目进行处理时，系统就会遇到缩放问题，使软件的运行速率受到极大影响。要解决这个问题，必须将项目整个设计管理工作分割成众多设计等多个方面。软件依靠其强大的建模功能能够完成建筑模型的绘制、机电和设备的布设以及多种不规则设计。

6. CATIA

CATIA 是英文 Computer Aided Tri-dimensional Interface Application 的缩写，是法国 Dassault Systemes 公司的 CAD／CAM／CAE／PDM 一体化软件。

CATIA 具有以下特点。

① CATIA 采用特征造型和参数化造型技术，允许自动指定或由用户指定参数化设计、几何或功能化约束的变量式设计。根据其提供的 3D 框架，用户可以精确地建立、修改与分析 3D 几何模型。

②具有超强的曲面造型功能，其曲面造型功能包含了高级曲面设计和自由外形设计，用于处理复杂的曲线和曲面定义，并有许多自动化功能，包括分析工具，加速了曲面设计过程。

③提供的装配设计模块可以建立并管理基于三维的零件和约束的机械装配件，自动地对零件间的连接进行定义，便于对运动机构进行早期分析，大大加速了装配件的设计，后续应用则可利用此模型进行进一步的设计、分析和制造，能与产品生命周期管理（Product Lifecyclemanagement，PLM）相关软件进行集成。

（二）BIM 模拟类软件

模拟类软件即为可视化软件，有了 BIM 模型以后，对可视化软件的使用至少有如下好处：可视化建模的工作量减少了；模型的精度和与设计（实物）的吻合度提高了；可以在项目的不同阶段以及各种变化情况下快速产生可视化效果。常用的可视化软件包括 3dsmax、Artlantis、AccuRender 和 Lightscape 等。

建筑设计的可视化通常需要根据平面图、小型的物理模型、艺术家的素描或水彩画展开丰富的想象。观众理解二维图纸的能力、呆板的媒介、制作模型的成本或艺术家渲染画作的成本，都会影响这些可视化方式的效果。CAD 和三维建模技术的出现实现了基于计算机的可视化，弥补了上述传统可视化方式的不足。带阴影的三维视图、照片级真实感的渲染图、动画漫游，这些设计可视化方式可以非常有效地表现三维设计，目前已广泛用于探索、验证和表现建筑设计理念。这就是当前可视化的特点：可与美术作品相媲美的渲染图，与影片效果不相上下的漫游和飞行。对于商业项目（甚至高端的住宅项目），这些都是常用的可视化手法——扩展设计方案的视觉环境，以便进行更有效的验证和沟通。如果设计人员已经使用了 BIM 解决方案来设计建筑，那么最有效的可视化工作流就是重复利用这些数据，省却在可视化应用中重新创建模型的时间和成本。此外，同时保留冗余模型（建筑设计模型和可视化模型）也浪费时间和成本，增加了出错的概率。

建筑信息模型的可视化 BIM 生成的建筑模型在精确度和详细程度上令人惊叹。因此人们自然而然地会期望将这些模型用于高级的可视化，如耸立在现有建筑群中的城市建筑项目的渲染图，精确显示新灯架设计在全天及四季对室内光线影响的光照分析等。Revit 平台中包含一个内部渲染器，用于快速实现可视化。

要制作更高质量的图片，Revit 平台用户可以先将建筑信息模型导入三维 DWG 格式文件中，然后传输到 3dsmax。由于无须再制作建筑模型，用户可以抽出更多时间来提高效果图的真实感。比如，用户可以仔细调整材质、纹理、灯光，添加家具和配件、周围的建筑和景观，甚至可以添加栩栩如生的三维人物和车辆。

1. 3dsmax

3dsmax 是 Autodesk 公司开发的基于专业建模、动画和图像制作的软件，它提供了强大的基于 Windows 平台的实时三维建模、渲染和动画设计等功能，被广泛应用于建筑设计、广告、影视、动画、工业设计、游戏设计、多媒体制作、辅助教学以及工程可视化等领域。在建筑表现和游戏模型制作方面，3dsmax 更是占有绝对优势，目前大部分的建筑效果图、建筑动画以及游戏场景都是由 3dsmax 这一功能强大的软件完成的。

3dsmax 从最初的 1.0 版本开始发展到今天，经过了多次的改进，目前在诸多领域得到了广泛应用，深受用户的喜爱。它开创了基于 Windows 操作系统的面向对象操作技术，具有直观、友好、方便的交互式界面，而且能够自由灵活地操作对象，成为 3D 图形制作领域中的首选软件。

3dsmax 的操作界面与 Windows 的界面风格一样，使广大用户可以快速熟悉和掌握软件功能的操作。在实际操作中，用户还可以根据自己的习惯设计个人喜欢的用户界面，以方便工作需要。

无论是建筑设计中的高楼大厦还是科幻电影中的人物角色设计，都是通过三维制作软件 3dsmax 来完成的；从简单的棱柱形几何体到最复杂的形状，3dsmax 通过复制、镜像和阵列等操作，可以加快设计速度，从单个模型生成无数个设计变化模型。

灯光在创建三维场景中是非常重要的，主要用来模拟太阳、照明灯和环境等光源，从而营造出环境氛围。3dsmax 提供两种类型的灯光系统：标准灯光和光学度灯光。当场景中没有灯光时，使用的是系统默认的照明着色或渲染场景，用户可以添加灯光使场景更加逼真，照明增强了场景的清晰度和三维效果。

2. Lightscape

Lightscape 是一种先进的光照模拟和可视化设计系统，用于对三维模型进行精确的光照模拟和灵活方便的可视化设计。Lightscape 是世界上唯一同时拥有光影跟踪技术、光能传递技术和全息技术的渲染软件，它能精确模拟漫反射光线在环境中的传递，获得直接和间接的漫反射光线，使用者不需要积累丰富的实际经验就能得到真实自然的设计效果。Ughtscape 可轻松使用一系列交互工具进行光能传递处理、光影跟踪和结果处理。Lightscape3.2 是 Lightscape 公司被 Autodesk 公司收购之后推出的第一个更新版本。

3. Artlantis

Artlantis 是法国 Abvent 公司的重量级渲染引擎，也是 SketchUp 的一个天然渲染伴侣，它是用于建筑室内和室外场景的专业渲染软件，其超凡的渲染速度与质量，无比友好和简洁的用户界面令人耳目一新，被誉为建筑绘图场景、建筑效果图画和多媒体制作领域的一场革命，其渲染速度极快，Artlantis 与 SketchUp、3dsmax、ArchiCAD 等建筑建模软件可以无缝链接，渲染后所有的绘图与动画影像呈现让人印象深刻。

Artlantis 中许多高级的专有功能为任意的三维空间工程提供真实的硬件和灯光现实仿真技术。对于许多主流的建筑 CAD 软件，如 ArchiCAD、Vectorworks、SketchUp、AutoCAD、Arc+ 等，Artlantis 可以很好地支持输入通用的 CAD 文件格式：dxf、dwg、3ds 等。

Artlantis 家族共包括两个版本。Artlantis R，非常独特、完美地用计算渲染的方法表现现实的场景。另一个新的特性就是使用简单的拖拽就能把 3D 对象和植被直接放在预演窗口（preview window）中，来快速地模拟真实的环境。Artlantis Studio（高级版），具备完美、专业的图像、动画、QuickTime VR 虚拟物体等功能，并采用了全新的 FastRadiosity（快速辐射）引擎，企业版提供了场景动画、对象动画，及许多使相机平移、视点、目标点的操作更简单、更直觉的新功能。

三维空间理念的诞生造就了 Artlantis 渲染软件的成功，拥有 80 多个国家超过65000 之多的用户群。虽然在国内，还没有更多的人接触它、使用它，但是其操作理念、超凡的速度及相当好的质量证明它是一个难得的渲染软件，其优点包括以下几点。

（1）只需点击

Artlantis 综合了先进和有效的功能来模拟真实的灯光，并且可以直接与其他的 CAD类软件互相导入导出（例如 ArchiCAD、Vectorworks、SketchUp、AutoCAD、Arc++ 等），支持的导入格式包括 dxf、dwg、3ds 等。

Artlantis 渲染器的成功来源于 Artlantis 友好简洁的界面和工作流程，还有高质量的渲染效果和难以置信的计算速度。可以直接通过目录拖放，为任何物体、表面和 3D 场景的任何细节指定材质。Artlantis 的另一个特点就是自带有大量的附加材质库，并可以随时扩展。

Artlantis 自带的功能，可以虚拟现实中的灯光。Artlantis 能够表现所有光线类型的光源（点光源、灯泡、阳光等）和空气的光效果（大气散射、光线追踪、扰动、散射、光斑等）。

（2）物件

Artlantis 的物件管理器极为优秀，使用者可以轻松地控制整个场景。无论是植被、人物、家具，还是一些小装饰物，都可以在 2D 或 3D 视图中清楚地被识别，从而方便地进行操作。甚至使用者可以将物件与场景中的参数联系起来，例如树木的枝叶可以随场景的时间调节而变化，更加生动、方便地表现渲染场景。

（3）透视图和投影图

每个投影图和 3D 视图都可以被独立存储于用户自定义的列表中，当需要时可以从列表中再次打开其中保存的参数（例如物体位置、相机位置、光源、日期与时间、前景背景等）。Artlantis 的批处理渲染功能，只需要点击一次鼠标，就可以同时计算所有视图。

Artlantis 的本质就是创造性和效率，因而其显示速度、空间布置和先进的计算性都异常优秀。Artlantis 可以用难以置信的方式快速管理数据量巨大的场景，交互式的投影图功能使得 Artlantis 使用者可以轻松地控制物件在 3D 空间的位置。

（4）技术

通过对先进技术的大量运用（例如多处理器管理、OpenGL 导航等），Artlantis 带来了图像渲染领域革命性的概念与应用。一直以界面友好著称的 Artlantis 渲染器，在之前成功版本的基础上，通过整合创新的科技发明，必会成为图形图像设计师的最佳伙伴。

（三）BIM 分析类软件

1. BIM 可持续（绿色）分析软件

可持续或者绿色分析软件可以使用 BIM 模型的信息对项目进行日照、风环境、热工、景观可视度、噪声等方面的分析，主要软件有国外的 Ecotect、IES、Green Building Studio 以及国内的 PKPM 等。

PKPM 是中国建筑科学研究院建筑工程软件研究所研发的工程管理软件。中国建筑科学研究院建筑工程软件研究所是我国建筑行业计算机技术开发应用的最早单位之一。它以国家级行业研发中心、规范主编单位、工程质检中心为依托，技术力量雄厚。软件所的主要研发领域集中在建筑设计 CAD 软件、绿色建筑和节能设计软件、工程造价分析软件、施工技术和施工项目管理系统、图形支撑平台、企业和项目信息化管理系统等方面，并创造了 PKPM、ABD 等全国知名的软件品牌。

PKPM 没有明确的中文名称，一般就直接读 PKPM 的英文字母。最早这个软件只有两个模块——PK（排架框架设计）、PMCAD（平面补助设计），因此合称 PKPM。现在这两个模块依然还在，功能大大加强，更加入了大量功能更强大的模块。

PKPM 是一个系列，除了集建筑、结构、设备（给排水、采暖、通风空调、电气）设计于一体的集成化 CAD 系统以外，目前 PKPM 还有建筑概预算系列软件（钢筋计算、工程量计算、工程计价）、施工系列软件（投标系列、安全计算系列、施工技术系列）、施工企业信息化软件（目前全国很多特级资质的企业都在用 PKPM 的信息化系统）。

PKPM 在国内设计行业占有绝对优势，拥有用户上万家，市场占有率达 90% 以上，现已成为国内应用最为普遍的 CAD 系统。它紧跟行业需求和规范更新，不断推陈出新开发出对行业产生巨大影响的软件产品，使国产自主知识产权的软件十几年来一直占据我国结构设计行业应用和技术的主导地位。及时满足了我国建筑行业快速发展的需要，显著提高了设计效率和质量，为实现住建部提出的"甩图板"目标做出了重要贡献。

PKPM 系统在提供专业软件的同时，提供二维、三维图形平台的支持，从而使全部软件具有自主知识版权，为用户节省购买国外图形平台的巨大开销。跟踪 Auto CAD 等国外图形软件先进技术，并利用 PKPM 广泛的用户群实际应用，在专业软件发展的同时，带动了图形平台的发展，成为国内为数不多的成熟图形平台之一。

软件所在立足国内市场的同时，积极开拓海外市场。目前已开发出英国规范、美国规范版本，并进入了新加坡、马来西亚、韩国、越南等国家和中国的香港、台湾地区市场，使 PKPM 软件成为国际化产品，提高了国产软件在国际竞争中的地位和竞争力。

现在，PKPM 已经成为面向建筑工程全生命周期的集建筑、结构、设备、节能、概预算、施工技术、施工管理、企业信息化于一体的大型建筑工程软件系统，以其全方位发展的技术领域确立了在业界独一无二的领先地位。

2. BIM 机电分析软件

水暖电等设备和电气分析软件国内产品有鸿业、博超等，国外产品有 Designmaster、IES Virtual Environment、Trane Trace 等。

以博超为例，对其下属的大型电力电气工程设计软件 EAP 进行简单介绍。

（1）统一配置

采用网络数据库后，配置信息不再独立于每台计算机。所有用户在设计过程中都使用网络服务器上的配置，保证了全院标准的统一。配置有专门权限的人员进行维护，保证了配置的唯一性、规范性，同时实现了一人扩充，全院共享。

（2）主接线设计

软件提供了丰富的主接线典型设计库，可以直接检索、预览、调用通用主接线方案，并且提供了开放的图库扩充接口，用户可自由扩充常用的主接线方案。可以按照电压等级灵活组合主接线典型方案，回路、元件混合编辑，完全模糊操作，无须精确定位，插入、删除、替换回路完全自动处理，自动进行设备标注，自动生成设备表。

（3）中低压供配电系统设计

典型方案调用将常用系统方案及个人积累的典型设计管理起来，随手可查，动态预览、直接调用。提供上千种定型配电柜方案，系统图表达方式灵活多样，可适应不同单位的个性化需求。自由定义功能以模型化方式自动生成任意配电系统，彻底解决了绘制非标准配电系统的难题。能够识别用户以前绘制的老图，无论是用 CAD 绘制还是其他软件绘制，都可用博超软件方便的编辑功能进行修改。对已绘制的图纸可以直接进行柜子和回路间的插入、替换、删除操作，可以套用不同的表格样式，原有的表格内容可以自动填写在新表格中。

低压配电设计系统根据回路负荷自动整定配电元件及线路、保护管规格，并进行短路、压降及电机启动校验。设计结果不但满足系统正常运行，而且满足上下级保护元件配合，保证最大短路可靠分断、最小短路分断灵敏度，保证电机启动母线电压水平和电机端电压和启动能力，并自动填写设计结果。

（4）成组电机启动压降计算

用户可自由设定系统接线形式，包括系统容量变压器型号容量、线路规格等，可以灵活设定电动机的台数及每台电动机的型号参数，包括电动机回路的线路长度及电抗器定，软件自动按照阻抗导纳法计算每台电动机的端电压压降及母线的压降。

（5）高中压短路电流计算

软件可以模拟实际系统合跳闸及电源设备状态计算单台至多台变压器独立或并联运行等各种运行方式下的短路电流，自动生成详细的计算书和阻抗图。可以采用自由组合的方式绘制系统接线图，任意设定各项设备参数，软件根据用户自由绘制的系统进行计算，自动计算任意短路点的三相短路、单相短路、两相短路及两相对地等短路电流，自动计算水轮、汽轮及柴油发电机、同步电动机、异步电动机的反馈电流，可以任意设定短路时间，自动生成正序、负序、零序阻抗图及短路电流计算结果表。

（6）高压短路电流计算及设备选型校验

根据短路计算结果进行高压设备选型校验，可完成各类高压设备的自动选型，并对选型结果进行分断能力、动热稳定等校验。选型结果可生成计算书及 CAD 格式的选型结果表。

（7）导线张力弧垂计算

可以从图面上框选导线自动提取计算条件进行计算，也可以根据设定的导线和现场参数进行拉力计算。可以进行带跳线、带多根引下线、组合或分裂导线在各种工况下的导线力学计算。计算结果能够以安装曲线图、安装曲线表和 Word 格式计算书三种形式输出。

（8）配电室、控制室设计

由系统自动生成配电室开关柜布置图，根据开关柜类型自动确定柜体及埋件形式，可以灵活设定开关柜的编号及布置形式，包括单、双列布置及柜间通道设置，同步绘制柜下沟、柜后沟及沟间开洞和尺寸标注。由变压器规格自动确定变压器尺寸及外形，可生成变压器平面、立面、侧面图。参数化绘制电缆沟、桥架平面布置及断面布置，可以自动处理接头、拐角、三通、四通。平面自动生成断面，直接查看三维效果，并且可以直接在三维模式下任意编辑。

（9）全套弱电及综合布线系统设计

能够进行综合布线、火灾自动报警及消防联动系统、通信及信息网络系统、建筑设备监控系统、安全防范系统、住宅小区智能化等所有弱电系统的设计。

（10）二次设计

自动化绘制电气控制原理图并标注设备代号和端子号，自动分配和标注节点编号。从原理图自动生成端子排接线、材料表和控制电缆清册。可手动设定、生成端子排，也可以识别任意厂家绘制的端子排或旧图中已有的端子排，并且能够使用软件的编辑功能自由编辑。能够对端子排进行正确性校验，包括电缆的进出线位置、编号、芯数规格及来去向等，对出现的错误除列表显示详细错误原因外还可以自动定位并高亮显示，方便查找修改。绘制盘面、盘内布置图，绘制标字框、光字牌及代号说明，参数化绘制转换开关闭合表，自动绘制 KKS 编号对照表。提供电压控制法与阶梯法蓄电池容量计算。可以完成 6 ~ 10kV 及 35kV 以上继电保护计算，可以自由编辑计算公式，可以满足任意厂家继电设备的整定计算。

（11）照度计算

提供利用系数法和逐点法两种算法。利用系数法可自动按照屋顶和墙面的材质确定反射率，自动按照照度标准确定灯具数量。逐点法可计算任意位置的照度值，可以计算水平面和任意垂直面照度、功率密度与工作区均匀度，并且可以按照计算结果准确模拟房间的明暗效果。

软件包含了最新规范要求，可以在线查询最新规范内容，并且能够自动计算并校验功率密度、工作区均匀度和眩光，包括混光灯在内的各种灯具的照度计算。软件内置了照明设计手册中所有的灯具参数，并且提供了雷士、飞利浦等常用厂家灯具参数库。灯具库完全开放，可以根据厂家样本直接扩充灯具参数。

（12）平面设计

智能化平面专家设计体系用于动力、照明、弱电平面的设计，具有自由、靠墙、动态、矩阵、穿墙、弧形、环形、沿线、房间复制等多种设备放置方式。动态可视化设备布置功能使用户在设计时同步看到灯具的布置过程和效果。对已绘制的设备可以直接进行替换、移动、镜像以及设备上的导线联动修改。设备布置时可记忆默认参数，布置完成后可直接统计，无须另外赋值。提供全套新国标图库及新国标符号解决方案，完全符合新国标。自动及模糊接线使线路布置变得极为简单，并可直接绘制各种专业线型。提供开关和灯具自动接线工具，绘制中交叉导线可自动打断，打断的导线可以还原。据设计经验和本人习惯自动完成设备及线路选型，进行相应标注，可以自由设定各种标注样式。提供详细的初始设定工具，所有细节均可自由设定。自动生成单张或多张图纸的材料表。

按设计者意图和习惯分配照明箱和照明回路，自动进行照明系统负荷计算，并生成照明系统图。系统图形式可任意设定。按照规范检验回路设备数量、检验相序分配和负荷平衡，以闪烁方式验证调整照明箱、线路及设备连接状态，保证照明系统的合理性。平面与系统互动调整，构成完善的智能化平面设计体系。

（四）BIM 结构分析软件

结构分析软件是目前和 BIM 核心建模软件集成度比较高的产品，基本上两者之间可以实现双向信息交换，即结构分析软件可以使用 BIM 核心建模软件的信息进行结构分析，分析结果对结构的调整又可以反馈到 BIM 核心建模软件中去，自动更新 BIM 模型。ETABS、STAAD、Robot 等国外软件以及 PKPM 等国内软件都可以跟 BIM 核心建模软件配合使用。

1. ETABS

ETABS 是由美国 CSI 公司开发研制的房屋建筑结构分析与设计软件，ETABS 涵括美国、中国、英国、加拿大、新西兰以及其他国家和地区的最新结构规范，可以完成绝大部分国家和地区的结构工程设计工作。除了 ETABS，他们还正在共同开发和推广 SAP2000（通用有限元分析软件）、SAFE（基础和楼板设计软件）等业界公认的技术领先软件的中英文版本，并进行相应的规范贯入工作。此举将为中国的工程设计人员提供优质服务，提高我国的工程设计整体水平，同时也引入国外的设计规范供我国的设计和科研人员使用和参考研究，在工程设计领域逐步与发达国家接轨，具有战略性的意义。

目前，ETABS 已经发展成为一个完善且易于使用的面向对象的分析、设计、优化、制图和加工数字环境、建筑结构分析与设计的集成化环境：具有直观、强大的图形界面功能.以及一流的建模、分析和设计功能。

ETABS 采用独特的图形操作界面系统（GUI），利用面向对象的操作方法来建模，编辑方式与 AutoCAD 类似，可以方便地建立各种复杂的结构模型，同时辅以大量的工程模板，大大提高了用户建模的效率，并且可以导入导出包括 AutoCAD 在内的常用格式的数据文件，极大地方便了用户的使用。当更新模型时，结构的一部分变化导致另一部分的影响都是同时和自动的。在 ETABS 集成环境中，所有的工作都源自一个集成数据库进行操作。基本的概念是用户只需创建一个包括垂直及水平的结构系统，就可以进行分析和设计整个建筑物。通过先进的有限元模型和自定义标准规范接口技术来进行结构分析与设计，实现了精确的计算分析过程和用户可自定义的（选择不同国家和地区）设计规范来进行结构设计工作。除了能够快速而方便地应付简单结构，ETABS 也能很好地处理包括各种非线性行为特性的巨大且极其复杂的建筑结构模型，因此成为建筑行业里结构工程师的首选工具。ETABS 允许基于对象模型的钢结构和混凝土结构系统建模和设计，复杂楼板和墙的自动有限单元网格划分，在墙和楼板之间节点不匹配的网格进行自动位移插值，外加 Ritz 法进行动力分析，包含膜的弹性效应在分析中很有效。

ETABS 集成了荷载计算、静动力分析、线性和非线性计算等所有计算分析为一体，容纳了最新的静力、动力、线性和非线性分析技术，计算快捷，分析结果合理可靠，其权威性和可靠性得到了国际上业界的一致肯定。ETABS 除一般高层结构计算功能外，还可计算钢结构、钩、顶、弹簧、结构阻尼运动、斜板、变截面梁或腋梁等特殊构件和结构非线性计算（Pushover、Buckling、施工顺序加载等），甚至可以计算结构基础隔震问题，功能非常强大。

（1）ETABS 的分析功能

ETABS 的分析计算功能十分强大，这是国际上业界的公认事实，可以这样讲，ETABS 是高层建筑分析计算的标尺性程序。它囊括几乎所有结构工程领域内的最新结构分析功能，二十多年的发展，使得 ETABS 积累了丰富的结构计算分析经验，从静力、动力计算，到线性、非线性分析，从 P-Delta 效应到施工顺序加载，从结构阻尼器到基础隔震，都能运用自如，为工程师提供经过大量的结构工程检验的最可靠的分析计算结果。

ETABS 包含了强大的塑性分析功能，既能满足结构弹性分析的功能，也能满足塑性分析的需求，如材料非线性、大变形、FNA（Fast Nonlinear Analysis）方法等选项。在 Pushover 分析中包含 FEMA273、ATC-40 规范、塑性单元进行非线性分析。更高级的计算方法包括非线性阻尼、推倒分析、基础隔震、施工分阶段加载、结构撞击和抬举、侧向位移和垂直动力的能量算法、容许垂直楼板震动问题等。

（2）ETABS 的设计功能

ETABS 采用完全交互式图形方式进行结构设计，可以同时设计钢筋混凝土结构、钢结构和混合结构，运用多种国际结构设计规范，使得 ETABS 的结构设计功能更加强大和有效，同时可以进行多个国家和地区的设计规范设计结果的对比。

针对结构设计中烦琐的反复修改截面、计算、验算过程，ETABS 采用结构优化设计理论可以对结构进行优化设计，针对实际结构只需确定预选截面组和迭代规则，就可以进行自动计算选择截面、校核、修改的优化设计。同时，ETABS 内置了 Section Designer 截面设计工具，可以对任意截面确定截面特性。ETABS 适用于任何结构工程任务的一站式解决方案。

2. STAAD.Pro

STAAD.Pro 是结构工程专业人员的最佳选择，可通过其灵活的建模环境、高级的功能和流畅的数据协同进行涵洞、石化工厂、隧道、桥梁、桥墩等几乎任何设施的钢结构、混凝土结构、木结构、铝结构和冷弯型钢结构设计。

STAAD.Pro 助力结构工程师可通过其灵活的建模环境、高级的功能及流畅的数据协同分析设计几乎所有类型的结构。灵活的建模通过一流的图形环境来实现，并支持 7 种语言及 70 多种国际设计规范和 20 多种美国设计规范。包括一系列先进的结构分析和设计功能，如符合 10CFR Part 50、10CFR21、ASMENQA–1–2000 标准的核工业认证、时间历史推覆分析和电缆（线性和非线性）分析。通过流畅的数据协同来维护和简化目前的工作流程，从而实现效率提升。

使用 STAAD.Pro 为大量结构设计项目和全球市场提供服务，可扩大客户群，从而实现业务增长。

STAAD ／ CHINA 主要具有以下功能。

（1）强大的三维图形建模与可视化前后处理功能。STAAD.Pro 本身具有强大的三维建模系统及丰富的结构模板，用户可方便快捷地直接建立各种复杂三维模型。用户亦可通过导入其他软件（例如 AutoCAD）生成的标准 DXF 文件在 STAAD 中生成模型。对各种异形空间曲线、二次曲面，用户可借助 Excel 电子表格生成模型数据后直接导入到 STAAD 中建模。最新版本 STAAD 允许用户通过 STAAD 的数据接口运行用户自编宏建模。用户可用各种方式编辑 STAAD 的核心的 STD 文件（纯文本文件）建模。用户可在设计的任何阶段对模型的部分或整体进行任意的移动、旋转、复制、镜像、阵列等操作。

（2）超强的有限元分析能力，可对钢、木、铝、混凝土等各种材料构成的框架、塔架、桁架、网架（壳）、悬索等各类结构进行线性、非线性静力、反应谱及时程反应分析。

（3）国际化的通用结构设计软件，程序中内置了世界 20 多个国家的标准型钢库供用户直接选用，也可由用户自定义截面库，并可按照美国、日本、欧洲各国等国家和地区的结构设计规范进行设计。

（4）普通钢结构连接节点的设计与优化。

（5）完善的工程文档管理系统。

（6）结构荷载向导自动生成风荷载、地震作用和吊车荷载。

（7）方便灵活的自动荷载组合功能。

（8）增强的普通钢结构构件设计优化。

（9）组合梁设计模块。

（10）带夹层与吊车的门式刚架建模、设计与绘图。

（11）可与 Xsteel 和 StruCAD 等国际通用的详图绘制软件数据接口、与 CIS ／ 2、

Intergraph PDS 等三维工厂设计软件有接口。

四、部分软件简介

（一）DP（Digital Project）

DP 是盖里科技公司（Gehry Technologies）基于 CATIA 开发的一款针对建筑设计的 BIM 软件，目前已被世界上很多顶级的建筑师和工程师所采用，进行一些最复杂，最有创造性的设计，优点就是十分精确，功能十分强大（抑或是当前最强大的建筑设计建模软件），缺点是操作起来比较困难。

（二）Revit

AutoDesk 公司开发的 BIM 软件，针对特定专业的建筑设计和文档系统，支持所有阶段的设计和施工图纸。从概念性研究到最详细的施工图纸和明细表。Revit 平台的核心是 Revit 参数化更改引擎，它可以自动协调在任何位置（例如在模型视图或图纸、明细表、剖面、平面图中）所做的更改。这也是在我国普及最广的 BIM 软件，实践证明，它能够明显提高设效率。优点是普及性强，操作相对简单。

（三）Grasshopper

基于 Rhion 平台的可视化参数设计软件，适合对编程毫无基础的设计师，它将常用的运脚本打包成 300 多个运算器，通过运算器之间的逻辑关联进行逻辑运算，并且在 Rhino 的平台中即时可见，有利于设计中的调整。优点是方便上手，可视操作。缺点是运算器有限，会有一定限制（对于大多数的设计足够）。

（四）Rhino Script

Rhino Script 是架构在 VB（VisualBasic）语言之上的 Rhino 专属程序语言，大致上又可分为 Marco 与 Script 两大部分，Rhino Script 所使用的 VB 语言的语法基本上算是简单的，已经非常接近日常的口语。优点是灵活，无限制。缺点是相对复杂，要有编程基础和计算机语言思维方式。

（五）Processing

也是代码编程设计，但与 Rhino Script 不同的是，Processing 是一种具有革命前瞻性的新兴计算机语言，它的概念是在电子艺术的环境下介绍程序语言，并将电子艺术的概念介绍给程序设计师。它是 Java 语言的延伸，并支持许多现有的 java 语言架构，不过在语法（syntax）上简易许多，并具有许多贴心及人性化的设计。Processing 可以在 Windows、MACOSX、MACOS9、Linux 等操作系统上使用。

（六）Navisworks

Navisworks 软件提供了用于分析、仿真和项目信息交流的先进工具。完备的四维仿真、动画和照片级效果图功能使用户能够展示设计意图并仿真施工流程，从而加深设理解并提高可预测性。实时漫游功能和审阅工具集能够提高项目团队之间的协作效率。Autodesk Navisworks 是 Autodesk 出品的一个建筑工程管理软件套装，使用 Navisworks 能够帮助建筑、工程设计和施工团队加强对项目成果的控制。Navisworks 解决方案使所有项目相关方都能够整合和审阅详细设计模型，帮助用户获得建筑信息模型工作流带来的竞争优势。

（七）iTWO

RIBi TWO（ConstructionProjectlife-cycle）建筑项目的生命周期，可以说是全球第一个数字与建筑模型系统整合的建筑管理软件，它的软件构架别具一格，在软件中集成了算量模块、进度管理模块、造价管理模块等，这就是传说中"超级软件"，与传统的建筑造价软件有质的区别，与我国的 BIM 理论体系比较吻合。

（八）广联达 BIM5D

广联达 BIM5D 以建筑 3D 信息模型为基础，把进度信息和造价信息纳入模型中，形成 5D 信息模型。该 5D 信息模型集成了进度、预算、资源、施工组织等关键信息，对施工过程进行模拟，及时为施工过程中的技术、生产、商务等环节提供准确的形象进度、物资消耗、过程计量、成本核算等核心数据，提升沟通和决策效率，帮助客户对施工过程进行数字化管理，从而达到节约时间和成本、提升项目管理效率的目的。

（九）Project Wise

ProjectWiseWorkGroup 可同时管理企业中同时进行的多个工程项目，项目参与者只要在相应的工程项目上，具备有效的用户名和口令，便可登录到该工程项目中根据预先定义的权限访问项目文档。Project Wise 可实现以下功能：将点对点的工作方式转换为"火锅式"的协同工作方式；实现基础设施的共享、审查和发布；针对企业对不同地区项目的管理提供分布式储存的功能；增量传输；提供树状的项目目录结构；文档的版本控制及编码和命名的规范；针对同一名称不同时间保存的图纸提供差异比较；工程数据信息查询；工程数据依附关系管理；解决项目数据变更管理的问题；红线批注；图纸审查；Project 附件 - 魔术笔的应用；提供 Web 方式的图纸浏览；通过移动设备进行校核（navigator）；批量生成 PDF 文件，交付业主。

（十）IES 分析软件

IES 是总部在英国的 IntegratedEnvironmentalSolutions 公司的缩写，IES<Virtual Environment>（简称 IES<VE>）是旗下建筑性能模拟和分析的软件。IES<VE> 用来在建筑前期对建筑的光照、太阳能，及温度效应进行模拟。其功能类似 Ecmect，可以与 Radi-ance 兼容对室内的照明效果进行可视化的模拟。缺点是，软件由英国公司开发，整合了很多英国规范，与中国规范不符。

（十一）Ecotect Analysis

Ecotect 提供自己的建模工具，分析结果可以根据几何形体得到即时反馈。这样，建筑师可以从非常简单的几何形体开始进行迭代性（iterative）分析，随着设计的深入，分析也逐渐越来越精确。Ecotect 和 RADIANCE、POVRay，VRML、EnergyPlus，HTB2 热分析软件均有导入导出接口。Ecotec 以其整体的易用性、适应不同设计深度的灵活性以及出色的可视化效果，已在中国的建筑设计领域得到了更广泛的应用。

（十二）Green Building Studio

Green Building Studio（GBS）是 Autodesk 公司的一款基于 Web 的建筑整体能耗、水资源和碳排放的分析工具。在登入其网站并创建基本项目信息后，用户可以用插件将 Revit 等 BIM 软件中的模型导出 gbXML 并上传到 GBS 的服务器上，计算结果将即时显示并可以进行导出和比较，在能耗模拟方，GBS 使用的是 DOE-2 计算引擎。由于采用了目前流行的云计算技术，GBS 具有强大的数据处理能力和效率。另外，其基于 Web 的特点也使信息共享和多方协作成为其先天优势。同时，其强大的文件格式转换器，可以成为 BIM 模型与专业的能量模拟软件之间的无障碍桥梁。

（十三）Energy Plus

Energy Plus 模拟建筑的供暖供冷、采光、通风以及能耗和水资源状况。它基于 BLAST 和 DOE-2 提供的一些最常用的分析计算功能，同时，也包括了很多独创模拟能力，例如模拟时间步长低于 1h，模组系统，多区域气流，热舒适度，水资源使用，自然通风以及光伏系统等。需要强调的是：Energy Plus 是一个没有图形界面的独立的模拟程序，所有的输入和输出都以文本文件的形式完成。

（十四）DeST

DeST 是 Designer's Simulation Toolkit 的缩写，意为设计师的模拟工具箱。DeST 是建筑环境及 HVAC 系统模拟的软件平台，该平台以清华大学建筑技术科学系环境与设备研究所十余年的科研成果为理论基础，将现代模拟技术和独特的模拟思想运用到建筑环境的模拟和 HVAC 系统的模拟中去，为建筑环境的相关研究和建筑环境的模拟预测、性能评估提供了方便实用可靠的软件工具，为建筑设计及 HVAC 系统的相关研究和系统的模拟预测、性能优化提供了一流的软件工具。目前 DeST 有 2 个版本，应用于住宅建筑的住宅版本（DeST-h）及应用于商业建筑的商建版本（DeST-c）。

（十五）鲁班

鲁班软件是国内领先的 BIM 软件厂商和解决方案供应商，从个人岗位级应用，到项目级应用及企业级应用，形成了一套完整的基于 BIM 技术的软件系统和解决方案，并且实现了与上下游的开放共享。

鲁班 BIM 解决方案，首先通过鲁班 BIM 建模软件高效、准确地创建 7D 结构化 BIM 模型，即 3D 实体、ID 时间、ID·BBS（投标工序）、ID·EDS（企业定额工序）、ID·WBS（进度工序）。创建完成的各专业 BIM 模型，进入基于互联网的鲁班 BIM 管理协同系统，形成 BIM 数据库。经过授权，可通过鲁班 BIM 各应用客户端实现模型、数据的按需共享，提高协同效率，轻松实现 BIM 从岗位级到项目级及企业级的应用。

鲁班 BIM 技术的特点和优势可以更快捷、更方便地帮助项目参与方进行协调管理，应用 BIM 技术的项目将收获巨大价值。具体实现可以分为创建、管理和应用协同共享三个阶段。

（十六）探索者

探索者有很多不同功能的软件，如结构工程 CAD 软件 TSSD、结构后处理软件 TSPT 以及探索者水工结构设计软件等，下面我们就结构工程 CAD 软件 TSSD 进行一个简单的介绍。

TSSD 的功能共分为四列菜单：平面、构件、计算、工具。

1. 平面

主要功能是画结构平面布置图，其中有梁、柱、墙、基础的平面布置，大型集成类工具板设计，与其他结构类软件图形的接口。平面布置图不但可以绘制，更可以方便地编辑修改。每种构件均配有复制、移动、修改、删除的功能。这些功能不是简单的 CAD 功能，而是再深入开发的专项功能。与其他结构类软件图形的接口主要有天正建筑（天正 7 以下的所有版本）、PKPM 系列施工图、广厦 CAD，转化完成的图形可以使用 TSSD 的所有工具再编辑。

2. 构件

主要功能是结构中常用构件的详图绘制，有梁、柱、墙、楼梯、雨篷阳台、承台、基础。只要输入几个参数，就可以轻松地完成各详图节点的绘制。

3. 计算

主要功能是结构中常用构件的边算边画，既可以对整个工程系统进行计算，也可以分别计算。可以计算的构件主要有板、梁、柱、基础、承台、楼梯等，这些计算均可以实现透明计算过程，生成 Word 计算书。

4. 工具

主要是结构绘图中常用的图面标注编辑工具，包括尺寸、文字、钢筋、表格、符号、比例变换、参照助手、图形比对等共 200 多个工具，囊括了所有在图中可能遇到的问题解决方案，可以大幅度提高工程师的绘图速度。

五、BIM 技术体系

在 BIM 产生和普及应用之前及其过程中，建筑行业已经使用了不同种类的数字化及相关技术和方法，包括 CAD、可视化、参数化、CAE、协同、BIM、IPD、VDC、精益建造、流程、互联网、移动通信、RFID 等，下面对 BIM 技术体系进行简要介绍。

（一）BIM 和 CAD

BIM 和 CAD 是两个天天要碰到的概念，因为目前工程建设行业的现状就是人人都在用着 CAD，人人都知道了还有一个新东西叫作 BIM，听到碰到的频率越来越高，而且用 BIM 的项目和人在慢慢多起来，这方面的资料也在慢慢多起来。

（二）BIM 和可视化

可视化是创造图像、图表或动画来进行信息沟通的各种技巧，自从人类产生以来，无论是沟通抽象的还是具体的想法,利用图画的可视化方法都已经成为一种有效的手段。

从这个意义上来说，实物的建筑模型、手绘效果图、照片、电脑效果图、电脑动画都属于可视化的范畴，符合"用图画沟通思想"的定义，但是二维施工图不是可视化，因为施工图本身只是一系列抽象符号的集合，是一种建筑业专业人士的"专业语言"，而不是一种"图画"，因此施工图属于"表达"范畴，也就是把一件事情的内容讲清楚，但不包括把一件事情讲的容易沟通。

当然，我们这里说的可视化是指电脑可视化，包括电脑动画和效果图等。有趣的是，大家约定成俗地对电脑可视化的定义与维基百科的定义完全一致，也和建筑业本身有史以来的定义不谋而合。

如果我们把 BIM 定义为建设项目所有几何、物理、功能信息的完整数字表达或者称之为建筑物的 DNA 的话，那么 2DCAD 平、立、剖面图纸可以比作是该项目的心电图、B 超和 X 光，而可视化就是这个项目特定角度的照片或者录像，即 2D 图纸和可视化都只是表达或表现了项目的部分信息，但不是完整信息。

在目前 CAD 和可视化作为建筑业主要数字化工具的时候，CAD 图纸是项目信息的抽象表达，可视化是对 CAD 图纸表达的项目部分信息的图画式表现，由于可视化需要根据 CAD 图纸重新建立三维可视化模型，因此时间和成本的增加以及错误的发生就成为这个过程的必然结果，更何况 CAD 图纸是在不断调整和变化的，这种情形下，要让可视化的模型和 CAD 图纸始终保持一致，成本会非常高，一般情形下，效果图看完也就算了，不会去更新保持和 CAD 图纸一致。这也就是为什么目前情况下项目建成的结果和可视化效果不一致的主要原因之一。

使用 BIM 以后这种情况就变过来了。首先，BIM 本身就是一种可视化程度比较高的工具，而可视化是在 BIM 基础上的更高程度的可视化表现。其次，由于 BIM 包含了项目的几何、物理和功能等完整信息，可视化可以直接从 BIM 模型中获取需要的几何、材料、光源、视角等信息，不需要重新建立可视化模型，可视化的工作资源可以集中到提高可视化效果上来，而且可视化模型可以随着 BIM 设计模型的改变而动态更新，保证可视化与设计的一致性。第三，由于 BIM 信息的完整性以及与各类分析计算模拟软件的集成，拓展了可视化的表现范围，例如 4D 模拟、突发事件的疏散模拟、日照分析模拟等。

（三）BIM 和参数化建模

BIM 是一个创建和管理建筑信息的过程，而这个信息是可以互用和重复使用的。BIM 系统应该有以下几个特点：

基于对象的；使用三维实体几何造型；具有基于专业知识的规则和程序；使用一个集成和中央的数据仓库。

从理论上说，BIM 和参数化并没有必然联系，不用参数化建模也可以实现 BIM，但从系统实现的复杂性、操作的易用性、处理速度的可行性、软硬件技术的支持性等几个角度综合考虑，就目前的技术水平和能力来看，参数化建模是 BIM 得以真正成为生产力的不可或缺的基础。

（四）BIM 和 CAE

简单地讲，CAE 就是国内同行常说的工程分析、计算、模拟、优化等软件，这些软件是项目设计团队决策信息的主要提供者。CAE 的历史比 CAD 早，当然更比 BIM 早，电脑的最早期应用事实上是从 CAE 开始的，包括历史上第一台用于计算炮弹弹道的 ENIAC 计算机，干的工作就是 CAE。

CAE 涵盖的领域包括以下几个方面：

①使用有限元法，进行应力分析，如结构分析等。

②使用计算流体动力学进行热和流体的流动分析，如风 - 结构相互作用等。

③运动学，如建筑物爆破倾倒历时分析等。

④过程模拟分析，如日照、人员疏散等。

⑤产品或过程优化，如施工计划优化等。

⑥机械事件仿真。

一个 CAE 系统通常由前处理、求解器和后处理三个部分组成。

前处理：根据设计方案定义用于某种分析、模拟、优化的项目模型和外部环境因素（统称为作用，例如荷载、温度等）。

求解器：计算项目对于上述作用的反应（例如变形、应力等）。

后处理：以可视化技术、数据 CAE 集成等方式把计算结果呈现给项目团队，作为调整、优化设计方案的依据。

目前大多数情况下，CAD 作为主要设计工具，CAD 图形本身没有或极少包含各类 CAE 系统所需要的项目模型非几何信息（如材料的物理、力学性能）和外部作用信息，在能够进行计算以前，项目团队必须参照 CAD 图形使用 CAE 系统的前处理功能重新建立 CAE 需要的计算模型和外部作用；在计算完成以后，需要人工根据计算结果用 CAD 调整设计，然后再进行下一次计算。

由于上述过程工作量大、成本过高且容易出错，因此大部分 CAE 系统只好被用来对已经确定的设计方案的一种事后计算，然后根据计算结果配备相应的建筑、结构和机电系统，至于这个设计方案的各项指标是否达到了最优效果，反而较少有人关心，也就是说，CAE 作为决策依据的根本作用并没有得到很好发挥。

CAE 在 CAD 以及前 CAD 时代的状况，可以用一句话来描述：有心杀贼，无力回天。

由于 BIM 包含了一个项目完整的几何、物理、性能等信息，CAE 可以在项目发展的任何阶段从 BIM 模型中自动抽取各种分析、模拟、优化所需要的数据进行计算，这样项目团队根据计算结果对项目设计方案调整以后又立即可以对新方案进行计算，直到满意的设计方案产生为止。

因此可以说，正是BIM的应用给CAE带来了第二个春天（电脑的发明是CAE的第一个春天），让CAE回归了真正作为项目设计方案决策依据的角色。

（五）BIM和BLM

工程建设项目的生命周期主要由两个过程组成：第一是信息过程，第二是物质过程。施工开始以前的项目策划、设计、招投标的主要工作就是信息的生产、处理、传递和应用；施工阶段的工作重点虽然是物质生产（把房子建造起来），但是其物质生产的指导思想却是信息（施工阶段以前产生的施工图及相关资料），同时伴随施工过程还在不断生产新的信息（材料、设备的明细资料等）；使用阶段实际上也是一个信息指导物质使用（空间利用、设备维修保养等）和物质使用产生新的信息（空间租用信息、设备维修保养信息等）的过程。

BIM的服务对象就是上述建设项目的信息过程，可以从三个维度进行描述：第一维度 – 项目发展阶段：策划、设计、施工、使用、维修、改造、拆除；第二维度 – 项目参与方：投资方、开发方、策划方、估价师、银行、律师、建筑师、工程师、造价师、专项咨询师、施工总包、施工分包、预制加工商、供货商、建设管理部门、物业经理、维修保养、改建扩建、拆除回收、观测试验模拟、环保、节能、空间和安全、网络管理、CIO、风险管理、物业用户等，据统计，一般高层建筑项目的合同数在300个左右，由此大致可以推断参与方的数量；第三维度 – 信息操作行为：增加、提取、更新、修改、交换、共享、验证等。用一个形象的例子来说明工程建设行业对BIM功能的需求：在项目的任何阶段（例如设计阶段），任何一个参与方（例如结构工程师），在完成他的专业工作时（例如结构计算），需要和BIM系统进行的交互可以描述如下：

从BIM系统中提取结构计算所需要的信息（如梁柱墙板的布置、截面尺寸、材料性能、荷载、节点形式、边界条件等）。

利用结构计算软件进行分析计算，利用结构工程师的专业知识进行比较决策，得到结构专业的决策结果（例如需要调整梁柱截面尺寸）。

把上述决策结果（以及决策依据如计算结果等）返回增加或修改到BIM系统中。

而在这个过程中BIM需要自动处理好这样一些工作：每个参与方需要提取的信息和返回增加或修改的信息是不一样的；系统需要保证每个参与方增加或修改的信息在项目所有相关的地方生效，即保持项目信息的始终协调一致。

BIM对建设项目的影响有多大呢？美国和英国的相应研究都认为这样的系统的真正实施可以减少项目30% ~ 35%的建设成本。

虽然从理论上来看，BIM并没有规定使用什么样的技术手段和方法，但是从实际能够成为生产力的角度来分析，下列条件将是BIM得以真正实现的基础：

需要支持项目所有参与方的快速和准确决策，因此这个信息一定是三维形象容易理解不容易产生歧义的；对于任何参与方返回的信息增加和修改必须自动更新整个项目范围内所有与之相关联的信息，非参数化建模不足以胜任；需要支持任何项目参与方专业工作的信息需要，系统必须包含项目的所有几何、物理、功能等信息。大家知道，这就是 BIM。

对于数百甚至更多不同类型参与方各自专业的不同需要，没有一个单个软件可以完成所有参与方的所有专业需要，必须由多个软件去分别完成整个项目开发、建设、使用过程中各种专门的分析、统计、模拟、显示等任务，因此软件之间的数据互用必不可少。

建设项目的参与方来自不同的企业、不同的地域甚至讲不同的语言，项目开发和建设阶段需要持续若干年，项目的使用阶段需要持续几十年甚至上百年，如果缺少一个统一的协同作业和管理平台其结果将无法想象。

因此，也许可以这样说：BIM=BIM+互用+协同。但是 BIM 离我们很遥远，需要我们把 BIM、互用、协同做好，一步一个脚印地走下去，实现这个目标。

（六）BIM 和 RFID

RFID（无线射频识别、电子标签）并不是什么新技术，在金融、物流、交通、环保、城市管理等很多行业都已经有广泛应用，远的不说，每个人的二代身份证就使用了RFID。介绍 RFID 的资料非常多，这里不想重复。

从目前的技术发展状况来看，RFID 还是一个正在成为现实的不远未来 —— 物联网的基础元素，当然大家都知道还有一个比物联网更"美好"的未来 —— 智慧地球。互联网把地球上任何一个角落的人和人联系了起来，靠的是人的智慧和学习能力，因为人有脑袋。但是物体没有人的脑袋，因此物体（包括动物，应该说除人类以外的任何物体）无法靠纯粹的互联网联系起来。而 RFID 作为某一个物体的带有信息的具有唯一性的身份证，通过信息阅读设备和互联网联系起来，就成为人与物和物与物相连的物联网。从这个意义来说，我们可以把 RFID 看作是物体的"脑"。简单介绍了 RFID 以后，再回头来看看影响建设项目按时、按价、按质完成的因素，基本上可以分为两大类：

①由于设计和计划过程没有考虑到的施工现场问题（例如管线碰撞、可施工性差、工序冲突等），导致现场窝工、待工。这类问题可以通过建立项目的 BIM 模型进行设计协调和可施工性模拟，以及对施工方案进行 4D 模拟等手段，在电脑中把计划要发生的施工活动都虚拟地做一遍来解决。

②施工现场的实际进展和计划进展不一致，现场人员手工填写报告，管理人员不能实时得到现场信息，不到现场无法验证现场信息的准确度，导致发现问题和解决问题不及时，从而影响整体效率。BIM 和 RFID 的配合可以很好地解决这类问题。没有 BIM 以前，RFID 在项目建设过程中的应用主要限于物流和仓储管理，和 BIM 技术的集成能够让 RFID 发挥的作用大大超越传统的办公和财务自动化应用，直指施工管理中的核心问题 —— 实时跟踪和风险控制。

RFID 负责信息采集的工作，通过互联网传输到信息中心进行信息处理，经过处理的信息满足不同需求的应用。如果信息中心用 excel 表或者关系数据库来处理 RFID 收集来的信息，那么这个信息的应用基本上就只能满足统计库存、打印报表等纯粹数据操作层面的要求；反之，如果使用 BIM054 模型来处理信息，在 BIM 模型中建立所有部品部件的与 RFID 信息一致的唯一编号，那么这些部品部件的状态就可以通过 RFHX 智能手机、互联网技术在 BIM 模型中实时地表示出来。

在没有 RFID 的情况下，施工现场的进展和问题依靠现场人员填写表格，再把表格信息通过扫描或录入方式报告给项目管理团队，这样的现场跟踪报告实时吗？不可能。准确吗？不知道。在只使用 RHD，没有使用 BIM 的情况下，可以实时报告部品部件的现状，但是这些部品部件包含了整个项目的哪些部分？有了这些部品部件明天的施工还缺少其他的部品部件吗？是否有多余的部品部件过早到位而需要在现场积压比较长的时间呢？这些问题都不容易回答。

当 RFID 的现场跟踪和 BIM 的信息管理和表现结合在一起的时候，上述问题迎刃而解。部品部件的状况通过 RFID 的信息收集形成了 BIM 模型的 4D 模拟，现场人员对施工进度、重点部位、隐蔽工程等需要特别记录的部分，根据 RFID 传递的信息，把现场的照片资料等自动记录到 BIM 模型的对应部品部件上，管理人员对现场发生的情况和问题了如指掌。

六、BIM 评价体系

在 CAD 刚刚开始应用的年代，也有类似的问题出现：例如，一张只用 CAD 画了轴网，其余还是手工画的图纸能称得上是一张 CAD 图吗？显然不能。那么一张用 CAD 画了所有线条，而用手工涂色块和根据校审意见进行修改的图是一张 CAD 图吗？答案当然是"yes"。虽然中间也会有一些比较难说清楚的情况，但总体来看，判断是否是 CAD 的难度不大，甚至可以用一个百分比来把这件事情讲清楚：即这是一张百分之多少的 CAD 图。

同样一件事情，对 BIM 来说，难度就要大得多。事实上，目前有不少关于某个软件产品是不是 BIM 软件、某个项目的做法属不属于 BIM 范畴的争论和探讨一直在发生和继续着。那么如何判断一个产品或者项目是否可以称得上是一个 BIM 产品或者 BIM 项目，如果两个产品或项目比较起来，哪一个的 BIM 程度更高或能力更强呢？

美国国家 BIM 标准提供了一套以项目生命周期信息交换和使用为核心的可以量化的 BIM 评价体系，叫作 BIM 能力成熟度模型（BIM CapabilityMaturitymodel 以下简称 BIMCMM），以下是该 BIM 评价体系的主要内容。

（一）BIM 评价指标

BIM 评价体系选择了下列十一个要素作为评价 BIM 能力成熟度的指标：

①数据丰富性（Data Richness）。

②生命周期（Lifecycle Views）。

③变更管理（Changemanagement）。

④角色或专业（Roles or Disciplines）。

⑤业务流程（Business Process）。

⑥及时性／响应（Timeliness／Response）。

⑦提交方法（Deliverymethod）

⑧图形信息（Graphic Information）。

⑨空间能力（Spatial Capability）

⑩信息准确度（Information Accuracy）。

⑪互用性／IFC 支持（Interoperability ／ IFC Support）。

（二）BIM 指标成熟度

BIM 为每一个评价指标设定了 10 级成熟度，其中 1 级为最不成熟，10 级为最成熟。例如第八个评价指标"图形信息"的 1 ~ 10 级成熟度的描述如下：

1 级：纯粹文字。

2 级：2D 非标准。

3 级：2D 标准非智能。

4 级：2D 标准智能设计图。

5 级：2D 标准智能竣工图。

6 级：2D 标准智能实时。

7 级：3D 智能。

8 级：3D 智能实时。

9 级：4D 加入时间。

10 级：5D 加入时间成本 nD。

（三）BIM 指标权重

根据每个指标的重要因素，BIM 评价体系为每个指标设置了相应的权重，见表 7-1。

表 7-1 BIM 评价指标权重

指标	权重	指标	权重
数据丰富性	1.1	提交方法	1.4
生命周期	1.1	图形信息	1.5
变更管理	1.2	空间能力	1.6
角色和专业	1.2	信息准确度	1.7
业务流程	1.3	互用性／IFC 支持	1.8
及时性响应	1.3		

第二节　BIM 建模与深化设计

一、BIM 模型建立及维护

在建设项目中，需要记录和处理大量的图形和文字信息。传统的数据集成是以二维图纸和书面文字进行记录的，但当引入 BIM 技术后，将原本的二维图形和书面信息进行了集中收录与管理。在 BIM 中"I"为 BIM 的核心理念，也就是"Information"，它将工程中庞杂的数据进行了行之有效的分类与归总，使工程建设变得顺利，减少和消除了工程中出现的问题。但需要强调的是，在 BIM 的应用中，模型是信息的载体，没有模型的信息是不能反映工程项目的内容的。所以在 BIM 中"M"（Modeling）也具有相当的价值，应受到相应的重视。BIM 的模型建立的优劣，将会对将要实施的项目在进度、质量上产生很大的影响。BIM 是贯穿整个建筑全生命周期的，在初始阶段的问题，将会被一直延续到工程的结束。同时，失去模型这个信息的载体，数据本身的实用性与可信度将会大打折扣。所以，在建立 BIM 模型之前一定得建立完备的流程，并在项目进行的过程中，对模型进行相应的维护，以确保建设项目能安全、准确、高效地进行。

在工程开始阶段，由设计单位向总承包单位提供设计图纸、设备信息和 BIM 创建所需数据，总承包单位对图纸进行仔细核对和完善，并建立 BIM 模型。在完成根据图纸建立的初步 BIM 模型后，总承包单位组织设计和业主代表召开 BIM 模型及相关资料法人交接会，对设计提供的数据进行核对，并根据设计和业主的补充信息，完善 BIM 模型。在整个 BIM 模型创建及项目运行期间，总承包单位将严格遵循经建设单位批准的 BIM 文件命名规则。

在施工阶段，总承包单位负责对 BIM 模型进行维护、实时更新，确保 BIM 模型中的信息正确无误，保证施工顺利进行。模型的维护主要包括以下几个方面：根据施工过程中的设计变更及深化设计，及时修改、完善 BIM 模型；根据施工现场的实际进度，及时修改、更新 BIM 模型；根据业主对工期节点的要求，上报业主与施工进度和设计变更相一致的 BIM 模型。

在 BIM 模型创建及维护的过程中，应保证 BIM 数据的安全性。建议采用以下数据安全管理措施：BIM 小组采用独立的内部局域网，阻断与因特网的连接；局域网内部采用真实身份验证，非 BIM 工作组成员无法登录该局域网，进而无法访问网站数据；BIM 小组进行严格分工，数据存储按照分工和不同用户等级设定访问和修改权限；全部 BIM 数据进行加密，设置内部交流平台，对平台数据进行加密，防止信息外漏；BIM 工作组的电脑全部安装密码锁进行保护，BIM 工作组单独安排办公室，无关人员不能入内。

二、深化设计

深化设计是指在业主或设计顾问提供的条件图或原理图的基础上，结合施工现场实际情况，对图纸进行细化、补充和完善。深化设计是为了将设计师的设计理念、设计意图在施工过程中得到充分体现；是为了在满足甲方需求的前提下，使施工图更加符合现场实际情况，是施工单位的施工理念在设计阶段的延伸；是为了更好地为甲方服务，满足现场不断变化的需求；是为了在满足功能的前提下降低成本，为企业创造更多利润。

深化设计管理是总承包管理的核心职责之一，也是难点之一。例如机电安装专业的管线综合排布一直是困扰施工企业深化设计部门的一个难题。传统的二维 CAD 工具，仍然停留在平面重复翻图的层面，深化设计人员的工作负担大、精度低，且效率低下。利用 BIM 技术可以大幅提升深化设计的准确性，并且可以三维直观反映深化设计的美观程度，实现 3D 漫游与可视化设计。

基于 BIM 的深化设计可以笼统地分为以下两类：

第一，专业性深化设计。专业深化设计的内容一般包括土建结构、钢结构、幕墙、电梯、机电各专业（暖通空调、给排水、消防、强电、弱电等）、冰蓄冷系统、机械停车库、精装修、景观绿化深化设计等。这种类型的深化设计应该在建设单位提供的专业 BIM 模型上进行。

第二，综合性深化设计。对各专业深化设计初步成果进行集成、协调、修订与校核，并形成综合平面图、综合管线图。这种类型的深化设计着重于各专业图纸协调一致，应该在建设单位提供的总体 BIM 模型上进行。尽管不同类型的深化设计所需的 BIM 模型有所不同，但是从实际应用来讲，建设单位结合深化设计的类型，采用 BIM 技术进行深化设计应实现以下基本功能：

①能够反映深化设计特殊需求，包括进行深化设计复核、末端定位与预留，加强设计对施工的控制和指导。

②能够对施工工艺、进度、现场、施工重点、难点进行模拟。

③能够实现对施工过程的控制

④能够由 BIM 模型自动计算工程量。

⑤实现深化设计各个层次的全程可视化交流。

⑥形成竣工模型，集成建筑设施、设备信息，为后期运营提供服务。

（一）深化设计主体职责

深化设计的最终成果是经过设计、施工与制作加工三者充分协调后形成的，需要得到建设方、设计方和总承包方的共同认可。因此，对深化设计的管理要根据我国建设项目管理体系的设置，具体界定参与主体的责任，使深化设计的管理有序进行。另外，在采用 BIM 技术进行深化设计时应着重指出，BIM 的使用不能免除总承包单位及其他承包单位的管理和技术协调责任。深化设计各方职责如下：

1. 建设单位职责

负责 BIM 模型版本的管理与控制；督促总承包单位认真履行深化设计组织与管理职责；督促各深化设计单位如期保质地完成深化设计；组织并督促设计单位及工程顾问单位认真履行深化设计成果审核与确认职责；汇总设计单位及 BIM 顾问单位的审核意见，组织设计单位、BIM 顾问单位与总承包单位沟通，协调解决相关问题；负责深化设计的审批与确认。

2. 设计单位职责

负责提供项目 BIM 模型；配合 BIM 顾问单位对 BIM 模型进行细化；负责向深化设计单位和人员设计交底；配合深化设计单位完成深化设计工作；负责深化设计成果的确认或审核。

3. BIM 顾问单位职责

在建模前准备阶段，BIM 顾问单位应先确保要建立 BIM 模型的各个专业应用统一且规范的建模流程，要确保 BIM 的使用方有一定的能力，这样才能确保建模过程的准确和高效。

在基础模型中建立精装、幕墙、钢结构等专业 BIM 模型，以及重点设备机房和关键区域机电专业深化设计模型，对这些设计内容在 BIM 中并进行复核，并向建设单位提交相应的碰撞检查报告和优化建议报告；BIM 顾问单位根据业主确认的深化设计成果，及时在 BIM 模型中做同步更新，以保证 BIM 模型正式反应深化设计方案调整的结果，并向建设单位报告咨询意见。

4. 总承包单位职责

总承包单位应设置专职深化设计管理团队，负责全部深化设计的整体管理和统筹协调；负责制定深化设计实施方案，报建设单位审批后执行；根据深化设计实施方案的要求，在 BIM 模型中统一发布条件图；经建设单位签批的图纸，由总承包单位在 BIM 模型中进行统一发布；监督各深化设计单位如期保质的完成深化设计；在 BIM 模型的基础上负责项目综合性图纸的深化设计；负责本单位直营范围内的专业深化设计；在 BIM 模型的基础上实现对负责总承包单位管理范围内各专业深化设计成果的集成与审核；负责定期组织召开深化设计协调会，协调解决深化设计过程存在的问题；总承包单位需指定一名专职 BIM 负责人、相关专业（建筑、结构、水、暖、电、预算、进度计划、现场施工等）工程师组成 BIM 联络小组，作为 BIM 服务过程中的具体执行者，负责将 BIM 成果应用到具体的施工工作中。

5. 机电主承包单位职责

负责机电主承包范围内各专业深化设计的协调管理；在 BIM 模型基础上进行机电综合性图纸（综合管线图和综合预留预埋图）的深化设计；负责本单位直营范围内的专业深化设计；负责机电主承包范围内各专业深化设计成果的审核与集成；配合与本专业相关的其他单位完成深化设计。

6. 分包单位职责

就深化设计而言，施工的分包单位对工程项目深化部分要承担相应的管理责任，总包单位应当编制工程总进度计划，分包单位依据总进度计划进行各单位工程的施工进度计划，总包单位应编制施工组织总设计、工程质量通病防治措施、各种安全专项施工方案，组织各分包单位定期参加工程例会，讨论深化设计的完成情况，负责各分包单位所承揽工程施工资料的收集与整理。分包单位负责承包范围内的深化设计服从总承包单位或机电主承包单位的管理，配合与本专业相关的其他单位完成深化设计。

（二）深化设计组织协调

深化设计涉及建设、设计、顾问及承包单位等诸多项目参与方，应结合 BIM 技术对深化设计的组织与协调进行研究。

深化设计的分工按"谁施工、谁深化"的原则进行。总承包单位就本项目全部深化设计工作对建设单位负责；总承包单位、机电主承包单位和各分包单位各自负责其所承包（直营施工）范围内的所有专业深化设计工作，并承担其全部技术责任，其专业技术责任不因审批与否而免除；总承包单位负责根据建筑、结构、装修等专业深化设计编制建筑综合平面图、模板图等综合性图纸；机电主承包单位根据机电类专业深化设计编制综合管线图和综合预留预埋图等机电类综合性图纸；合同有特殊约定的按合同执行。

总承包单位负责对深化设计的组织、计划、技术、组织界面等方面进行总体管理和统筹协调，其中应当加强对分包单位 BIM 访问权限的控制与管理，对下属施工单位和分包商的项目实行集中管理，确保深化设计在整个项目层次上的协调与一致。各专业承包单位均有义务无偿为其他相关单位提交最新版的 BIM 模型，特别是涉及不同专业的连接界面的深化设计时，其公共或交叉重叠部分的深化设计分工应服从总承包单位的协调安排，并且以总承包单位提供的 BIM 模型进行深化设计。

机电主承包单位负责对机电类专业的深化设计进行技术统筹，应当注重采用 BIM 技术分析机电工程与其他专业工程是否存在碰撞和冲突。各机电专业分包单位应服从机电主承包单位的技术统筹管理。

（三）深化设计流程

基于 BIM 的深化设计流程不能够完全脱离现有的管理流程，但是必须符合 BIM 技术的特征，特别是对于流程中的每一个环节涉及 BIM 的数据都要尽可能地详尽规定。

管线综合深化设计及钢结构深化设计是工程施工中的重点及难点，下面将重点介绍管线综合深化设计及钢结构深化设计流程。

1. 管线深化设计流程

管线综合专业 BIM 设计空间关系复杂，内外装要求高，机电的管线综合布置系统多、智能化程度高、各工种专业性强、功能齐全。为使各系统的使用功能效果达到最佳、整体排布更美观，工程管线综合深化设计是重要一环。基于 BIM 的深化设计能够通过各专业工程师与设计公司的分工合作优化设计存在问题，迅速对接、核对、相互补位、提醒、反馈信息和整合到位。其深化设计流程为：制作专业精准模型——综合链接模型——碰撞检测——分析和修改碰撞点——数据集成——最终完成内装的BIM模型。利用该BIM模型虚拟结合现完成的真实空间，动态观察，综合业态要求，推敲空间结构和装饰效果，并依据管线综合施工工艺、质量验收标准调整模型，将设备管道空间问题解决在施工前期，避免在施工阶段发生冲突而造成不必要的浪费，有效提高施工质量，加快施工进度，节约成本。

2. 钢结构深化设计流程

将三维钢筋节点布置软件与施工现场应用要求相结合，形成了一种基于BIM技术的梁柱节点深化设计方法。

第三节　BIM技术在施工管理中的应用

一、预制加工管理

（一）构件加工详图

通过BIM模型对建筑构件的信息化表达，可在BIM模型上直接生成构件加工图，不仅能清楚地传达传统图纸的二维关系，而且对于复杂的空间剖面关系也可以清楚表达，同时还能够将离散的二维图纸信息集中到一个模型当中，这样的模型能够更加紧密地实现与预制工厂的协同和对接。

BIM模型可以完成构件加工、制作图纸的深化设计。如利用深化设计软件真实模拟结构深化设计，通过软件自带功能将所有加工详图（包括布置图、构件图、零件图等）利用三视图原理进行投影、剖面生成深化图纸，图纸上的所有尺寸，包括杆件长度、断面尺寸、杆件相交角度均是在杆件模型上直接投影产生的。

（二）构件生产指导

BIM建模是对建筑的真实反映，在生产加工过程中，BIM信息化技术可以直观地表达出配筋的空间关系和各种下料参数情况，能自动生成构件下料单、派工单、模具规格参数等生产表单，并且能通过可视化的直观表达帮助工人更好地理解设计意图，可以形成BIM生产模拟动画、流程图、说明图等辅助培训的材料，有助于提高工人生产的准确性和质量效率。

（三）通过BIM实现预制构件的数字化制造

借助工厂化、机械化的生产方式，采用集中、大型的生产设备，将BIM信息数据输入设备就可以实现机械的自动化生产，这种数字化建造的方式可以大大提高工作效率和生产质量。比如现在已经实现了钢筋网片的商品化生产，符合设计要求的钢筋在工厂自动下料、自动成形、自动焊接（绑扎），形成标准化的钢筋网片。

（四）构件详细信息全过程查询

作为施工过程中的重要信息，检查和验收信息将被完整地保存在 BIM 模型中，相关单位可快捷地对任意构件进行信息查询和统计分析，在保证施工质量的同时，能使质量信息在运维期有据可循。

二、虚拟施工与进度管理

（一）虚拟施工管理

通过 BIM 技术结合施工方案、施工模拟和现场视频监测进行基于 BIM 技术的虚拟施工，其施工本身不消耗施工资源，却可以根据可视化效果看到并了解施工的过程和结果，可以较大程度地降低返工成本和管理成本，降低风险，增强管理者对施工过程的控制能力。建模的过程就是虚拟施工的过程，是先试后建的过程。施工过程的顺利实施是在有效的施工方案指导下进行的，施工方案的制订主要是根据项目经理、项目总工程师及项目部的经验，施工方案的可行性一直受到业界的关注，由于建筑产品的单一性和不可重复性，施工方案具有不可重复性。一般情况，当某个工程即将结束时，一套完整的施工方案才展现于面前。虚拟施工技术不仅可以检测和比较施工方案，还可以优化施工方案。

采用 BIM 进行虚拟施工，需要事先确定以下信息：设计和现场施工环境的五维模型；根据构件选择施工机械及机械的运行方式；确定施工的方式和顺序；确定所需临时设施及安装位置。BIM 在虚拟施工管理中的应用主要有场地布置方案、专项施工方案、关键工艺展示、施工模拟（土建主体及钢结构部分）、装修效果模拟等。

1. 场地布置方案

为使现场使用合理，施工平面布置应有条理，尽量减少占用施工用地，使平面布置紧凑合理，同时做到场容整齐清洁，道路畅通，符合防火安全及文明施工的要求，施工过程中应避免多个工种在同一场地、同一区域而相互牵制、相互干扰。施工现场应设专人负责管理，使各项材料、机具等按已审定的现场施工平面布置图的位置摆放。

基于建立的 BIM 三维模型及搭建的各种临时设施，可以对施工场地进行布置，合理安排塔吊、库房、加工厂地和生活区等的位置，解决现场施工场地划分问题；通过与业主的可视化沟通协调，对施工场地进行优化，选择最优施工路线。

2. 专项施工方案

通过 BIM 技术指导编制专项施工方案，可以直观地对复杂工序进行分析，将复杂部位简单化、透明化，提前模拟方案编制后的现场施工状态，对现场可能存在的危险源、安全隐患、消防隐患等提前排查，对专项方案的施工工序进行合理排布，有利于方案的专项性、合理性。

3. 关键工艺展示

对于工程施工的关键部位，如预应力钢结构的关键构件及部位，其安装相对复杂，因此合理的安装方案非常重要。正确的安装方法能够省时省费，传统方法只有工程实施时才能得到验证，这就可能造成二次返工等问题。同时，传统方法是施工人员在完全领会设计意图之后，再传达给建筑工人，相对专业性的术语及步骤对于工人来说难以完全领会。基于 BIM 技术，能够提前对重要部位的安装进行动态展示，提供施工方案讨论和技术交流的虚拟现实信息。

4. 土建主体结构施工模拟

根据拟定的最优施工现场布置和最优施工方案，将由项目管理软件如 project 编制的施工进度计划与施工现场 3D 模型集成一体，引入时间维度，能够完成对工程主体结构施工过程的 4D 施工模拟。通过 4D 施工模拟，可以使设备材料进场、劳动力配置、机械排班等各项工作安排得更加经济合理，从而加强了对施工进度、施工质量的控制。针对主体结构施工过程，利用已完成的 BIM 模型进行动态施工方案模拟，展示重要施工环节动画，对比分析不同施工方案的可行性，能够对施工方案进行分析，并听从甲方指令对施工方案进行动态调整。

（二）进度管理

工程建设项目的进度管理是指对工程项目各建设阶段的工作内容、工作程序、持续时间和逻辑关系制定计划，将该计划付诸实施。在实施过程中经常检查实际进度是否按计划要求进行，对出现的偏差分析原因，采取补救措施或调整、修改原计划，直至工程竣工，交付使用。进度控制的最终目标是确保进度目标的实现。工程建设监理所进行的进度控制是指为使项目按计划要求的时间使用而开展的有关监督管理活动。

在实际工程项目进度管理过程中，虽然有详细的进度计划及网络图、横道图等技术做支撑，但是"破网"事故仍时有发生，对整个项目的经济效益产生直接的影响。通过对事故进行调查，主要的原因有：建筑设计缺陷带来的进度管理问题、施工进度计划编制不合理造成的进度管理问题、现场人员的素质造成的进度管理问题、参与方沟通和衔接不畅导致进度管理问题和施工环境影响进度管理问题等。

BIM 技术的引入，可以突破二维的限制，给项目进度控制带来不同的体验，主要体现见表 8-1。

表 8-1　BIM 技术在进度管理中的优势表

序号	管理效果	具体内容	主要应用措施
1	加快招投标组织工作	利用基于 BIM 技术的算量软件系统，大大加快了计算速度和计算准确性，加快招标阶段的准备工作，同时提升了招标工程量清单的质量	
2	碰撞检测，减少变更和返工进度损失	BIM 技术强大的碰撞检查功能，十分有利于减少进度浪费	
3	加快生产计划、采购计划编制	工程中经常因生产计划、采购计划编制缓慢损失了进度。急需的材料、设备不能按时进场，影响了工期，造成窝工损失很常见。BIM 改变了这一切，随时随地获取准确数据变得非常容易，生产计划、采购计划大大缩小了用时，加快了进度，同时提高了计划的准确性	（1）BIM 施工进度模拟 （2）BIM 施工安全与冲突分析系统 （3）BIM 建筑施工优化系统 （4）三维技术交底及安装指导 （5）移动终端现场管理
4	提升项目决策效率	传统管理中决策依据不足、数据不充分，导致领导难以决策，有时甚至导致多方谈判长时间僵持，延误工程进展。BIM 形成工程项目的多维度结构化数据库，整理分析数据几乎可以实时实现，有效地解决了以上问题	
5	提升全过程协同效率	基于 3D 的 BIM 沟通语言，简单易懂、可视化好、理解一致，大大加快了沟通效率，减少理解不一致的情况 基于互联网的 BIM 技术能够建立高效的协同平台，从而保障所有参建单位在授权的情况下，可随时、随地获得项目最新、最准确、最完整的工程数据，从过去点对点传递信息转变为一对多传递信息，效率提升，图纸信息版本完全一致，从而减少传递时间的损失和版本不一致导致的施工失误 现场结合 BIM、移动智能终端拍照，大大提升了现场问题沟通效率	
6	加快竣工交付资料准备	基于 BIM 的工程实施方法，过程中所有资料可方便地随时挂接到工程 BIM 数字模型中，竣工资料在竣工时即已形成。竣工 BIM 模型在运维阶段还将为业主方发挥巨大的作用	
7	加快支付审核	业主方缓慢的支付审核往往引起承包商合作关系的恶化，甚至影响到承包商的积极性。业主方利用 BIM 技术的数据能力，快速校核反馈承包商的付款申请单，则可以大大加快期中付款反馈机制，提升双方战略合作成果	

　　BIM 在工程项目进度管理中的应用体现在项目进行过程中的方方面面，下面仅对其关键应用点进行具体介绍。

1. BIM施工进度模拟

当前建筑工程项目管理中经常用于表示进度计划的甘特图，由于专业性强，可视化程度低，无法清晰描述施工进度以及各种复杂关系，难以准确表达工程施工的动态变化过程。通过将BIM与施工进度计划相链接，将空间信息与时间信息整合在一个可视的4D（3D+Time）模型中，不仅可以直观、精确地反映整个建筑的施工过程，还能够实时追踪当前的进度状态，分析影响进度的因素，协调各专业，制定应对措施，以缩短工期、降低成本、提高质量。

目前常用的4DBIM施工管理系统或施工进度模拟软件很多，利用此类管理系统或软件进行施工进度模拟大致分为以下步骤：

①将BIM模型进行材质赋予；

②制订Project计划；

③将Project文件与BIM模型链接；

④制定构件运动路径，并与时间链接；

⑤设置动画视点并输出施工模拟动画。通过4D施工进度模拟，能够完成以下内容：基于BIM施工组织，对工程重点和难点的部位进行分析，制定切实可行的对策；依据模型，确定方案、排定计划、划分流水段；BIM施工进度利用季度卡来编制计划；将周和月结合在一起，假设后期需要任何时间段的计划，只需在这个计划中过滤一下即可自动生成；做到对现场的施工进度进行每日管理。

2. BIM施工安全与冲突分析系统

①时变结构和支撑体系的安全分析通过模型数据转换机制，自动由4D施工信息模型生成结构分析模型，进行施工期时变结构与支撑体系任意时间点的力学分析计算和安全性能评估。

②施工过程进度／资源／成本的冲突分析通过动态展现各施工段的实际进度与计划的对比关系，实现进度偏差和冲突分析及预警；指定任意日期，自动计算所需人力、材料、机械、成本，进行资源对比分析和预算；根据清单计价和实际进度计算实际费用，动态分析任意时间点的成本及其影响关系

③场地碰撞检测基于施工现场4D时间模型和碰撞检测算法，可对构件与管线、设施与结构进行动态碰撞检测和分析。

3. BIM建筑施工优化系统

建立进度管理软件P3／P6数据模型与离散事件优化模型的数据交换，基于施工优化信息模型，实现基于BIM和离散事件模拟的施工进度、资源以及场地优化和过程的模拟。

①基于BIM和离散事件模拟的施工优化通过对各项工序的模拟计算，得出工序工期、人力、机械、场地等资源的占用情况，对施工工期、资源配置以及场地布置进行优化实现多个施工方案的比选。

②基于过程优化的4D施工过程模拟将4D施工管理与施工优化进行数据集成，实

现了基于过程优化的 4D 施工可视化模拟。

4. 三维技术交底及安装指导

针对技术方案无法细化、不直观、交底不清晰的问题，解决方案是：应改变传统的思路与做法（通过纸介质表达），转由借助三维技术呈现技术方案，使施工重点、难点部位可视化、提前预见问题，确保工程质量，加快工程进度。三维技术交底即通过三维模型让工人直观地了解自己的工作范围及技术要求，主要方法有两种：一种是虚拟施工和实际工程照片对比；另一种是将整个三维模型进行打印输出，用于指导现场的施工，方便现场的施工管理人员拿图纸进行施工指导和现场管理。

对钢结构而言，关键节点的安装质量至关重要。安装质量不合格，轻者将影响结构受力形式，重者将导致整个结构的破坏。三维 BIM 模型可以提供关键构件的空间关系及安装形式，方便技术交底与施工人员深入了解设计意图。

5. 移动终端现场管理

采用无线移动终端、Web 及 RFID 等技术，全过程与 BIM 模型集成，实现数据库化、可视化管理，避免任何一个环节出现问题给施工和进度质量带来影响。

从应用领域上看，国外已将 BIM 技术应用在建筑工程的设计、施工以及建成后的运营维护阶段；国内应用 BIM 技术的项目较少，大多集中在设计阶段，缺乏施工阶段的应用。BIM 技术发展缓慢直接影响其在进度管理中的应用，国内 BIM 技术在工程项目进度管理中的应用主要需要解决软件系统、应用标准和应用模式等方面的问题。BIM 标准的缺乏是阻碍 BIM 技术功能发挥的主要原因之一，国内应该加大 BIM 技术在行业协会、大专院校和科研院所的研究力度，相关政府部门应给予更多的支持。另外，目前常用的项目管理模式阻碍 BIM 技术效益的充分发挥，应该推动与 BIM 相适应的管理模式应用，如综合项目交付模式，把业主、设计方、总承包商和分包商集合在一起，充分发挥 BIM 技术在建筑工程全寿命周期内的效益。

三、安全与质量管理

（一）安全管理

安全管理是管理科学的一个重要分支，它是为实现安全目标而进行的有关决策、计划、组织和控制等方面的活动；主要运用现代安全管理原理、方法和手段，分析和研究各种不安全因素，从技术上、组织上和管理上采取有力的措施，解决和消除各种不安全因素，防止事故的发生。

施工现场安全管理的内容，大体可归纳为安全组织管理，场地与设施管理，行为控制和安全技术管理四个方面，分别对生产中的人、物、环境的行为与状态，进行具体的管理与控制。

基于 BIM 的管理模式是创建信息、管理信息、共享信息的数字化方式，在工程安全管理方面具有很多优势，如基于 BIM 的项目管理，工程基础数据如量、价等，数据准确、数据透明、数据共享，能完全实现短周期、全过程对资金安全的控制；基于BIM技术，可以提供施工合同、支付凭证、施工变更等工程附件管理，并为成本测算、招投标、签证管理、支付等全过程造价进行管理；BIM数据模型保证了各项目的数据动态调整，可以方便统计，追溯各个项目的现金流和资金状况；基于BIM的4D虚拟建造技术能提前发现在施工阶段可能出现的问题，并逐一修改，提前制定应对措施；采用BIM技术，可实现虚拟现实和资产、空间等管理、建筑系统分析等技术内容，从而便于运营维护阶段的管理应用；运用BIM技术，可以对火灾等安全隐患进行及时处理，从而减少不必要的损失，对突发事件进行快速应变和处理，快速准确掌握建筑物的运营情况。

采用BIM技术可使整个工程项目在设计、施工和运营维护等阶段都能够有效地控制资金风险，实现安全生产。下面将对BIM技术在工程项目安全管理中的具体应用进行介绍。

1. 施工准备阶段安全控制

在施工准备阶段，利用BIM进行与实践相关的安全分析，能够降低施工安全事故发生的可能性，如：4D模拟与管理和安全表现参数的计算可以在施工准备阶段排除很多建筑安全风险；BIM虚拟环境划分施工空间，排除安全隐患；基于BIM及相关信息技术的安全规划可以在施工前的虚拟环境中发现潜在的安全隐患并予以排除；采用BIM模型结合有限元分析平台，进行力学计算，保障施工安全；通过模型发现施工过程重大危险源并实现水平洞口危险源自动识别等。

2. 施工过程仿真模拟

仿真分析技术能够模拟建筑结构在施工过程中不同时段的力学性能和变形状态，为结构安全施工提供保障。通常采用大型有限元软件来实现结构的仿真分析，但对于复杂建筑物的模型建立需要耗费较多时间：在BIM模型的基础上，开发相应的有限元软件接口，实现全部模型的传递，再附加材料属性、边界条件和荷载条件，结合先进的时变结构分析方法，便可以将BIM、4D技术和时变结构分析方法结合起来，实现基于BIM的施工过程结构安全分析，有效捕捉施工过程中可能存在的危险状态，指导安全维护措施的编制和执行，防止发生安全事故。

3. 模型试验

对于结构体系复杂、施工难度大的结构，结构施工方案的合理性与施工技术的安全可靠性都需要验证，为此利用BIM技术建立试验模型，对施工方案进行动态展示，从而为试验提供模型基础信息。

4. 施工动态监测

长期以来，建筑工程中的事故时常发生。如何进行施工中的结构监测已成为国内外的前沿课题之一。对施工过程进行实时监测，特别是重要部位和关键工序，及时了解施工过程中结构的受力和运行状态。施工监测技术的先进与否，对施工控制起着至关重要的作用，这也是施工过程信息化的一个重要内容。为了及时了解结构的工作状态，发现结构未知的损伤，建立工程结构的三维可视化动态监测系统，就显得十分迫切。

三维可视化动态监测技术较传统的监测手段具有可视化的特点，可以人为操作在三维虚拟环境下漫游来直观、形象地提前发现现场的各类潜在危险源，提供更便捷的方式查看监测位置的应力应变状态。在某一监测点应力或应变超过拟定的范围时，系统将自动采取报警给予提醒。

使用自动化监测仪器进行基坑沉降观测，通过将感应元件监测的基坑位移数据自动汇总到基于 BIM 开发的安全监测软件上，通过对数据的分析，结合现场实际测量的基坑坡顶水平位移和竖向位移变化数据进行对比，形成动态的监测管理，确保基坑在土方回填之前的安全稳定性。通过信息采集系统得到结构施工期间不同部位的监测值，根据施工工序判断每时段的安全等级，并在终端上实时地显示现场的安全状态和存在的潜在威胁，给管理者以直观的指导。

5. 防坠落管理

坠落危险源包括尚未建造的楼梯井和天窗等。通过在 BIM 模型中的危险源存在部位建立坠落防护栏杆构件模型，研究人员能够清楚地识别多个坠落风险，并可以向承包商提供完整且详细的信息，包括安装或拆卸栏杆的地点和日期等。

6. 塔吊安全管理

大型工程施工现场需布置多个塔吊同时作业，因塔吊旋转半径不足而造成的施工碰撞屡屡发生。确定塔吊回转半径后，在整体 BIM 施工模型中布置不同型号的塔吊，能够确保其同电源线和附近建筑物的安全距离，确定哪些员工在哪些时候会使用塔吊。

7. 灾害应急管理

随着建筑设计的日新月异，规范已经无法满足超高型、超大型或异形建筑空间的消防设计。利用 BIM 及相应灾害分析模拟软件，可以在灾害发生前，模拟灾害发生的过程，分析灾害发生的原因，制定避免灾害发生的措施，以及发生灾害后人员疏散、救援支持的应急预案，为发生意外时减少损失并赢得宝贵时间。BIM 能够模拟人员疏散时间、疏散距离、有毒气体扩散时间、建筑材料耐燃烧极限及消防作业面等，主要表现为：4D 模拟、3D 漫游和 3D 渲染能够标识各种危险，且 BIM 中生成的 3D 动画、渲染能够用来同工人沟通应急预案计划方案。应急预案包括五个子计划：施工人员的人口／出口、建筑设备和运送路线、临时设施和拖车位置、紧急车辆路线、恶劣天气的预防措施。利用 BIM 数字化模型进行物业沙盘模拟训练，训练保安人员对建筑的熟悉程度，在模拟灾害发生时，通过 BIM 数字模型指导大楼人员进行快速疏散；通过对事故现场人员感官的模拟，使疏散方案更合理；通过 BIM 模型判断监控摄像头布置是否合理，与 BIM 虚拟摄像头关联，可随意打开任意视角的摄像头，摆脱传统监控系统的弊端。

另外，当灾害发生后，BIM 模型可以提供救援人员紧急状况点的完整信息，配合温感探头和监控系统发现温度异常区，获取建筑物及设备的状态信息，通过 BIM 和楼宇自动化系统的结合，使得 BIM 模型能清晰地呈现出建筑物内部紧急状况的位置，甚至到紧急状况点最合适的路线，救援人员可以由此做出正确的现场处置，提高应急行动的成效。

安全管理是企业的命脉，安全管理秉承"安全第一，预防为主"的原则，需要在施工管理中编写相关安全措施，其主要目的是要抓住施工薄弱环节和关键部位。但传统施工管理中，往往只能根据经验和相关规范要求编写相关安全措施，针对性不强。在 BIM 的作用下，这种情况将会有所改善。

（二）质量管理

在工程建设中，无论是勘察、设计、施工还是机电设备的安装，影响工程质量的因素主要有"人、机、料、法、环"等五大方面，即人工、机械、材料、方法、环境。所以工程项目的质量管理主要是对这五个方面进行控制。工程实践表明，大部分传统管理方法在理论上的作用很难在工程实际中得到发挥。由于受实际条件和操作工具的限制，这些方法的理论作用只能得到部分发挥，甚至得不到发挥，影响了工程项目质量管理的工作效率，造成工程项目的质量目标最终不能完全实现。

工程施工过程中，施工人员专业技能不足、材料的使用不规范、不按设计或规范进行施工、不能准确预知完工后的质量效果、各个专业工种相互影响等问题对工程质量管理造成一定的影响。

BIM 技术的引入不仅提供一种"可视化"的管理模式，亦能够充分发掘传统技术的潜在能量，使其更充分、更有效地为工程项目质量管理工作服务。传统的二维管控质量的方法是将各专业平面图叠加，结合局部剖面图，设计审核校对人员凭经验发现错误，难以全面。而三维参数化的质量控制，是利用三维模型，通过计算机自动实时检测管线碰撞，精确性高。

基于 BIM 的工程项目质量管理包括产品质量管理及技术质量管理。产品质量管理：BIM 模型储存了大量的建筑构件和设备信息。通过软件平台，可快速查找所需的材料及构配件信息，如规格、材质、尺寸要求等，并可根据 BIM 设计模型，对现场施工作业产品进行追踪、记录、分析，掌握现场施工的不确定因素，避免不良后果出现，监控施工质量。技术质量管理：通过 BIM 的软件平台动态模拟施工技术流程，再由施工人员按照仿真施工流程施工，确保施工技术信息的传递不会出现偏差，避免实际做法和计划做法出现偏差，减少不可预见情况的发生，监控施工质量。

下面仅对 BIM 在工程项目质量管理中的关键应用点进行具体介绍。

1. 建模前期协同设计

在建模前期，需要建筑专业和结构专业的设计人员大致确定吊顶高度及结构梁高度；对于高要求严格的区域，提前告知机电专业；各专业针对空间狭小、管线复杂的区域，协调出二维局部剖面图。建模前期协同设计的目的是在建模前期就解决部分潜在的管线碰撞问题，对潜在质量问题预知。

2. 碰撞检测

传统二维图纸设计中，在结构、水暖电等各专业设计图纸汇总后，由总工程师人工发现和协调问题。人为的失误在所难免，使施工中出现很多冲突，造成建设投资巨大浪费，并且还会影响施工进度。另外，由于各专业承包单位实际施工过程中对其他专业或者工种、工序间的不了解，甚至是漠视，产生的冲突与碰撞也比比皆是。但施工过程中，这些碰撞的解决方案，往往受限于现场已完成部分的局限，大多只能牺牲某部分利益、效能，而被动地变更。调查表明，施工过程中相关各方有时需要付出几十万、几百万，甚至上千万的代价来弥补由设备管线碰撞引起的拆装、返工和浪费。

目前，BIM 技术在三维碰撞检查中的应用已经比较成熟，依靠其特有的直观性及精确性，于设计建模阶段就可一目了然地发现各种冲突与碰撞。在水、暖、电建模阶段，利用 BIM 随时自动检测及解决管线设计初级碰撞，其效果相当于将校审部分工作提前进行，这样可大大提高成图质量。碰撞检测的实现主要依托于虚拟碰撞软件，其实质为 BIM 可视化技术，施工设计人员在建造之前就可以对项目进行碰撞检查，不但能够彻底消除碰撞，优化工程设计，减少在建筑施工阶段可能存在的错误损失和返工的可能性，而且能够优化净空和方案。最后施工人员可以利用碰撞优化后的三维方案，进行施工交底、施工模拟，提高了施工质量，同时也提高了与业主沟通的主动权。

碰撞检测可以分为专业间碰撞检测及管线综合的碰撞检测。专业间碰撞检测主要包括土A专业之间（如检查标高、剪力墙、柱等位置是否一致，梁与门是否冲突）、土建专业与机电专业之间（如检查设备管道与梁柱是否发生冲突）、机电各专业间（如检查管线末端与室内吊顶是够冲突）的软、硬碰撞点检查；管线综合的碰撞检测主要包括管道专业、暖通专业、电气专业系统内部检查以及管道、暖通、电气、结构专业之间的碰撞检查等。另外，解决管线空间布局问题，如机房过道狭小等问题也是常见碰撞内容之一。

在对项目进行碰撞检测时，要遵循如下检测优先级顺序：第一，进行土建碰撞检测；第二，进行设备内部各专业碰撞检测；第三，进行结构与给排水、暖、电专业碰撞检测等；第四，解决各管线之间交叉问题。其中，全专业碰撞检测的方法如下：将完成各专业的精确三维模型建立后，选定一个主文件，以该文件轴网坐标为基准，将其他专业模型链接到该主模型中，最终得到一个包括土建、管线、工艺设备等全专业的综合模型。该综合模型真正成为设计提供了模拟现场施工碰撞检查平台，在这平台上完成仿真模式现场碰撞检查并根据检测报告及修改意见对设计方案合理评估并做出设计优化决策，然后再次进行碰撞检测……如此循环，直至解决所有的硬碰撞，软碰撞。

碰撞检测完毕后，在计算机上以该命名规则出具碰撞检查报告，方便快速读出碰撞点的具体位置与碰撞信息。在读取并定位碰撞点后，为了更加快速地给出针对碰撞检测中出现的"软""硬"碰撞点的解决方案，我们可以将碰撞问题划分为以下几类：

①重大问题，需要业主协调各方共同解决。

②由设计方解决的问题。

③由施工现场解决的问题。

④因未定因素（如设备）而遗留的问题。

⑤因需求变化而带来新的问题。

　　针对由设计方解决的问题，可以通过多次召集各专业主要骨干参加三维可视化协调会议的办法，把复杂的问题简单化，同时将责任明确到个人，从而顺利地完成管线综合设计、优化设计，得到业主的认可。针对其他问题，则可以通过三维模型截图、漫游文件等协助业主解决。另外，管线优化设计应遵循以下原则：

　　①在非管线穿梁、碰柱、穿吊顶等必要情况下，尽量不要改动。

　　②只需调整管线安装方向即可避免的碰撞，属于软碰撞，可以不修改，以减少设计人员的工作量。

　　③需满足建筑业主要求，对没有碰撞，但不满足净高要求的空间，也需要进行优化设计。

　　④管线优化设计时，应预留安装、检修空间。

　　⑤管线避让原则如下：有压管让无压管；小管线让大管线；施工简单管让施工复杂管；冷水管道避让热水管道；附件少的管道避让附件多的管道；临时管道避让永久管道。

3. 大体积混凝土测温

　　使用自动化监测管理软件进行大体积混凝土温度的监测，将测温数据无线传输汇总自动到分析平台上，通过对各个测温点的分析，形成动态监测管理。电子传感器按照测温点布置要求，自动直接将温度变化情况输出到计算机，形成温度变化曲线图，随时可以远程动态监测基础大体积混凝土的温度变化，根据温度变化情况，随时加强养护措施，确保大体积混凝土的施工质量，确保在工程基础筏板混凝土浇筑后不出现由于温度变化剧烈引起的温度裂缝。利用基于 BIM 的温度数据分析平台对大体积混凝土进行实时温度检测。

4. 施工工序中管理

　　工序质量控制就是对工序活动条件即工序活动投入的质量和工序活动效果的质量及分项工程质量的控制。在利用 BIM 技术进行工序质量控制时能够着重于以下几方面的工作：

　　①利用 BIM 技术能够更好地确定工序质量控制工作计划。一方面要求对不同的工序活动制定专门的保证质量的技术措施，做出物料投入及活动顺序的专门规定；另一方面要规定质量控制工作流程、质量检验制度。

　　②利用 BIM 技术主动控制工序活动条件的质量。工序活动条件主要指影响质量的五大因素，即人、材料、机械设备、方法和环境等。

　　③能够及时检验工序活动效果的质量。主要是实行班组自检、互检，上下道工序交主检，特别是对隐蔽工程和分项（部）工程的质量检验。

　　④利用 BIM 技术设置工序质量控制点（工序管理点），实行重点控制。工序质量控制点是针对影像质量的关键部位或薄弱环节确定的重点控制对象。正确设置控制点并严格实施是进行工序质量控制的重点。

四、物料与成本管理

（一）物料管理

传统材料管理模式就是企业或者项目部根据施工现场实际情况制定相应的材料管理制度和流程，这个流程主要是依靠施工现场的材料员、保管员、施工员来完成。施工现场的多样性、固定性和庞大性，决定了施工现场材料管理具有周期长、种类繁多、保管方式复杂等特殊性。传统材料管理存在核算不准确、材料申报审核不严格、变更签证手续办理不及时等问题，造成大量材料现场积压、占用大量资金、停工待料、工程成本上涨。

基于 BIM 的物料管理通过建立安装材料 BIM 模型数据库，使项目部各岗位人员及企业不同部门都可以进行数据的查询和分析，为项目部材料管理和决策提供数据支撑。下面对其具体表现进行分析。

1. 安装材料 BIM 模型数据库

项目部拿到机电安装各专业施工蓝图后，由 BIM 项目经理组织各专业机电 BIM 工程师进行三维建模，并将各专业模型组合到一起，形成安装材料 BIM 模型数据库。该数据库是以创建的 BIM 机电模型和全过程造价数据为基础，把原来分散在安装各专业手中的工程信息模型汇总到一起，形成一个汇总的项目级基础数据库。

2. 安装材料分类控制

材料的合理分类是材料管理的一项重要基础工作，安装材料 BIM 模型数据库的最大优势是包含材料的全部属性信息。在进行数据建模时，各专业建模人员对施工所使用的各种材料属性，按其需用量的大小、占用资金多少及重要程度进行"星级"分类，星级越高代表该材料需用量越大、占用资金越多。

3. 用料交底

BIM 与传统 CAD 相比，具有可视化的显著特点。设备、电气、管道、通风空调等安装专业三维建模并碰撞后，BIM 项目经理组织各专业 BIM 项目工程师进行综合优化，提前消除施工过程中各专业可能遇到的碰撞。项目核算员、材料员、施工员等管理人员应熟读施工图纸、透彻理解 BIM 三维模型、吃透设计思想，并按施工规范要求向施工班组进行技术交底，将 BIM 模型中用料意图灌输给班组，用 BIM 三维图、CAD 图纸或者表格下料单等书面形式做好用料交底，防止班组"长料短用、整料零用"，做到物尽其用，减少浪费及边角料，把材料消耗降到最低限度。

4. 物资材料管理

施工现场材料的浪费、积压等现象司空见惯，安装材料的精细化管理一直是项目管理的难题。运用 BIM 模型，结合施工程序及工程形象进度周密安排材料采购计划，不仅能保证工期与施工的连续性，而且能用好用活流动资金、降低库存、减少材料二次搬运。同时，材料员根据工程实际进度，方便地提取施工各阶段材料用量，在下达施工任务书中，附上完成该项施工任务的限额领料单，作为发料部门的控制依据，实行对各班组限额发料，防止错发、多发、漏发等无计划用料，从源头上做到材料的有的放矢，减少施工班组对材料的浪费。

5. 材料变更清单

工程设计变更和增加签证在项目施工中会经常发生。项目经理部在接收工程变更通知书执行前，应有因变更造成材料积压的处理意见，原则上要由业主收购，否则，如果处理不当就会造成材料积压，无端地增加材料成本。BIM模型在动态维护工程中，可以及时地将变更图纸进行三维建模，将变更发生的材料、人工等费用准确、及时地计算出来，便于办理变更签证手续，保证工程变更签证的有效性。

（二）成本管理

成本管理是指企业生产经营过程中各项成本核算、成本分析、成本决策和成本控制等一系列科学管理行为的的总称。成本管理是企业管理的一个重要组成部分，它要求系统而全面、科学和合理，它对于促进增产节支、加强经济核算，改进企业管理，提高企业整体管理水平具有重大意义。

施工阶段成本控制的主要内容为材料控制、人工控制、机械控制、分包工程控制。成本控制的主要方法有净值分析法、线性回归法、指数平滑法、净值分析法、灰色预测法。在施工过程中最常用的是净值分析法。而后面基于BIM的成本控制的方法也是净值法。净值分析法是一种分析目标成本及进度与目标期望之间差异的方法，是一种通过差值比较差异的方法。它的独特之处在于对项目分析十分准确，能够对项目施工情况进行有效的控制。通过收集并计算预计完成工作的预算费用、已完成工作的预算费用、已完成工作的实际费用的值，分析成本是否超支、进度是否滞后。基于BIM技术的成本控制具有快速、准确、分析能力强等很多优势，具体表现为：

①快速。建立基于BIM的5D实际成本数据库，汇总分析能力大大加强，速度快，周期成本分析不再困难，工作量小、效率高。

②准确。成本数据动态维护，准确性大为提高，通过总量统计的方法，消除累积误差，成本数据随进度进展准确度越来越高；数据粒度达到构件级，可以快速提供支撑项目各条线管理所需的数据信息，有效提升施工管理效率。

③精细。通过实际成本BIM模型，很容易检查出哪些项目还没有实际成本数据，监督各成本实时盘点，提供实际数据。

④分析能力强。可以多维度（时间、空间、WBS）汇总分析更多种类、更多统计分析条件的成本报表，直观地确定不同时间点的资金需求，模拟并优化资金筹措和使用分配，实现投资资金财务收益最大化。

⑤提升企业成本控制能力。

将实际成本BIM模型通过互联网集中在企业总部服务器，企业总部成本部门、财务部门就可共享每个工程项目的实际成本数据，实现了总部与项目部的信息对称。

如何提升成本控制能力？动态控制是项目管理中一个常见的管理方法，而动态控制其实就是按照一定的时间间隔将计划值和实际值进行对比，然后采取纠偏措施。而进行对比的这个过程中是需要大量的数据做支撑的，动态控制是否做得好，数据是关键，如何及时而准确的获得数据，并如何凭借简单的操作就能进行数据对比呢？现在 BIM 技术可以高效地解决这个问题。基于 BIM 技术，建立成本的 5D（3D 实体、时间、工序）关系数据库，以各 WBS 单位工程量、人机料单价为主要数据进入成本 BIM 中，能够快速实行多维度（时间、空间、WBS）成本分析，从而对项目成本进行动态控制。其解决方案操作方法如下：

①创建基于 BIM 的实际成本数据库。建立成本的 5D（3D 实体、时间、工序）关系数据库，让实际成本数据及时进入 5D 关系数据库，成本汇总、统计、拆分对应瞬间可得。以各 WBS 单位工程量"人材机"单价为主要数据进入到实际成本 BIM 中。未有合同确定单价的价先进入。有实际成本数据后，及时按实际数据替换掉。

②实际成本数据及时进入数据库。初始实际成本 BIM 中成本数据以采取合同价和企耗量为依据。随着进度进展，实际消耗量与定额消耗量会有差异，要及时调整。每对实际消耗进行盘点，调整实际成本数据。化整为零，动态维护实际成本 BIM，并有利于保证数据准确性。

③快速实行多维度（时间、空间、WBS）成本分析。建立实际成本 BIM 模型，周期性（月季）按时调整维护好该模型，统计分析工作就很轻松，软件强大的统计分析能力可轻松满足我们各种成本分析需求。

下面将对 BIM 技术在工程项目成本控制中的应用进行介绍。

1. 快速精确的成本核算

BIM 是一个强大的工程信息数据库。进行 BIM 建模所完成的模型包含二维图纸中所有位置、长度等信息，并包含了二维图纸中不包含的材料等信息，而这背后是强大的数据库支撑。因此，计算机通过识别模型中的不同构件及模型的几何物理信息（时间维度、空间维度等），对各种构件的数量进行汇总统计。这种基于 BIM 的算量方法，将算量工作大幅度简化，减少了因为人为原因造成的计算错误，大量节约了人力的工作量和花费时间。

2. 预算工程量动态查询与统计

工程预算存在定额计价和清单计价两种模式，建设工程招投标过程中清单计价方法成为主流。在清单计价模式下，预算项目往往基于建筑构件进行资源的组织和计价，与建筑构件存在良好对应关系，满足 BIM 信息模型以三维数字技术为基础的特征，故而应用 BIM 技术进行预算工程量统计具有很大优势：使用 BIM 模型来取代图纸，直接生成所需材料的名称、数量和尺寸等信息，而且这些信息将始终与设计保持一致，在设计出现变更时，该变更将自动反映到所有相关的材料明细表中，造价工程师使用的所有构件信息也会随之变化。

在基本信息模型的基础上增加工程预算信息，即形成了具有资源和成本信息的预算信息模型。预算信息模型包括建筑构件的清单项目类型、工程量清单，人力、材料、机械定额和费率等信息。通过模型，就能识别模型中的和工程量（如体积、面积、长度等）

等信息，自动计算建筑构件的使用以指导实际材料物资的采购。

系统根据计划进度和实际进度信息，可以动态计算任意 WBS 节点任意时间段内每日计划工程量、计划工程量累计、每日实际工程量、实际工程量累计，帮助施工管理者实时掌握工程量的计划完工和实际完工情况。在分期结算过程中，每期实际工程量累计数据是结算的重要参考，系统动态计算实际工程量可以为施工阶段工程款结算提供数据支持。

另外，从 BIM 预算模型中提取相应部位的理论工程量，从进度模型中提取现场实际的人工、材料、机械工程量，通过将模型工程量、实际消耗、合同工程量进行短周期三量对比分析，能够及时掌握项目进展，快速发现并解决问题。根据分析结果为施工企业制定精确人、机、材计划，大大减少了资源、物流和仓储环节的浪费，及时掌握成本分布情况，进行动态成本管理。

3. 限额领料与进度款支付管理

限额领料制度一直很健全，但用于实际却难以实现，数据无依据，采购计划由采购员决定，项目经理只能凭感觉签字料数量无依据，用量上限无法控制；限额领料制流程，主要存在的问题有：材料采购计划；施工过程工期紧，领取材事后再补单据。那么如何对材料的计划用量与实际用量进行分析对比？

BIM 的出现为限额领料提供了技术和数据支撑。基于 BIM 软件，在管理多专业和多系统数据时，能够采用系统分类和构件类型等方式对整个项目数据进行方便管理，为视图显示和材料统计提供规则。例如，给排水、电气、暖通专业可以根据设备的型号、外观及各种参数分别显示设备，方便计算材料用量。传统模式下工程进度款申请和支付结算工作较为烦琐，基于 BIM 能够快速准确的统计出各类构件的数量，减少预算的工作量，且能形象、快速地完成工程量拆分和重新汇总，工程进度款结算工作提供技术支持。

4. 以施工预算控制人力资源和物质资源的消耗

在进行施工开工以前，利用 BIM 软件进行模型的建立，通过模型计算工程量，并按照企业定额或上级统一规定的施工预算，结合 BIM 模型，编制整个工程项目的施工预算，作为指导和管理施工的依据。对生产班组的任务安排：必须签收施工任务单和限额领料单，并向生产班组进行技术交底。要求生产班组根据实际完成的工程量和实耗人工、实耗材料做好原始记录，作为施工任务单和限额领料单结算的依据。任务完成后，根据回收的施工任务单和限额领料进行结算，并按照结算内容支付报酬（包括奖金）。为了便于任务完成后进行施工任务单和限额领料单与施工预算的对比，要求在编制施工预算时对每一个分项工程工序名称进行编号，以便对号检索对比，分析节超。

5. 设计优化与变更成本管理、造价信息实时追踪

BIM 模型依靠强大的工程信息数据库，实现了二维施工图与材料、造价等各模块的有效整合与关联变动，使得实际变更和材料价格变动可以在 BIM 模型中进行实时更新。变更各环节之间的时间被缩短，效率提高，更加及时准确地将数据提交给工程各参与方，

以便各方做出有效的应对和调整。目前 BIM 的建造模拟职能已经发展到了 5D 维度。5D 模型集三维建筑模型、施工组织方案、成本及造价等 3 部分于一体，能实现对成本费用的实时模拟和核算，并为后续建设阶段的管理工作所利用，解决了阶段割裂和专业割裂的问题。BIM 通过信息化的终端和 BIM 数据后台将整个工程的造价相关信息顺畅地流通起来，从企业级的管理人员到每个数据的提供者都可以监测，保证了各种信息数据及时准确的调用、查询、核对。

五、绿色施工与建筑信息模型（BIM）

（一）绿色施工

1. 绿色施工的定义及主要内容

（1）绿色施工的定义

绿色施工，是我国建筑业当前与未来发展的方向，是一种对环境保护提出更高更严要求的新型施工模式。绿色施工不是孤立存在的，作为建筑全生命周期中一个重要的阶段，它随着绿色建筑概念逐渐被业内熟知而提出。绿色施工与绿色建筑一样，需要建立在可持续发展的理念之上，是可持续发展理念在工程施工中的全面体现，还是实现建筑领域资源节约、节能减排的关键环节。

由此，绿色施工也可以这样定义：绿色施工是以环境保护为基本原则，以充分利用有限资源为核心，通过切实可行的管理制度和绿色施工技术，最大程度的降低资源与能源的消耗，消除施工活动对环境的不利影响，实现可持续发展的施工组织体系和施工方法。

（2）绿色施工的主要内容

生态与环境保护、资源与能源利用以及社会效益和经济效益的协调发展，这些都是绿色施工涉及可持续发展的各个方面，因此只是在工程施工中实施封闭围挡，无扬尘、无废气、无噪声扰民，定时洒水抑尘，场内栽种花草树木等等这些表面、简单的内容并不是绿色施工。绿色施工所包含的内容还应该更宽、更广、更深，如：施工管理、环境保护、节材与材料资源利用、节水与水资源利用、节能与能源利用、节地与施工用地保护等六个方面。这六个方面涵盖了绿色施工的基本指标，同时还包含了施工策划、现场施工、材料采购、工程验收等各阶段指标的子集。

2. 绿色施工的内涵及意义

（1）绿色施工的内涵

绿色施工的原则是"环境保护"和"资源高效利用"，主要包含以下四层内涵：

一是节约资源，降低消耗。除了节约生产资源，施工过程中对人力资源的高效利用、节约和保护也作为绿色施工一个非常重要的部分。

二是控制环境污染，清洁施工过程。施工过程中难免会产生大量的粉尘和建筑垃圾，采用科学合理的降尘措施，分类整理、回收利用有用的建筑废料，是体现绿色施工环境保护的有效手段。

三是尽可能采用绿色建材和设备，即使用现代先进工艺和技术，生产高性能、低消耗、少污染、可回收的传统建筑材料和机械设备。

四是通过科技进步和科学管理，优化设计产品所确定的设备、工程做法和用材，促使施工质量得到保证，促使建筑施工尽早实现机械化、工业化、信息化，确保建设出安全、经济、可靠、适用的建筑产品。

由此看来，绿色施工是强调施工过程与环境友好、促进建筑业可持续发展的一种全新的模式，是在工程施工中具体运用可持续发展战略的新方法，符合国家和人民的根本利益。

（2）对绿色施工的理解与认识

绿色施工与常见的几种施工模式相比既有区别又有联系。

①绿色施工与传统施工

目标控制要素不同是绿色施工与传统施工的主要区别。绿色施工除了包括传统施工中成本、进度和质量3个目标控制要素外，"环境保护"和"资源节约"也作为主控目标被增加进来。传统施工所谓的"节约"主要基于项目部减少材料消耗、降低成本的需求；而绿色施工则是强调环境保护、资源高效利用及可持续发展，使施工过程对自然环境、人类社会影响达到最小值。因此，在传统施工模式中，施工企业以满足建设方提高质量、缩短工期的要求为主要目标，而保护环境和节约资源则处于次要地位。当冲突发生，人们往往不惜以破坏环境和浪费资源为代价来保证项目进度，这样的方式与社会发展背道而驰。如今，追求环保、高效、低耗，为实现社会、经济、环保综合效益最大化而统筹兼顾的绿色施工模式应运而生，成为施工技术不断向前发展的必然趋势，成为施工企业实现可持续发展的必然选择。

②绿色施工与精益建造

精益建造的目标是消除建筑业中各个环节的浪费，从而实现建筑企业获取最大化的利润。由此看得出，绿色施工也可以认为是在精益建造的基础上，增加了一项新的管理目标，即环境因素。但是，可持续发展除了考虑环境问题之外，还得考虑社会问题和经济问题，也就是人们常说的可持续发展的"三重底线"。绿色施工项目的可持续性主要通过协调发展社会、经济和环境三大管理目标来实现。三大目标中社会目标主要是职业健康，安全生产，和睦的社区关系，提高对外的整体形象和利益相关者之间的互相信任；经济目标主要是降低前期费用，减少项目建成后的运营成本，获得较高的使用性能；环境目标主要是消除浪费，降低资源消耗，保护资源和防止污染。

③绿色施工与文明施工

作为文明施工的继承和发展，绿色施工并不是一个全新的概念。在我国，文明施工的实施有一定的历史，目的是"文明"，其中还包括"环境保护"等内容。与文明施工相比，绿色施工在内容、范围以及效益等方面要求更高、更加严格，不仅优化了建筑工程施工技术，还实现了低碳低耗、经济环保，有利于推行绿色环保，其影响更为深远。所以绿色施工的内涵及外延，都高于文明施工，严于文明施工。

在推行方式上，由于现行的建筑工程计价措施费中只有安全文明施工费，而未提出绿色施工费用的有关定额标准，所以在现在的工程中，主管部门对安全文明施工费用的申领有严格的规定，除非发包方对绿色施工费用有明确的规定，否则承包商出于自身经济利益的考虑，并不会主动采用新的绿色施工技术。

（3）绿色施工与绿色建筑的关系

绿色施工是绿色建筑有机组成部分中不可或缺的重要一环，是绿色建筑在施工阶段的发展和延伸。

两者之间的关系既有关联却又相对独立，主要体现在：

①绿色施工是建筑的生成阶段。绿色建筑是居住者使用绿色空间的一种状态。

②绿色建筑的形成，首先必须在设计中包含"绿色"元素。绿色施工的关键，则是做好针对"四节一环保"的施工组织设计和施工方案。

③绿色施工涵盖的范围主要是在对环境影响相对集中的施工期间。绿色建筑对整个建筑使用周期都有不小的影响。

④绿色施工不仅局于绿色建筑性能的要求，更强调过程控制。没有绿色施工的过程，建造绿色建筑就只能是不切实际的空想。

（4）绿色施工的意义

真正的绿色施工，应当是将"绿色理念"通盘考虑，贯穿施工的整个过程，把整个施工进程看作是一个微观的系统，实施科学的绿色施工组织设计。

绿色建筑的施工阶段，是对环境造成直接影响最直观、最明显的一个阶段，因此，在此推行绿色施工，对于我国实现健康、可持续发展具有极其重要的意义。建筑节能减排措施的实施以及科学技术的进步，为确保国民经济持续、健康发展和建设资源节约型社会起着重要作用，也是施工企业未来发展的重要方向。

①建筑施工企业为响应国家号召、实现节能减排必须实行"绿色施工"

建筑业作为一个大量消耗资源能源的行业，如果对工程建设过程控制不严，往往会造成极大的浪费。建筑施工企业积极响应国家政策号召，作为国家的经济细胞和资源使用的大户，负有义不容辞的责任。建筑施工企业只有做到绿色施工。才能实现保护环境、节约资源。当前，面对节能减排的严峻形势，必须排除万难，迎难而上。

②建筑施工企业为实现可持续发展必须实行"绿色施工"

建筑业要淘汰落后的生产力和产能，实现又好又快的发展，关键在于提高自主创新、技术创新和管理创新这三项能力。建筑业的可持续发展，应当立足四节一环保（节能，节地、节水、节材和环境保护）。从传统的高消耗的粗放型增长方式，向低消耗的集约型增长方式转变。绿色施工技术正是实现这一转变的重要手段。实行绿色施工，对企业的管理和工程的管理提出了更高的要求，从而促使企业更加高效、科学。摆脱原始落后的生产方式。实行绿色施工从积极意义上说。有利于建筑行业整体素质的提高，进而实现企业可持续发展的长远目标。

③建筑施工企业为提高综合效益必须实行"绿色施工"。

建筑企业是绿色施工的实施主体，绿色施工的根本目的就是实现社会效益、经济效益和环境效益的和谐统一。绿色施工就是企业在履行节约资源、保护环境的社会责任的同时，也节约企业自身的成本。在工程建设过程中，建筑企业注重环境保护，必然能树立良好的社会形象，形成潜在的社会效应。因此，企业在绿色施工过程中，既产生经济效益，也派生出环境效益、社会效益，最后演变为企业的综合效益。

（二）绿色 BIM

绿色发展是现代建筑业发展一个永恒的目标。BIM 技术在施工管理过程中的成功应用，实现建筑资源的优势配置和合理布局，必将对绿色施工管理产生深远的影响。

BIM 与绿色建筑的结合，形成了绿色 BIM（Green BIM）的概念，麦格劳·希尔建筑信息公司（McGraw Hill Construction）将其定义为："旨在从项目层面上实现可持续性，使用 BIM 工具提高建筑能效目标"

在中国 BIM 的发展过程中较早引入绿色 BIM，让中国建筑企业更加全面的认识到 BIM 的价值、促进 BIM 在中国的发展，更有助于增强中国建筑企业的市场竞争力，并能有效遏制资源严重浪费的问题。

"结果前置"，是 BIM 技术应用在绿色施工中的价值体现，让项目管理人员在还没有真正实施之前就已经知道该如何去做，去实现"四节一环保"的目标。如何节水、节地、节材、节能，如何节省和保护人工成本，可以实施到什么程度，这些问题都可以通过一个数字化的信息模型对应的找到答案。

对绿色施工的定义进行了归纳并列出其包含的六项主要内容，从绿色施工与传统施工、绿色施工与精益建造、绿色施工与文明施工、绿色施工与绿色建筑等四个方面指明了绿色施工的内涵，提出施工企业为响应国家号召、实现可持续发展和提高综合效益积极实施绿色施工具有重要意义。

总结了 BIM 的含义："BIM 是一种数字化展示的形式、是一个完善的信息模型、是一个可视化数据库"，从基础、灵魂、结果、目标四个方面论述了 BIM 的技术核心，通过对核心建模软件及 12 种常用关联软件的简单介绍，引入绿色 BIM 的概念。

六、基于 BIM 技术的绿色施工信息化管理体系

（一）BIM 技术在绿色施工管理中的可行性

1. BIM 技术在绿色施工管理中的优势

BIM 技术在施工过程中的运用是建筑工程施工领域一次重大的变革，它的优势主要表现在以下几个方面：

（1）可视化 —— 所见即所得

可视化通过三维建模的方式展现建设项目整个生命周期的构造，是 BIM 最基本的特征，与传统的建筑信息管理与表达方式有较大区别。传统上的设计与施工主要基于二维图纸，设计人员采用 CAD 软件或手工制图的方式来表现建筑的几何信息，施工人员也同样基于细化的二维施工图纸来指导施工。而 BIM 的思想则突破了传统的思维模式，

它展示在人们面前的，是一种三维立体的实物图形，将建筑实体的几何信息形象地表达出来，用于指导设计与辅助施工。三维立体的实物图形使项目在设计、施工、运营整个建设过程可视化，方便各参与方进行更好的沟通、讨论与决策，可视化的表达方式极大地提高了各参与方对项目本身的认知能力，从而提高建筑项目各阶段的操作效率。

（2）集成化

信息高度集成是 BIM 的另一个基本特征。BIM 的实施不仅集成了建筑项目的空间几何信息，而且集成了与项目相关的生命周期内其他信息，这就打破了传统上的信息孤岛形式。传统上，不同专业设计（建筑、结构与机电）之间的信息相互孤立，与项目相关的属性信息（如材料、数量等）也无法与专业设计信息进行整合。基于 BIM 的信息集成，一方面为各专业参与方提供了协作与沟通的平台，另一方面为建筑生命周期各阶段的信息共享与应用提供了保障。

（3）参数化

参数化是指 BIM 建模及信息集成的参数化，是信息可视化和集成化的基础。如上所述，建筑信息涉及不同的专业，在设计信息变更中，如何保证信息的统一性与完整性至关重要。传统的基于二维图纸的信息表达方式无法满足这一需求，在设计变更时，设计，人员不得不就某一变更涉及的所有设计图纸进行逐一修改，且工程量也需要重新计算，这难免产生设计错误或变更不统一，从而影响图纸的后期使用。BIM 的思想则是通过参数化建模实现信息的统一与完整。BIM 建模参数化不仅涉及建筑几何信息的参数化设置，而且包括与建筑相关的属性信息的参数化设置，如建筑构件修改时，会引起工程量清单的自动更新。

（4）优化性

"信息""复杂程度"和"时间"是制约优化效果的三个因素。建设工程项目从设计、施工直至运营的全过程，其实也是一个持续改进、不断优化的工程。BIM 包含了建筑物的物理特性、集合尺寸和构件规则信息，信息的准确性确保了合理的优化效果。BIM 应用于复杂项目的方案比选，通过同一个 BIM 模型把施工方案和成本、利润分析结合起来，计算不同方案对于关键要素变更、施工工艺方法变化的结果，选择更有利于项目的方案实施，可以显著地降低成本，缩短工期。

（5）模拟性

三维模拟是数字革命带来的新思维，以传统二维平面无法观察到的视角出发解决问题。然而，简单的模拟建筑物外形框架已远远不能满足工程的实际需要。"3D+时间"的四维模拟开始出现。四维施工模拟是根据编排好的施工进度计划，在已有模型的基础上添加时间维度，从不同专业的角度制作各自的可视化施工进度模拟。在施工过程中，不仅可以从整体上把握总进度计划的关键节点，还可以将 BIM 模拟与手持设备结合，在施工部位实时查看模型信息，有效的监控施工质量。

（6）协调性

传统施工中，各专业间因沟通不畅导致的"不兼容""碰撞"等现象非常普遍。以往，只有遇到实际"打架"问题时，各专业才通过会议纪要的形式明确究竟该"谁让谁"。

而 BIM 除了集成、传递信息，还可以自动分析信息，寻找出规则定义下的各类"碰撞"，并生成监测报告及协调数据，为各专业提供清晰、高效的沟通平台，减少不必要的变更，替代人工检查工作，节约人力。

BIM 技术除了以上六大优点，还具有可出图性、造价精确性、造价可控性等特点。充分发挥 BIM 技术的长处，与绿色施工管理的理论相结合，明确管理的目标和具体内容，制定 BIM 技术的应用路线，才能体现 BIM 技术应用的真正价值所在。

2.BIM 技术在绿色施工管理应用中的技术路线

BIM 应用常常被描述为"BIM 能做什么"，但其实"BIM 应该做什么"与"如何去做"才是 BIM 应用的关键问题。基于 BIM 技术的绿色施工管理体系中，从确定 BIM 应用的管理目标，到选择 BIM 应用的管理方法的过程。

（二）构建基于 BIM 技术的绿色施工信息化管理体系

基于 BIM 技术的绿色施工信息化管理体系包含了管理的目标、内容、方法及流程，以 BIM 为技术手段，结合绿色施工管理理念，从项目甲方的综合利益、社会与环境的需求、施工企业的经济效益等角度出发，识别绿色施工生产的价值，分析和优化绿色施工生产的实施环节，实现社会、环境、经济效益的统一。

构建基于 BIM 技术的绿色施工信息化管理体系不仅要充分利用 BIM 技术的优势，最关键是要融入绿色施工理念，实现绿色施工管理的目标。基于 BIM 技术的绿色施工信息化管理体系主要包括以下四个要素：

1. 基于 BIM 技术的绿色施工信息化管理的目标

"BIM 能做什么"是建立基于 BIM 技术的绿色施工信息化管理目标的前提，结合绿色施工的要求主要达到以下几个方面的目标：节约成本、缩短工期、提高质量、四节一环保。

2. 基于 BIM 技术的绿色施工信息化管理的内容

"应该用 BIM 做什么"。首先应该确定基于 BIM 技术的绿色施工信息化管理的内容，从绿色施工管理的角度可以划分为事前策划、事中控制、事后评价三个部分。

3. 基于 BIM 技术的绿色施工信息化管理的方法

绿色施工，是一种理念，是一种管理模式，它与 BIM 技术相结合的管理方法主要体现在 BIM 技术在节地、节水、节材、节能与环境保护方面的具体运用。

4. 基于 BIM 技术的绿色施工信息化管理的流程

构建基于 BIM 技术的绿色施工信息化管理体系，实施有效的绿色施工管理，对管理流程分析和建立必不可少。涉及其中的流程，除了从总体角度建立整个项目的绿色施工管理流程，还应该根据不同的管理需要，将 BIM 技术融入成本管理、质量管理、安全管理、进度管理等流程之中。

（三）基于 BIM 技术的绿色施工信息化管理目标

"成本目标""进度目标""质量目标"并称为传统施工管理中的三大控制目标。传统施工管理过程中，往往不惜以大量消耗自然资源、牺牲环境为代价，换取这三大目标的实现。而绿色施工理念打破这一传统，重视工程项目施工对环境造成的影响，并采取各种手段和措施节约资源、能源，保护环境，将成本、进度、质量及环境保护共同设定为主要控制的目标，其中，四节一环保又被列为重中之重。

把 BIM 技术融入绿色施工管理，BIM 最终能为实现这些目标做哪些有益的事，将从以下四个方面进行阐述。

1. 节约成本

成本控制不仅仅是在财务管理层面获取项目的最大化利润，还应该把单位建筑面积自然资源消耗量最小化作为最终目标。传统成本管理具有数据量大、涉及范围广、成本科目拆分难、消耗量和资金支付情况复杂等难点，运用 BIM 技术快速、准确、精细、分析能力强的优点，可以为实现成本的动态控制提供以下解决方案：

（1）快速精确的算量

通过识别 BIM 模型中不同构件的物理特性（位置、尺寸、时间维度等），对各种类型的构件进行分类统计，汇总出实际数量及分布情况。这样的算量方法，大幅度简化了算量工作，减少人为因素造成的算量错误，能在确保控制误差在 1% 范围内的情况下，节约近 90% 的工程量计算时间，大量节约了人力和时间。

（2）预算工程量动态查询与统计

在 BIM 模型的基础上输入工程预算信息，形成具有资源和成本信息的预算信息模型，根据计划进度与实际进度，动态计算任意时间段内每日计划／实际工作量、计划／实际累积量，快速实现基本的两算对比。

（3）以施工预算控制资源消耗

在开工伊始，建立 BIM 模型，计算工程量，编制整个项目的施工预算，要求生产班组按签收的施工任务单和限额领料单进行施工作业，并将实耗人工和材料记录作为结算的依据，完成实际与预算的对比，分析节超。

2. 缩短工期

施工进度管理决定了项目的时间成本，决定了总的财务成本，从合同约束、运营效率、企业竞争力等方面对项目整体管控起到关键性作用。运用 BIM 技术解决建筑设计缺陷、进度计划编制不合理、各参与方沟通不畅等施工进度管理过程中的常见问题，可以从以下两个方面着手：

（1）用 BIM 技术进行施工进度模拟

将 BIM 模型进行材质赋予，与 Project 计划编制文件链接，制定构件建设完成路径顺序并链接时间参数，设置动画视点，输出三维模拟动画。这一系列步骤的完成，将 BIM 的时间、空间信息整合在 4D（3D+时间）可视化模型中，反映项目的整个建设过程，同时还可以实时追踪项目进度状态。

（2）运用 BIM 技术进行冲突分析及方案优化

碰撞检测基于施工现场 BIM4D 模型和碰撞检查规则，对构件与综合管线、设施设备与结构进行动态碰撞检测与分析。通过三维视图观察和读取碰撞检测报告，根据小管让大管、有压管让无压管等原则对管道进行平移或绕弯处理，对交叉重叠严重的薄弱部位进行调整加固。冲突分析和方案优化工作在具体部位实施前就已经完成，可以减少"遇到问题才想办法解决"所耗费的时间和精力。

3. 提高质量

"人、机、料、法、环"是施工质量管理中的主要内容。运用 BIM 技术进行施工质量管理也将围绕这五个方面内容展开。

（1）三维可视化技术交底

利用 BIM 模型可视化进行技术交底，把复杂节点按真实的空间比例在 BIM 模型中表达出来，通过文件输出及视频编辑，还原真实的空间尺寸和提供 360° 的观察视角，让人清晰识别复杂节点的结构构造，借助动画漫游及虚拟建造功能，从不同视点、不同部位、不同工艺制作安装动画，直观、准确地表达设计图纸的意图。

（2）运用 BIM 技术参与检查验收

由管理人员在施工现场采集施工部位的质量信息，录入进场材料设备的合格证、质保书、原厂检测报告等信息，形成质量管理的核心信息。接着，利用智能终端手持设备对照 BIM 模型在相同部位、相同节点进行自检，自检合格，有验收人员验收并在 BIM 模型中记录验收时间、验收内容、验收结果及处理意见等信息。通过对质量管理记录的监控及实时动态跟踪，构建现代化的质量管理体系。

4. 四节一环保

"四节一环保"是绿色施工区别与传统施工最重要的内容。"节"就是节约、节省，除了节约成本、节省工期，绿色施工理念还提出"节约自然资源、减少不可再生能源消耗"的要求。环境保护是更高层次的要求，除了少消耗，从源头上加以保护也是现代社会对建筑行业提出的新要求。

BIM 技术本身在"节"方面就有许多优势，通过 BIM 的辅助，都能比以往传统施工方法更快更优达成目标。在"环保"方面的应用，BIM 技术也毫不逊色。利用 BIM 技术在建筑施工阶段开展能耗分析，进行日照模拟、二氧化碳排放计算、扬尘计算等环境生态模拟，满足保护环境、充分而可持续利用资源的需求。

综上所述，绿色施工以节约成本、缩短工期、提高质量、四节一环保为管理目标。因前三项目标为传统施工管理的三大目标，故本文不再深入研究，后续章节仅对"四节一环保"这项重要目标开展进一步的研究和论述。

（四）基于 BIM 技术的绿色施工信息化管理内容

绿色施工管理以"四节一环保"为主要目标，在实现这个目标的过程中，将从事前策划、事中控制、事后评价三个方面内容来具体实施。

1. 事前策划

"策划先行"是绿色施工管理的重要特点之一。

绿色施工是一个涵盖施工准备、施工运行、设备维修和竣工后施工场地生态复原等内容在内的系统而复杂的工程。实施绿色施工，首先应进行总体方案优化。在规划、设计阶段就开始融入"绿色理念"，充分考虑绿色施工总体要求，为绿色施工提供良好的基础条件。凡事预则立，让要想绿色施工过程有据可依，绿色施工方案是实现绿色施工最有利的管理文件。绿色施工需要从编制施工组织设计（方案）开始，对施工全过程都进行严格、有针对性的管控，从而促使节地、节能、节水、节材及环境保护等目标的顺利实现。

绿色施工策划的指导思想是以实现"四节一环保"为主要目标，以相关标准规范为依据，结合工程实际及工程特点，有针对性地制定绿色施工各个阶段的要求和措施，道过组织保障和技术手段，对绿色施工的实施进行有效指导，保证实施效果满足要求。绿色施工策划包括组织策划和方案策划两个方面。

（1）绿色施工管理组织策划

以项目经理为第一责任人建立项目"绿色施工领导小组"，任命项目各部门人员为责任主体，由项目经理将绿色施工管理目标合理分解到各部门，再由部门落实具体人员负责实施。

（2）绿色施工方案策划

提取施工组织设计中的绿色施工方案内容进行细化，提出数据化、标准化的要求，主要内容有：

①明确具体目标，并用数值表示，如各类型材料的消耗量／节约量对比、能源资源消耗量／节约量对比及施工现场扬尘高度、场界噪声值等。

②说明绿色施工各阶段的控制要点

③说明有针对性的绿色施工管理措施，该如何运用 BIM 技术辅助绿色施工，如BIM 技术在节地与施工用地合理规划方面、在节水与水资源利用方面、在节材与物料优化方面、在节能与能源利用方面、在环境保护方面的应用。

（3）绿色施工策划的主要内容

①工程概况：包括工程的基本情况、建筑面积、层高、工程造价、结构形式、周边情况、建设单位、设计单位、施工单位、计划开竣工日期等；

②现行相关国家、行业、地方及企业标准；

③绿色施工"四节一环保"的具体目标值；

④绿色施工管理组织机构：要求按照"四节一环保"的相关措施，分项设置专人负责，并设立指导及领导小组等；

⑤绿色施工、节能减排理念宣传、培训计划；施工方案的优化设计：节约指标的分解合同书等；

⑥绿色施工管理制度：建立针对绿色施工的相关管理制度、培训教育制度、评估检查制度、例会制度、奖罚制度等；

⑦绿色施工具体实施措施；

⑧新技术应用情况及创新技术措施；

⑨绿色施工检查与评价管理、数据收集、过程管理控制、持续改进、资料台账的建立和绿色施工成效评价等。

2. 事中控制

在绿色施工方案确定之后，为达到所确定的目标，将对实施过程进行控制。

（1）整体目标控制

把"四节一环保"目标进行分解，根据类似工程经验及规范标准制定实际操作中的目标值。目标的分解可以从粗到细划分为方案设计、技术措施、控制要点及现场施工过程等，对比这些目标之间的异同就是对实施过程进行动态控制的过程。

（2）施工现场管理

建筑工程项目发生环境污染、能源资源浪费等现象主要出现在施工现场，因此施工现场管理是绿色施工目标能否实现的关键。

首先，需要明确项目经理的主体责任，以项目经理为第一责任人，落实绿色施工各项具体措施，同时明确现场人员之间、现场与外部关系之间的沟通渠道及方式。

其次，收集绿色施工控制要点的数据，与目标值对比分析，当发现实际值偏离目标值时，应查找原因，制定措施，采取纠正行动，即使用PDCA循环对实施过程加以跟踪并持续改进。PDCA循环是一种能使任何一项活动有效进行的逻辑性很强的工作程序。绿色施工中运用PDCA循环动态管理的内容如下：

①计划（P，Plan）。计划包括制定绿色施工的方针、目标以及实施方案。

②执行（D，Do）。执行就是实现绿色施工方案中的具体内容。

③检查（C，Check）。检查就是要总结绿色施工方案的执行结果，分清对错、明确效果，查摆问题及原因。

④处理（A，Action）。认可或否定检查的结果。肯定成功的经验，以模式化或者标准化适当推广；总结以往失败的经历，吸取教训，避免再犯。

3. 事后评价

绿色施工评价体系是绿色施工管理中的一项重要内容，根据要求，对建筑工程开展绿色施工评价的框架分为评价阶段、评价要素、评价指标、评价等级等四个方面内容，结合工程特点，对绿色施工实施效果及过程中新技术、新工艺、新设备、新材料的使用进行综合评价。

（五）基于BIM技术的绿色施工信息化管理方法

1. BIM技术在节地与施工用地合理规划方面的应用

节地既是施工用地的合理利用，也是建筑设计前期的场地分析、运营管理中的空间管理。BIM在施工节地中的主要应用内容有场地分析、土方量计算、施工用地管理及空间管理等。

（1）场地分析

场地分析作为研究影响建筑物定位的主要因素，是确定建筑物空间方位、外观，建立建筑物与周围景观联系的一种过程。

BIM结合地理信息系统（GIS，Geographic Information System）建模分析拟建建筑物的空间数据，结合场地特点和使用条件，做出最理想的交通流线组织关系和现场规划。

利用计算机分析出场地坡向、不同标高、不同坡度的分布情况，预测建设地域是否可能发生自然灾害，按适不适宜兴建建筑进行区域划分，辅助前期场地设计。

遵循"永临结合"的原则，优化组合现场交通方案中的永久道路和临时道路，减少道路占地面积，做到节约用地。

（2）土方量计算

利用场地合并三维模型，直观查看场地挖填方情况，将原始地形图与规划地形图进行对比，得出各区块原始平均高程、设计高程和平均开挖高程，计算出各区块挖填方量。

（3）施工用地管理

建筑施工过程总是动态变化的。随着建筑工程规模不断扩大，复杂程度不断提高，生产用地、材料加工区、材料堆场也随着工程进度的推进而调整。利用BIM的4D施工模拟技术，根据实测数据建立起模型，能更合理、直观地对临建设施、生产区、生活区、材料堆场进行排布，并对垂直运输设备做出准确定位，进而最大化地节约施工用地，使平面布置紧凑合理，减少临时设施的投入，避免多个工种在同一场地、同一区域而相互牵制、相互干扰。同时，通过对材料运输路线的模拟，也可最大限度的减少材料的场内运输和二次搬运。通过与建设方的可视化沟通协调，对施工场地进行优化，选择最优的施工路线。

2.BIM技术在节水与水资源利用方面的应用

建筑工程施工过程对水资源的需求量极大，混凝土的浇筑、搅拌、养护等都要大量用水。建筑施工企业由于在施工过程中没有提前计划，没有节水意识，肆意用水，往往造成水资源的大量浪费，不仅浪费了资源，还将受到主管部门的经济和行政处罚。因此，在施工中节约用水势在必行。

BIM技术在节水方面的应用主要体现在模拟场地排水设计；设计规划每层排水地漏位置；设计雨水、废水等非传统水源的收集和循环利用。

利用BIM技术可以对施工用水过程进行模拟。比如处于基坑降水阶段、基槽未回填时，采用地下水作为混凝土养护用水。使用地下水对现场进行喷洒降尘、冲洗混凝土罐车。也可以模拟施工现场情况，根据施工现场情况，编制详细的施工现场临时用水方案，使施工现场供水管网根据用水量设计布置，采用合理的管径、简洁的管路，有效地减少管网和用水器具的漏损。

采用Revit软件对现场临时用水管网进行布置，建立水回收系统，对现场用水与雨水进行回收处理，并用以车辆进出场冲洗，卫生间用水，临时道路保洁等工作。施工现场贯彻节约用水理念，部分利用循环水养护，养护用水采用专业工具喷洒在结构层表面，起到节约用水的目的。使用现场集水池中水作为施工现场喷洒路面、绿化浇灌及混凝土养护用水，在池中水不够时方可使用市政给水。合理规划利用雨水及基坑降水，提高非传统水利用率。

3. BIM技术在节材与物料优化方面的应用

基于BIM的施工材料管理包括物料跟踪、管线综合设计、数字化加工等，利用BIM模型自带的工程量统计功能实现算量统计，以及对射频识别技术的探索来实现物料跟踪。施工资料管理，需要提前搜集整理所有有关项目施工过程中所产生的图纸、报表、文件等资料，对其进行研究分析，并结合BIM技术，经过总结，得出一套面向多维建筑结构施工信息模型的资料管理技术，应用于管理平台中。

（1）物料跟踪

随着建筑行业数字化、工厂化、标准化水平的不断提升，以及设备复杂性的提高，越来越多的建筑及设备构件通过工厂预制、加工后，运送到施工现场进行高效的组装。根据编制的进度计划，可提前计算出合理的物料进场数目。BIM结合施工计划和工程量造价，可以实现5D（三维模型+时间维度、成本维度）应用，做到"零库存"施工。

（2）管线综合设计

目前，如摩天大楼等大体量的建筑机电管网错综复杂，在大量的设计面前，极易出现相撞、管内交错及施工不合理等问题。以往单一由人工检查图纸，同时检测平面和剖面的位置无法实现，而BIM软件中的管道碰撞检测功能为工程师解决了这一难题。检测功能可生成管网三维模型，系统可自动检查出"碰撞"部位并在建筑模型中标注，使得大量、烦琐的检查工作变得简单。

空间净高检测是管线综合相关工作中的重要组成部分，基于BIM技术分析建筑内不同功能区域的设计净高度，查找不符合设计要求的情况，并及时反馈给施工人员，避免错、漏、碰、缺的出现，以提高工作效率，减少原材料的浪费。

（3）复杂工程预加工预拼装

复杂的建筑形体如曲面幕墙及复杂钢结构的安装往往是施工中的难点，尤其是复杂曲面幕墙，由于组成幕墙的每一块玻璃面板形状都有差异，给幕墙的安装带来一定困难。BIM技术在复杂形体设计及建造应用方面拥有优势，可以将复杂形体的数据进一步整合、验证，使多维曲面的设计成为可能。工程师还可以利用计算机辅助软件对复杂的建筑形体进行拆分，拆分后利用三维信息模型进行解析，给各网格编号，进行单独的模块设计，并在电脑中进行预拼装，然后送至工厂按设定好的模块进行加工，最后送到现场组合、拼装。除此之外，数字模型也可提供包括经济形体设计、曲而面积统计及成本估算等在内的大量建筑信息，节约了时间成本，节省了材料。

（4）钢筋准确下料及排砖模拟优化

在以往工程中，由于工作而大、现场工人多，工程交底困难而导致的质量问题非常常见，结合BIM技术通过建立模型，能够优化钢筋余料组合加工表，出具钢筋排列图来进行钢筋准确下料，将损耗减至最低；能够优化门窗过梁与圈梁的细部节点，绘制正确的排砖、布砖图，不仅能使砌体施工砌筑出较好的质量，还能减少材料的浪费。

4. BIM 技术在节能与能源利用方面的应用

以 BIM 技术推进绿色施工，减少污染，节约能源，降低资源消耗和浪费是未来建筑发展的方向和目的。节能体现在绿色环保主要有两个方面：一个方面是帮助建筑形成包括自然光能照射资源、水循环、风能流动的循环使用，科学地根据不同朝向、位置和功能选择最适合的建造形式。另一个方面是实现建筑自身减少"碳"排放。建造施工时，充分利用信息化手段来缩短工程建设周期；运营维护时，不仅能够满足各项功能的使用需求，还能保证最少、最优的资源消耗。

5. BIM 技术在环境保护方面的应用

利用 BIM 技术可以对施工场地废弃物的排放、放置进行模拟，达到减排和环保的目的。具体方法如下：

①用 BIM 模型编制专项方案对工地的废水、废气、废渣的"三废"排放进行识别、评价和控制，安排专人、专项经费，制定专项措施，减少工地现场的"三废"排放。

②根据 BIM 模型对施工区域的施工废水设置沉淀池，进行沉淀处理后重复使用或合规排放，对泥浆及其他不能简单处理的废水集中交由专业公司处理。在生活区设置隔油池、化粪池，对生活区的废水进行收集和清理。

③利用 BIM 模型合理安排噪声源的放置位置及使用时间，采用有效的噪声防护措施，减少噪声排放，并满足施工场界环境噪声排放标准的限制要求。

6. 基于 BIM 技术的绿色施工信息化管理流程

绿色施工管理贯穿建筑工程项目整个施工周期，时间长、内容多，涉及范围广。在建立项目的绿色施工管理目标后，从项目的目标出发进行流程设计，明确流程中各环节的责任主体及其职责，同时对流程进行监控和评审，及时优化改进。

管理流程的建立是绿色施工信息化管理的重要保障，是利用 BIM 技术开展绿色施工活动的必要前提。将 BIM 技术的应用流程融入绿色施工管理模式之中，建立科学、合理的管理流程有利于提高效率，有利于项目团队沟通，有利于推动岗位责任制的落实，是绿色施工信息化管理的重要内容。

根据组织机构设置情况，项目可以结合自身实际，从建筑工程项目绿色施工管理、结合 BIM 技术的项目绿色施工策划以及相应专业 BIM 应用管理等方面制定管理流程，在流程运作过程中，适时对流程进行优化调整。

"结果前置"，是 BIM 技术应用在绿色施工中的价值体现，让项目管理人员在还没有真正实施之前就已经知道该如何去做，去实现"四节一环保"的目标。

以 BIM 技术在绿色施工管理中的优势为切入点，从管理目标（为什么用 BIM，它能做什么）、管理内容（应该用 BIM 做什么）、管理方法（如何实现目标）及管理流程等四个方面构建基于 BIM 技术的绿色施工信息化管理体系，明确 BIM 应用的技术路线。利用 BIM 技术有力地支持建筑工程节水、节能、节材、节地、环境保护等多方面分析和模拟，从而使建筑全生命周期全方位可预测、可控制，实现资源节约和节能减排的最终目标。

参考文献

[1] 赵军生 . 建筑工程施工与管理实践 [M]. 天津：天津科学技术出版社，2022.06.

[2] 刘太阁，杨振甲，毛立飞 . 建筑工程施工管理与技术研究 [M]. 长春：吉林科学技术出版社，2022.08.

[3] 侯国营，刘学宾，王建香，徐广西，张秀兰 . 建筑工程施工组织与安全管理 [M]. 长春：吉林科学技术出版社，2022.09.

[4] 别金全，赵民佶，高海燕 . 建筑工程施工与混凝土应用 [M]. 长春：吉林科学技术出版社，2022.08.

[5] 林环周 . 建筑工程施工成本与质量管理 [M]. 长春：吉林科学技术出版社，2022.08.

[6] 杨绍红，沈志翔 . 绿色建筑理念下的建筑工程设计与施工技术 [M]. 北京：北京工业大学出版社，2019.10.

[7] 胡广田 . 智能化视域下建筑工程施工技术研究 [M]. 西安：西北工业大学出版社，2022.03.

[8] 肖义涛，林超，张彦平 . 建筑施工技术与工程管理 [M]. 北京：中华工商联合出版社，2022.07.

[9] 薛驹，徐刚 . 建筑施工技术与工程项目管理 [M]. 长春：吉林科学技术出版社，2022.09.

[10] 张瑞，毛同雷，姜华 . 建筑给排水工程设计与施工管理研究 [M]. 长春：吉林科学技术出版社，2022.08.

[11] 孙学礼，徐志朋 . 建筑工程施工工艺 [M]. 北京：高等教育出版社，2023.03.

[12] 杨莹 . 建筑工程施工技术 [M]. 北京：机械工业出版社，2023.01.

[13] 刘桐，贺宁，高鲁甲 . 房屋建筑工程施工技术 [M]. 湘潭：湘潭大学出版社，2023.04.

[14] 徐芝森，张晓玉，王洪娟 . 建筑工程施工与项目管理 [M]. 汕头：汕头大学出版社，2023.03.

[15] 安沁丽，王磊，赵乃志 . 建筑工程施工准备第 2 版 [M]. 南京：南京大学出版社，2019.08.

[16] 周国森，成云龙，陈全齐 . 建筑工程施工安全管理研究 [M]. 沈阳：辽宁科学技术出版社，2023.09.

[17] 李树芬 . 建筑工程施工组织设计 [M]. 北京：机械工业出版社，2021.01.

[18] 李玉萍 . 建筑工程施工与管理 [M]. 长春：吉林科学技术出版社，2019.08.

[19] 李志兴 . 建筑工程施工项目风险管理 [M]. 北京：北京工业大学出版社，2021.10.

[20] 何相如，王庆印，张英杰 . 建筑工程施工技术及应用实践 [M]. 长春：吉林科学技术出版社，2021.08.

[21] 张志伟，李东，姚非 . 建筑工程与施工技术研究 [M]. 长春：吉林科学技术出版社，2021.08.

[22] 周太平 . 建筑工程施工技术 [M]. 重庆：重庆大学出版社，2019.09.

[23] 梁勇，袁登峰，高莉 . 建筑机电工程施工与项目管理研究 [M]. 文化发展出版社，2021.05.

[24] 颜培松，史润涛，尹婷 . 建筑工程结构与施工技术应用 [M]. 天津：天津科学技术出版社，2021.04.

[25] 李红立，韩永光，谯川 . 建筑工程施工组织实务 [M]. 天津：天津大学出版社，2020.01.

[26] 钟汉华，董伟 . 建筑工程施工工艺 [M]. 重庆：重庆大学出版社，2020.07.

[27] 蒲娟，徐畅，刘雪敏 . 建筑工程施工与项目管理分析探索 [M]. 长春：吉林科学技术出版社，2020.06.

[28] 张甡 . 绿色建筑工程施工技术 [M]. 长春：吉林科学技术出版社，2020.04.

[29] 刘开富 . 建筑工程施工 [M]. 北京：清华大学出版社，2020.08.

[30] 路明 . 建筑工程施工技术及应用研究 [M]. 天津：天津科学技术出版社，2020.07.